今日から
モノ知り
シリーズ

トコトンやさしい

半導体パッケージ実装と高密度実装の本

プリント配線板やパッケージ基板は電子機器実装の変化に合わせて常に革新している。本書では、半導体パッケージの実装方法、部品内蔵基板の開発、高速伝送に対応した進化、プリント配線板の将来展望など、実装階層を構成する各種の高密度実装について、最新技術も含めて紹介する。

髙木 清・大久保 利一・山内 仁・長谷川 清久

B&Tブックス
日刊工業新聞社

はじめに

最近はAI、ビッグデータなど、情報処理に関して多くのシステムが開発され、社会システムが大きく発展しています。また、自動運転、ロボット、IoT、5Gなどの新しい技術の実現、普及に向けて高度の電子機器が必要とされています。これらのシステム・機器は、高度な情報処理装置や電子機器に依存しています。最新のシステムは、先端をいく高性能な機器が必須で、かつこれらの装置が安定して動作することで機能を発揮します。この装置類は高度な半導体素子が中枢となって電子装置を作り上げていきますので、先端半導体素子の実装技術は重要な役割を果たしています。

実装技術の根本は不変で、半導体素子よりシステムボードまで、高度な実装階層で構成されています。各階層では広義の電子回路基板があり、そこに高密度配線を行うことで高度の機能を発現しています。広義の電子回路基板とは、プリント配線板、モジュール基板、半導体パッケージ基板、インターポーザなどです。電子機器が必要とする機能を持たせるため、電子部品を選択し、必要な機能をモジュール化する回路設計をして、その広義の電子回路基板上に作り上げていきます。この過程は、広義の電子回路基板の製造工程、部品の集積化、実装工程が機器の性能を最大限に発揮し、信頼性を保持するために欠かせないものです。これらの機能をいかにコンパクトに、リーズナブルなコストで実現するかは実装技術に負うところが大きく、現在、その重要度が一層高くなっています。基本的に不変な実装技術もその方法は日々変化し、プリント配線板、半導体パッケージ基板もその実装技術の変化に合わせて常に革新が行われています。

本書では、実装階層を構成する各種の高密度実装技術を紹介・解説しています。ここに関係する技術の範囲は広範に渡るものですので、それぞれの技術に精通する技術者により分担して執筆いたしました。

本書が関係する皆様方のお役に立つことであれば望外の喜びです。しかし、非才な私どもでありますので、今後とも読者の皆様方のご鞭撻の程、お願い申し上げます。

令和2年5月

執筆者代表　高木　清

トコトンやさしい

半導体パッケージ実装と高密度実装の本

目次

目次 CONTENTS

第1章 実装技術と実装階層

第2章 半導体パッケージ基板の実装技術

第3章 半導体パッケージの製造技術

第4章 いろいろな実装基板の状況

第5章 材料の革新と設計／解析技術

第6章 革新する実装基板製造技術

第7章 検査と品質保証

第8章 実装技術のこれから

【コラム】

第1章

実装技術と実装階層

1 ＩＣＴ機器の実装とは

必要機能を持つように部品を接続し装置を形作る

　現在では、社会インフラから個人利用まで、情報システムは欠かせないものとなっています。これらのシステムでは無数の電子データが交錯していますが、そのシステムは情報処理（ＩＣＴ）装置で、図に示すように、大はスーパーコンピュータ、クラウドコンピュータ、ＡＩ用のコンピュータなどインフラ系のもの、小はコンシューマ系のパソコン、スマートフォン、家電の制御機器など、さらにＩｏＴ関連機器や制御を必要とする多くの装置類など多種多様なものに使われています。これらの電子系の機器は、必要な機能を持つように電子部品を接続して、機能モジュールとすることで装置を構成しています。それぞれの電子部品から装置までを形作るのを、ＩＣＴ機器・装置の実装と言います。

　電子部品には非常に多くのものがあります。集積回路、トランジスタ、ダイオードなどの能動部品、抵抗、コンデンサ、コイル、水晶振動子などの受動部品、コネクタなどの機構部品、そして装置構成部品としてプリント配線板があります。

　しかし、いかに高機能な部品、デバイスでも単体ではまったく機能しません。各種部品を接続し、入出力端子をつけ、電源供給を行うことが必要です。またこの部品類を搭載、接続するプリント配線板が必要で、実装して機能を持つことで回路実装基板、回路モジュールとなります。大きな装置はさらに各種の手段で接続します。このように順に積み上げ階層となりますので、これを実装階層と言います。

　一方、ＩＣＴ機器には高機能が要求され、小型、微細化、高速処理が必要です。複雑な集積回路はプリント配線板に直接搭載することが難しく、半導体チップはパッケージ基板を介して複合化が進んでいます。このパッケージ基板もプリント配線板の範疇と考えられます。

　以下にこれらの説明を行います。

要点BOX

- ●電子部品類をプリント配線板に搭載、接続することで回路実装基板、回路モジュールとなる
- ●小型・微細化・高速処理で実装も複雑化

インフラ系ICT機器

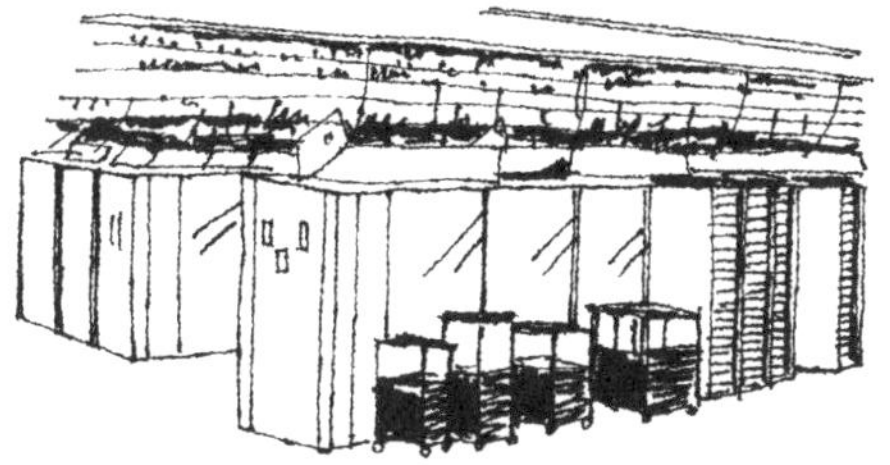

大規模クラウドコンピュータの一部

スーパーコンピュータ「京」

GS21 3600シリーズ サーバ
（富士通）

小規模スーパーコンピュータ
PRIMEHPC FX100
（富士通）

PRIMEHPC　FX1000
（富士通）

コンシューマ系ICT機器

制御系ICT機器を内蔵する各種装置例

自動車の電子装置
HEV／EV車

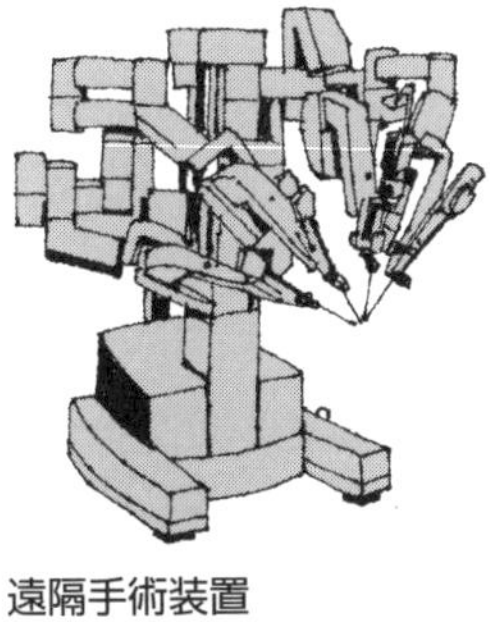

遠隔手術装置

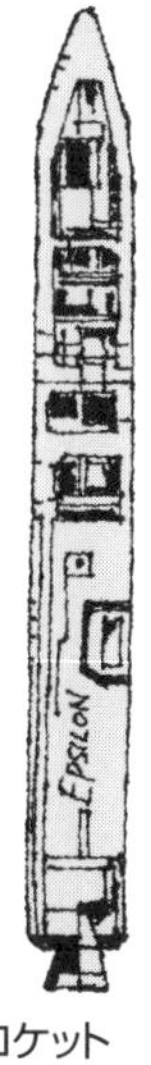

ロケット
「イプシロン」

2 プリント配線板への部品実装

リード挿入実装方式と表面実装方式

プリント配線板に各種の設計仕様に基づいて電子部品を配置し、はんだ等で相互に接続することを部品の実装と言います。この電子部品を接続する方法としては、大きく2つの方法があります。リード挿入実装方式と表面実装方式です。

●リード挿入実装方式

この方式は**図1**に示すように、部品の引き出し部がリード線になっており、これをプリント配線板のスルーホールという穴に挿入して、はんだ付けをする方式です。この方法では配線板を貫通する穴が必要であり、配線や部品を実装する領域が制限されますので、高密度実装を要求される基板には不向きです。ただし、電源端子のように実装強度が要求される機構部品などには、現在も採用されています。

●表面実装方式

小型部品を用いて高密度実装を実現するために考えられたのが表面実装方式です。**図2**、**図3**に示すように、部品のリード線またはＢＧＡ端子などをプリント配線板のランドにはんだ付けをして接続します。この方式は高密度実装を実現できるため、主流の方式になっています。（実装機は59項図1参照）。

電子機器の回路は、**図4**のように接続レベルが階層となって、しだいに回路規模が大きくなっていきます。これを階層構造と言います。はじめは、半導体チップを搭載したパッケージ基板やこれに抵抗やコンデンサなどのディスクリート部品などが搭載されたものがパッケージやモジュールのレベルです。次は、これらが複数搭載されるマザーボードレベルです。この段階で小型の電子機器としての機能を有します。モバイル機器など小型・薄型の製品は、このレベルのプリント回路基板を複数ケースに搭載しています。さらに拡張性のあるシステムや大きな装置とするためには、マザーボードをコネクタで接続したバックパネル・レベルとするものがあります。

要点BOX

- ●電子部品を接続するにはリード挿入実装方式と主流の表面実装方式がある
- ●機器の回路規模により実装レベルが異なる

図1　リード挿入実装方式

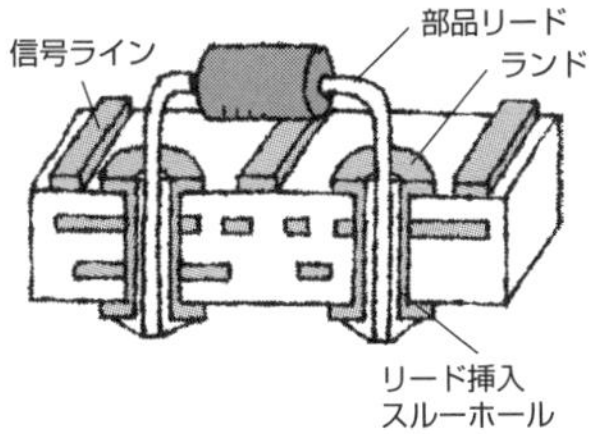

図2　表面実装方式(リード線)

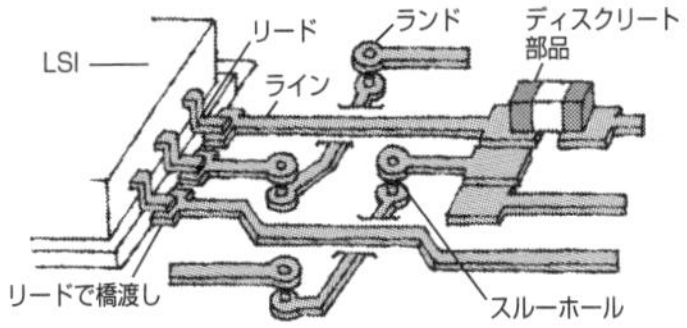

図3　表面実装方式(BGA)

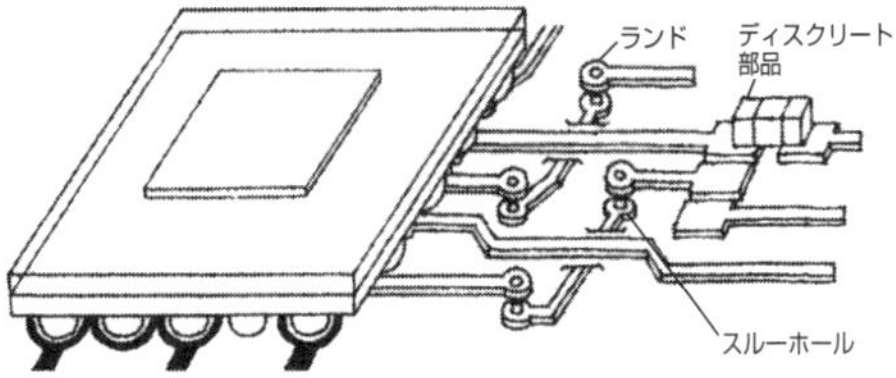

図4　実装の階層構造

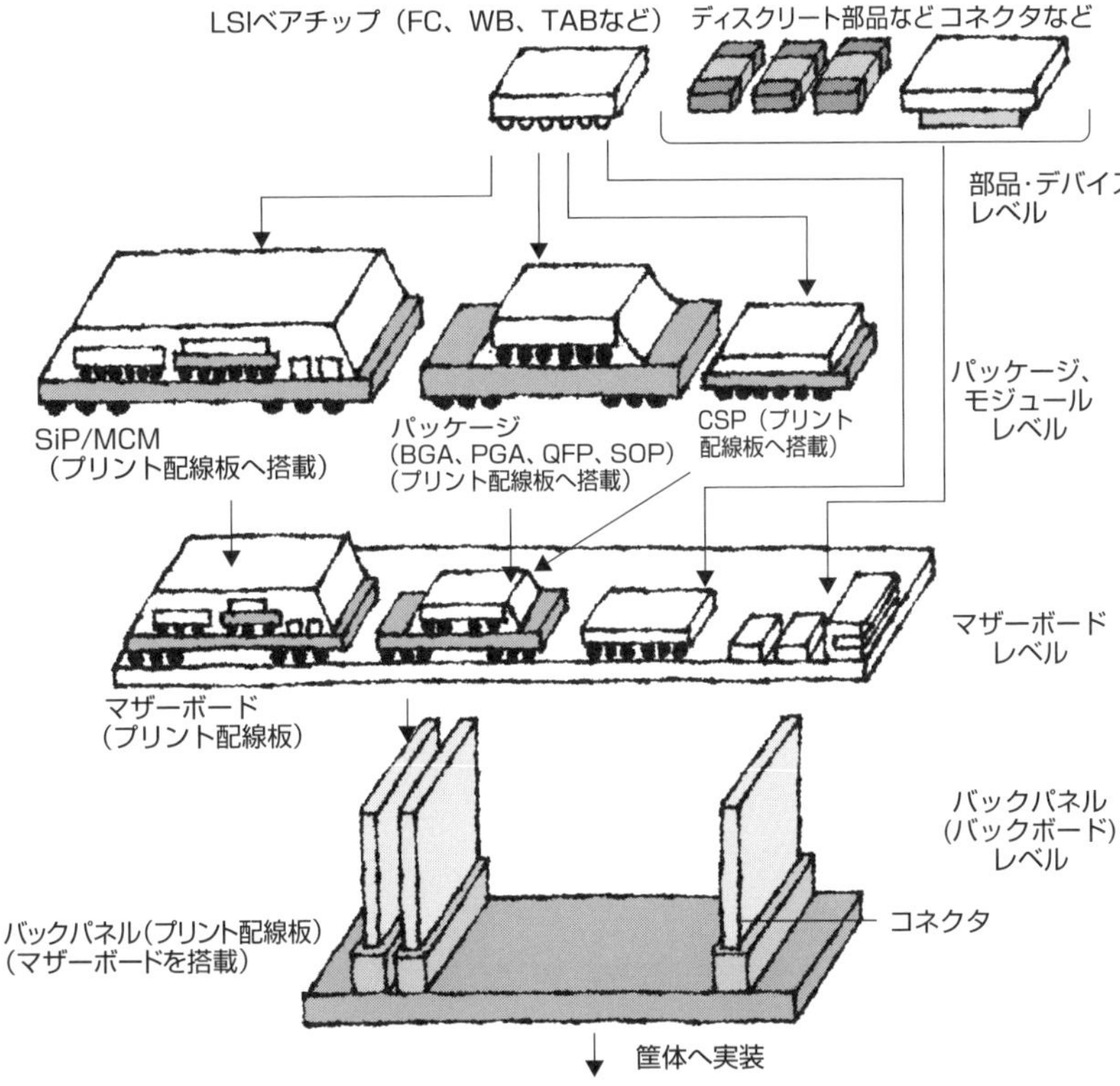

3 実装階層とは

プリント配線板に部品搭載するには、それぞれ要求される寸法に差があるため、**表1**のごとく、素子領域、ICベアチップの多層配線領域、ICチップ上の2次端子の領域、そして、一般プリント配線板の配線領域で階層を設けます。これらのレベルに横断的に対応できるプロセスがないため、それぞれの用途別に階層を持たせています。これを**図1**のように実装階層と呼びます。

現状の樹脂系プリント配線板では、線幅／間隙が数μm以下の領域での微細化が困難なため、ICチップと樹脂系プリント配線板の接続の間にSiインターポーザを介して接続する動きが出てきています。基板プロセスにより、最適なデザインルールがあります。ベアチップ搭載、インターポーザ向け、MCM向け、およびパッケージ部品を搭載するプリント配線板向けなど、そのデザインルールに合わせて、それぞれの実装階層があります（**図2**）。

1 新規デバイス向け領域：10nm～1nm
2 半導体ICチップ領域：数μm～10nm
3 新規インターポーザ領域：30μm～数μm
4 MCM／インターポーザ実装領域：～30μm
5 プリント配線板実装領域：～100μm

前記のように、実装階層ごとに最適な製造上のプロセスルールが存在します。これは、要求される線幅／間隙に応じたプロセス実施とこれに必要なコストが異なることで、このような実装階層が生まれてきたものです。半導体素子のさらなる微細化は、インターポーザ領域との間に、埋めるべきギャップを生むほかに、微細配線プロセスでの対応ではコストが掛かりすぎるため、両者に最適なプロセスの開発が求められており、微細化の要求と実現コストのバランスが重要となってきます。

要点BOX

●用途に合わせて実装階層のレベルとデザインルール（線幅／間隔）が異なる
●インターポーザと半導体の領域ギャップが課題

表1　実装階層のレベルと実装する電子部品

実装階層	レベル	実装するもの、形態
第1実装階層	パッケージレベル	トランジスタ、ダイオード、抵抗、コンデンサ等のディスクリート部品 半導体集積回路(IC)素子(パッケージに搭載したもの)
第2実装階層	モジュールレベル	2個以上のIC 、および電子部品を配線板に取付け相互接続 、または、抵抗、コンデンサ等を印刷方式で形成させて、ある単位の機能を作り上げたもの
第3実装階層	モジュール·カードレベル	有機材を用いたプリント配線板に集積回路、モジュール、ディスクリート部品、コネクタ等を搭載し、より大きな回路機能を作り上げたもの。
第4実装階層	プリント配線板レベル	プリント配線板にコネクタを取り付けたボードで相互接続し、大きな機能を実現。一部にIC等の部品を同時に搭載する場合もある。
第5実装階層	装置·システムレベル	ボードに組立てた電子回路ユニットと、その他の必要なユニット機器を搭載し、筐体に収納、装置内配線を行いユニット装置とする。

〔参考：高木清：サーキットテクノロジ　Vol.1, No.2, 64 (1986)〕

図1　実装階層と半導体素子実装

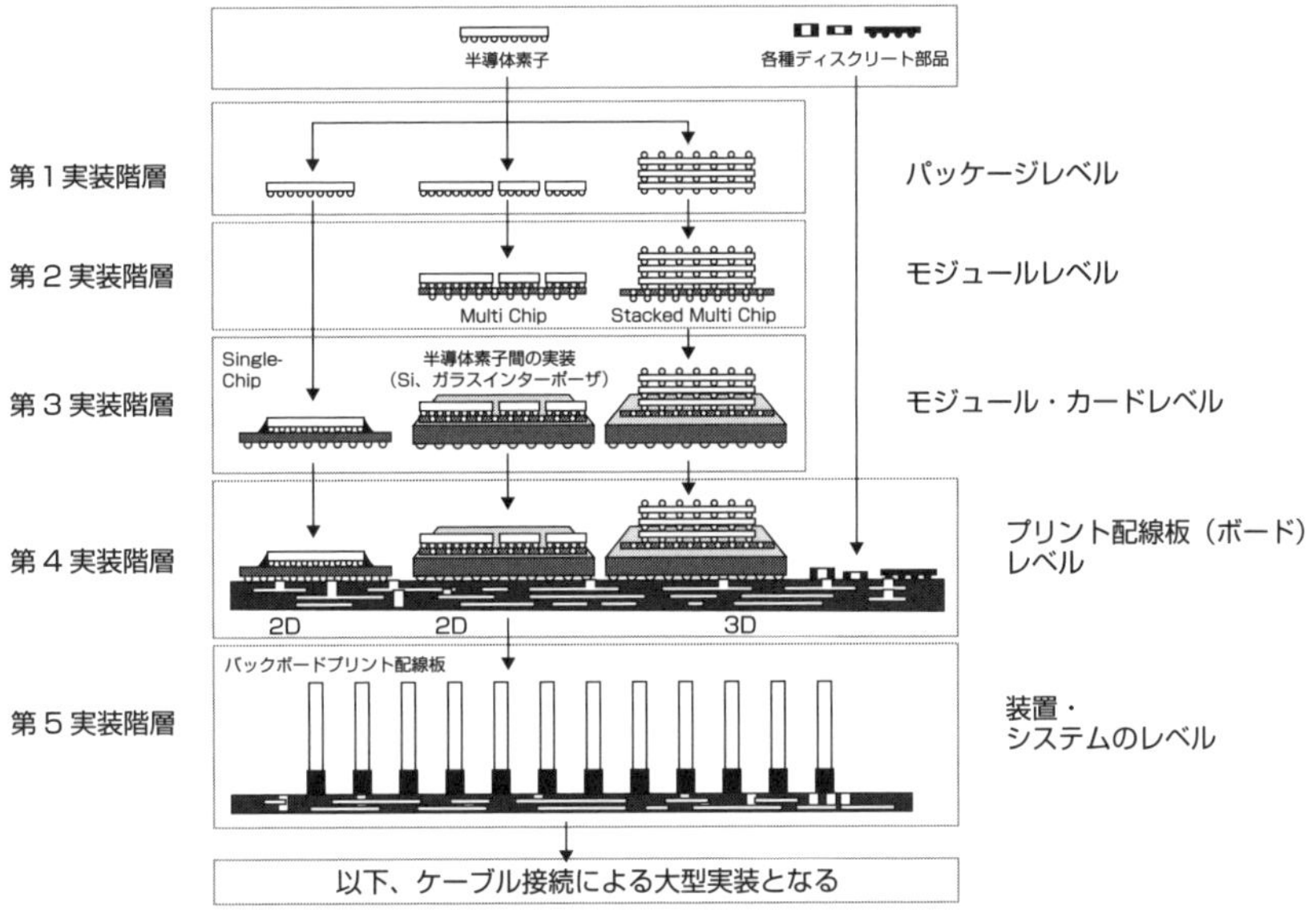

図2　高密度実装技術の狙うべき方向

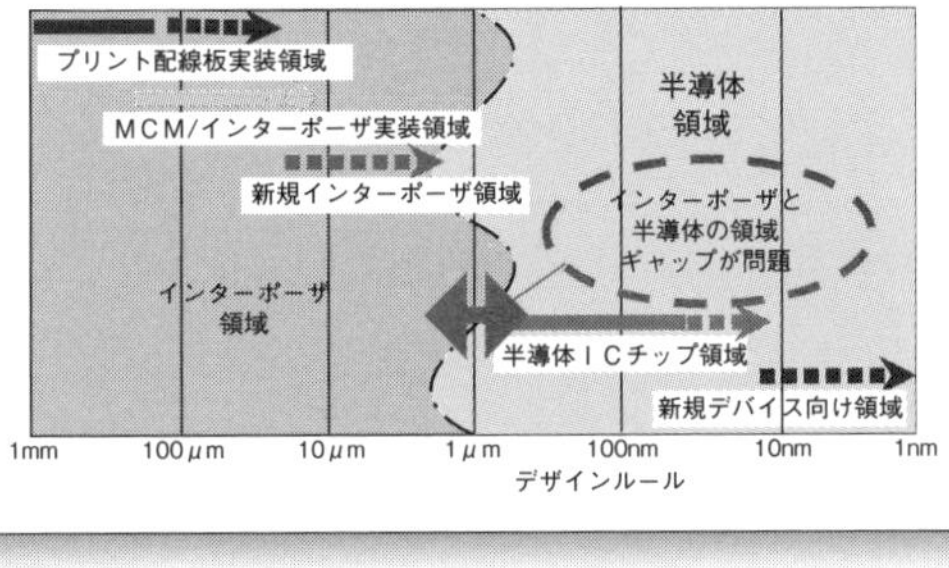

現状の樹脂系配線板では線幅／間隙が数μm領域の微細化が困難なため、ICチップと樹脂系配線板間にシリコンインターポーザを入れる動きが出てきた。現在、それを多様な手法で代替しようとしている。

4 マルチチップ実装の時代

大規模LSIの時代からマルチチップパッケージの時代へ

クラウドコンピュータと言われるサーバシステムのCPUで採用されている実装には、どのような技術が使われているのでしょうか？

大型コンピュータは、かつてメインフレームと呼ばれていましたが、クラウド向けサーバシステムと言われ始めた1985年の高性能サーバや基幹システムに使用されているCPUでは、1つのCPUを実現するのに**図1**のように機能別に製造されたLSIを336個使用して、1つのCPUを実現していました（**図2**）。当時の半導体製造技術では、集積度やプロセス技術の関係で要求される回路規模を収容するために、これだけのLSIが必要でした。

その後、CMOS技術の進歩で性能が向上し、CMOS LSIが主流となりました。**図3**の例では8つのLSIで1CPUを実現しています。このように複数のLSiチップを1つのパッケージに実装することをマルチチップ実装と言います。図**4**はこれを用いたシステムボードです。さらに近年では、CMOS LSIの集積度向上とプロセス技術の進歩により、1チップで1CPUを実現（**図5**）しています。

このように、システムのCPUへの搭載要求機能の増加や動作速度向上のため、回路構成の変更に伴い構成する半導体チップへ求める回路規模が増加しても、プロセス技術の向上によりCPUを1チップで実現できるようになります。さらに、要求回路規模や機能が増し、集積度やプロセス技術の進歩に追いつかなくなると、複数チップで構成する実装を採用するなど、要求回路規模と集積度が繰り返し競い合ってきました。半導体パッケージ実装では、日々向上するチップ集積度と搭載要求回路規模のギャップを埋めるために、様々な高密度マルチチップ実装技術が開発されています。

要点BOX

- ●プロセス技術の向上で複数のCPUを1チップに集積化してきたが課題が生じてきた
- ●マルチチップ実装の時代へ

図1　ベアチップとウエハ

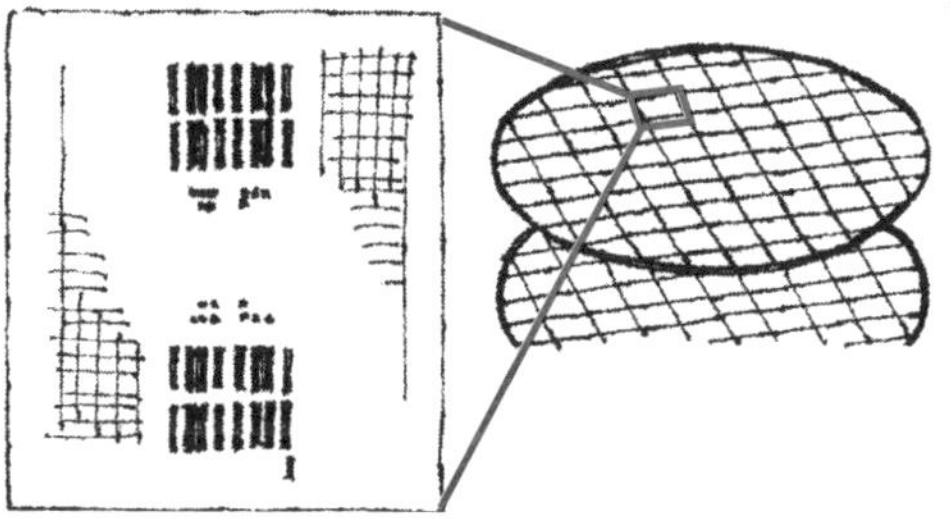

図2　1-CPUを488x540㎜、42層変性ポリイミド基板の両面にECL-LSIを336個搭載して構成(1985年)

富士通㈱M-780シリーズ

図3　富士通㈱ CMOS-MCM構造のCPU(GS8600)

図4　GS8600シリーズシステムボード

富士通㈱提供

図5　LSI集積度の向上で1チップに集積

富士通㈱提供

5 インターポーザの実装形態

半導体チップとプリント配線板のギャップを埋める

半導体パッケージ基板には、ベアチップを実装しており、従来は材料のシリコン（Si）と同等の熱膨張係数を持つセラミック基板に搭載していました。しかし、セラミック系基板の導電材料の特性等の課題から、現在は設計自由度の高い樹脂系プリント配線板の材料や技術を用いて微細化したものが主流となっています。また用途により、セラミックスの他にフレキシブル材料なども使われています。実装する半導体チップとの熱膨張係数や耐熱温度、接続に用いられる導電材料の融点などの組み合わせにより、最適な実装プロセスを選択することが必要です。

半導体パッケージ基板では、高機能化の要求により、マルチチップ実装と言う、チップ1個だけでなく2個以上が実装される場合もあり、それらはシステムインパッケージ（SiP）、マルチチップモジュール（MCM）、マルチチップパッケージ（MCP）、最近ではチップレット（図1）と呼ばれるものもあります。この場合、特にパッケージ面積に対するチップの占有面積割合が大きくなると、シリコン（Si）と樹脂パッケージ基板の熱膨張係数の差が原因となり、パッケージとしての信頼性が確保できません。また、チップと基板のプロセスでは、微細化に差があるため、この間の熱膨張差や配線プロセス差を調整する目的でインターポーザ基板が使われています。例を図2に示します。インターポーザ基板にも様々な種類があり、半導体パッケージ基板全体をカバーする大きさのものや、中央のチップ部分のみに適用するもの、そして、複数のチップ間の接続配線にのみ使用するものなどが開発されています。

最近では、半導体チップと同等の熱膨張係数を有する低熱膨張の有機材料も開発されており、有機基板の微細化と併せて、今後の材料進化の動向から目が離せません。

要点BOX

- ●半導体チップ材料のシリコン（Si）と基板（有機基板）の熱膨張係数差が信頼性の課題
- ●調整役としてインターポーザを使用

図1　Si インターポーザに複数チップの例 チップレットという考え方へ

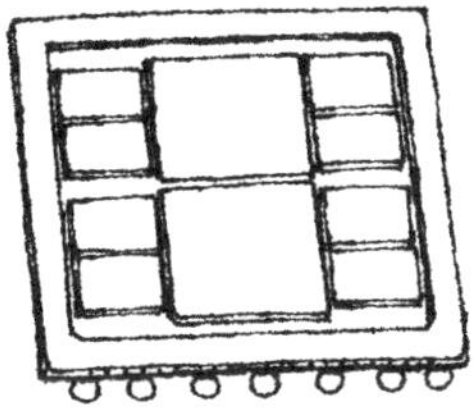

表1　主な半導体パッケージ材料の熱膨張係数

名称	材料	熱膨張係数例
半導体チップ	Si	2.3ppm
有機基板	FR4(X-Y)	14～15ppm
	FR4(Z)	45ppm
銅配線	銅配線Cu	16.8ppm
セラミック材料	Al_2O_3	3.9ppm
	AlN	4.6～5.2ppm

図2　ICパッケージ構造変化(2D →2.1D、2.5D、3D)

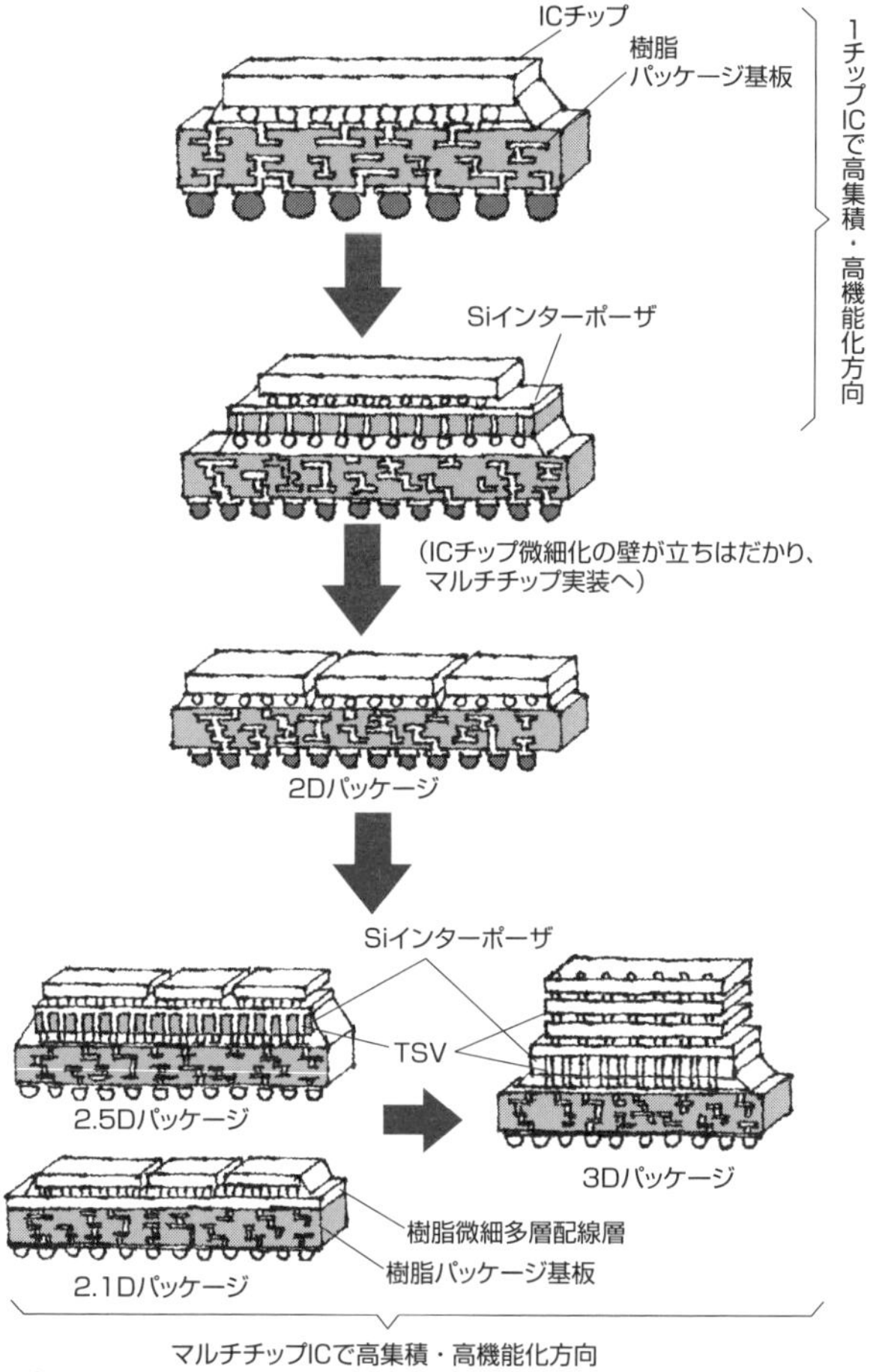

TSV : Through Silicon Via

〔NPO法人サーキットネットワーク 本多進様資料より〕

6 チップの実装方法

用途別に実装プロセスを選択する

半導体パッケージ基板は、内部にベアチップを実装していますが、この材質は、有機リジットのほかに、従来のセラミックス材料やフレキシブルプリント配線板など様々な材料が使われています。最近では、ウェアラブル機器や医療機器向けに伸縮可能な構造を持った導電性繊維などへのデバイス実装例が発表されています。

デバイス実装上の重要な点は、実装する半導体チップの耐熱温度、実装される基板材料の耐熱温度、および接続に用いられる導電材料(例えば、はんだ)の融点などの組み合わせにより、用途別に最適な実装プロセスを選択することです。

パッケージ基板内の半導体チップと基板との基本的な接続法は3つあります。⑴ワイヤボンディング(ＷＢ)法：チップの上面のパッドとパッケージ基板のパッドを金などの細線で接続する、⑵ＴＡＢ(Tape Automated Bonding)：フレキシブルなテープ基板にチップを接続し、機器への搭載前にリードを切断し搭載する、そして⑶フリップチップ(Flip Chip)法：チップ回路面に接続バンプを形成し、バンプを介してパッケージ基板の端子に接続するもの。フリップチップ方式は、多数の信号接続端子が設けられ、接続インダクタンスが小さく、チップ裏面から効果的に熱冷却ができるため、高機能デバイス向けなど、現在の主流の実装方式となっています。フリップチップ実装には、様々な方式があり、代表的な実装方式・技術を**表1**にまとめました。

近年ではＩｏＴ(Internet of Things)が、工場のデジタル制御化だけでなく、身の回りにも搭載されるようになり、電子回路に求められる機能もより高度で高性能化しています。チップ実装には、その時代の最先端技術と実装技術の組み合わせにより、要求コストと機能のバランスを採った進化が継続して期待されています。

要点BOX

- ●ベアチップの接続では用途別に最適な実装プロセスを採用する
- ●高密度実装ではフリップチップが主流

ベアチップの接続法

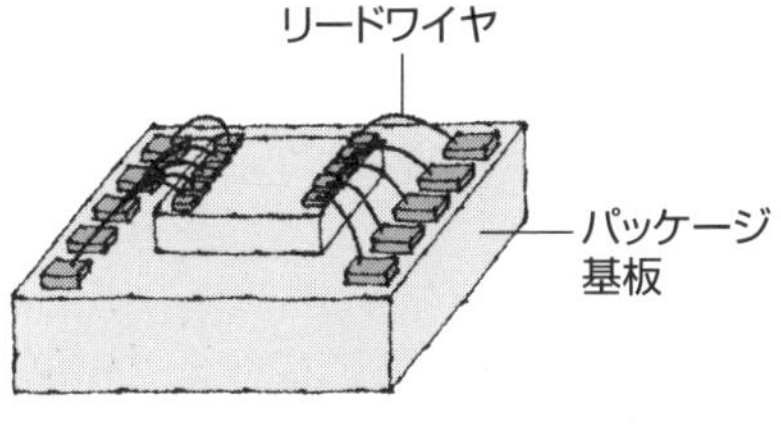

(a)ワイヤボンディング(WB)法

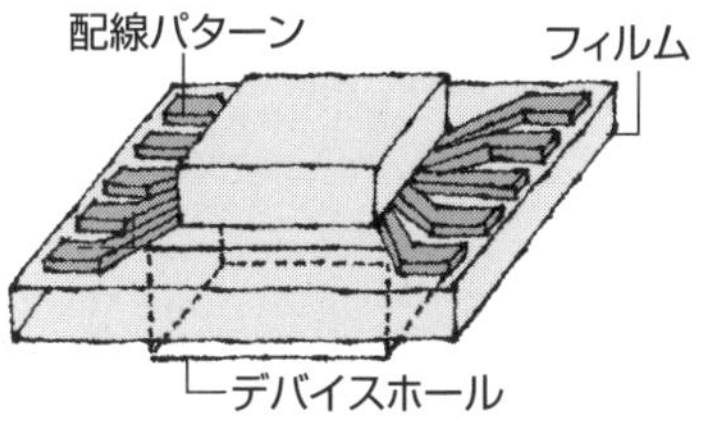

(b)テープオートメイテッドボンディング(TAB)法

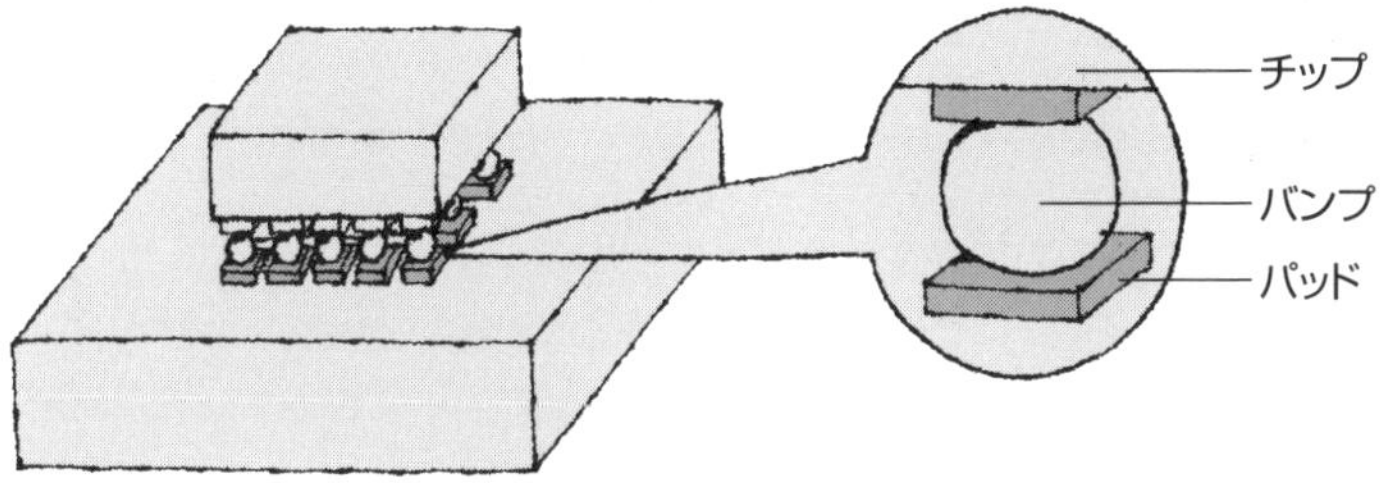

(c)フリップチップ(FC)法

[出典：よくわかるプリント配線板のできるまで(第3版)　図1.12]

表1　様々なチップ実装技術

フリップチップ工法　接着			フリップチップ工法　圧接		フリップチップ工法　ろう接	
絶縁接着	等方性接着	異方性接着	超音波	熱圧着	鉛フリー はんだ接合	低温系 はんだ接合
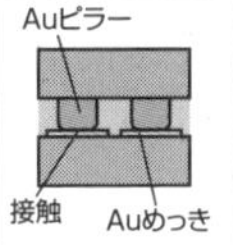 	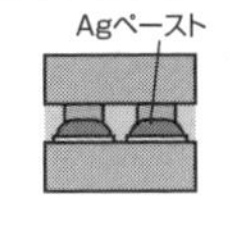 	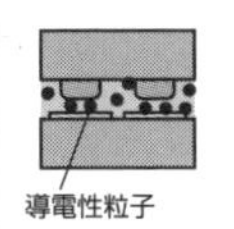 	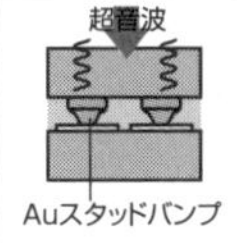 	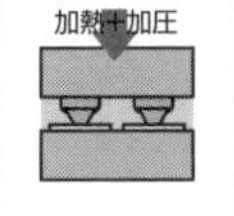 	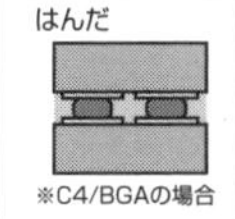 	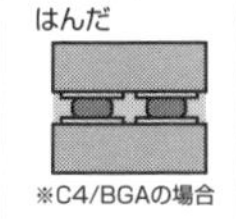
Auピラー、 Auめっき	Auピラー、 Agペースト	Auピラー、 導電性フィラー	Auスタッドバンプ	Auスタッドバンプ, Auピラー	Cuピラー　or　Cuパッド+Auめっき SnAgはんだ　SnBiはんだ	

コネクタ	IVH基板工法	内蔵モジュール	PoP積層工法		ワイヤボンド	
PGA	F-ALCS工法	MCeP工法	Through InFO Via	Through Mold Via	ボールボンディング、 ウェッジボンディング	
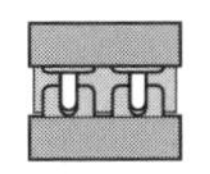	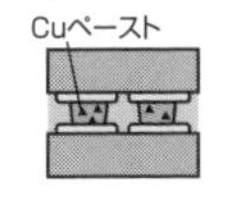 	 	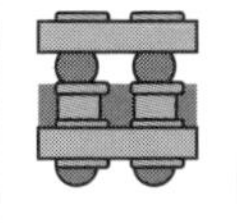	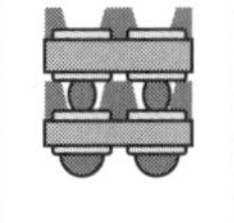	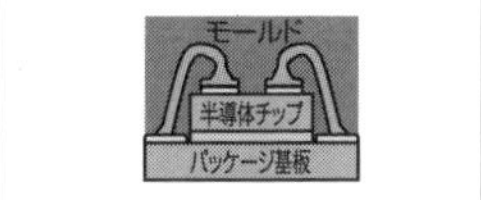 	
銅ピン+Auめっき、 Auめっき	銅ペースト、 Cuパッド	銅コアはんだボール、 Cuパッド	CuめっきVIA、 Auめっき	はんだボール、 Auめっき	ボンディングワイヤは金、銅、アルミニウム 接続PADは、Alパッド or Auめっき	

Column

プリント配線板用語考

　部品を搭載していない板だけのプリント配線板について使われている言葉を拾うと

①プリント配線板
②プリント基板
③プリント回路板
④プリント板
⑤電子回路板
⑥電子回路基板
⑦電子基板
⑧印刷配線板
⑨基板
⑩ピー板

などがあります。もっとあるかもしれません。

　プリントと印刷は同義で、Reprographyですが、この用語はあまり使われていません。意味としてある原形のパターンを再現することです。

　「印刷」はやや古いということで「プリント」となったようです。

　言葉として、①プリント配線板が実態を表していると思うのですが、②プリント基板もよく使われます。③プリント回路板は部品を搭載したものも同じように使われ、混同しやすい用語です。④プリント板はＩＰＣの用語で、Printed Boardとしているところから、これが正式と言うこともあります。しかし、建材の化粧板もプリント板ですので、やはり聞こえは良くありません。

　この「プリント」も時代遅れとして、⑤電子回路板、⑥電子回路基板が制定されました。公式にはこの用語となっております。しかし普及しているとは考えられません。省略語として⑧基板、⑨ピー板がありますが省略しすぎです。やはり、プリント配線板がわかりやすいのです。他に、プリント配線基板やプリント回路基板もあります。

　一方、部品の搭載された板は

①プリント回路板
②プリント回路基板
③電子回路板
④電子回路基板
⑤電子回路実装基板
⑥電子基板
⑦部品実装基板
⑧プリント基板
⑨プリント板ユニット
⑩プリント板

などがありますが、この分野の方がもっと多いと思います。部品を搭載していない用語にも使われ、混同しています。

　この業界は方言の世界です。言われている言葉が何を指すかは前後の関係で、聞く方が判断し、理解することしか改善の方法はありません。用語の統一は望めないのが実情でしょう。

第2章

半導体パッケージ基板の実装技術

7 システムインパッケージ

SiPの形態と変遷

システムインパッケージ(SiP)は、半導体を含むいくつかの部品を一つのパッケージ基板上に実装したものです。これに対比される言葉がシステムオンチップ(SoC)であり、一つの半導体チップ内に、いくつかの演算機能を有する部位を作り込んだものです。SiPではチップ間を接続する配線をパッケージ基板上に作製しますが、SoCではそのような配線は半導体の加工プロセスで作製します。**図1**に両者のイメージを示していますが、SoCの方が素子も配線も小さく微細にできます。

半導体の微細化の進展は、インテル社の創業者であったゴードン・ムーアの法則(Moore's law)で表されてきました。ところが、半導体はこの微細化をどんどん進め、サブ十ナノメータ(回路ピッチが10nm未満)と言われるような微細度が求められると、さらなる微細化には多額のコストが掛かるようになってきました。そこで、微細化の代わりに、パッケージ上で半導体間を接続する配線を形成して集積化するSiPの重要性が高まってきました。

SiPの形態は用途により、いろいろなものがあります(**図2**)。典型的な形態は、各種インターポーザ上にロジックとメモリチップを近接させて実装したもので、携帯電話のアプリケーションプロセッサ(AP)、データセンタのサーバ、人工知能のグラフィックボードなど、これからのIoT社会を構成する機器に大量に採用されています。このようなSiPの形態、変遷を**図3**に示していますが、チップのI/O数、機器における占有スペース、放熱性、コストなどの要因で形態が決められます。チップを縦に三次元積層するためには、パッケージ化してから積層接続するパッケージオンパッケージ(PoP)や、チップを貫通するビア(TSV)を形成して積層する技術が使われます。SiPの具体的な形態にはいろいろな種類があります。

要点BOX

- ●SiP(システムインパッケージ)は半導体を含む部品を一つのパッケージに収めたもの
- ●SiPはIoT関連機器にも多く採用されている

図1　SiPとSoC

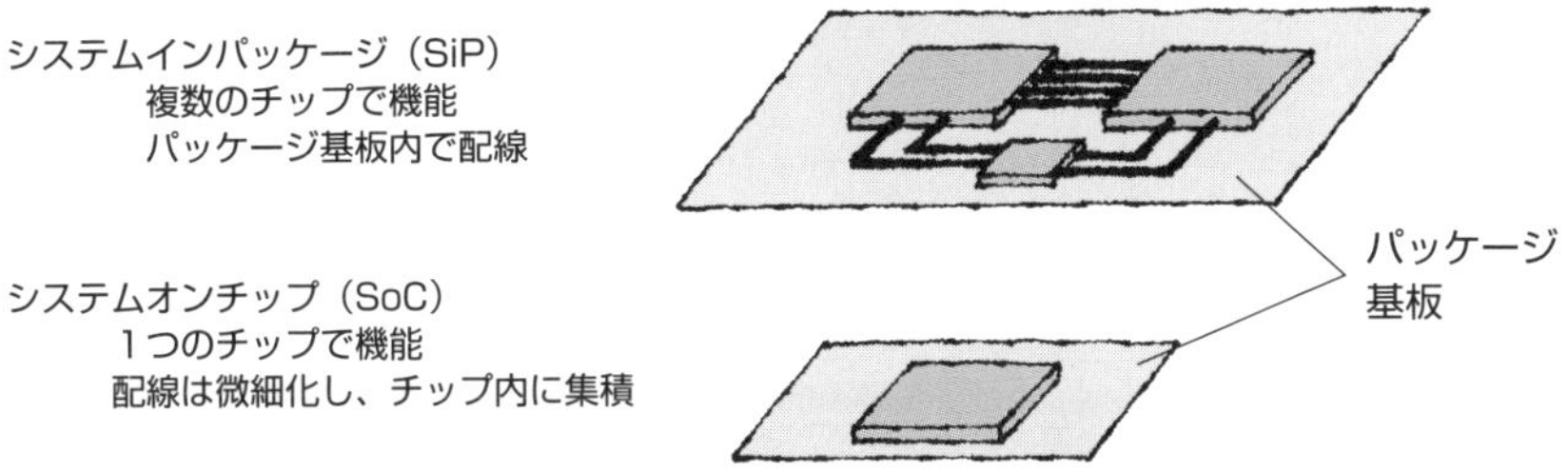

図2　いろいろなSiPの形態

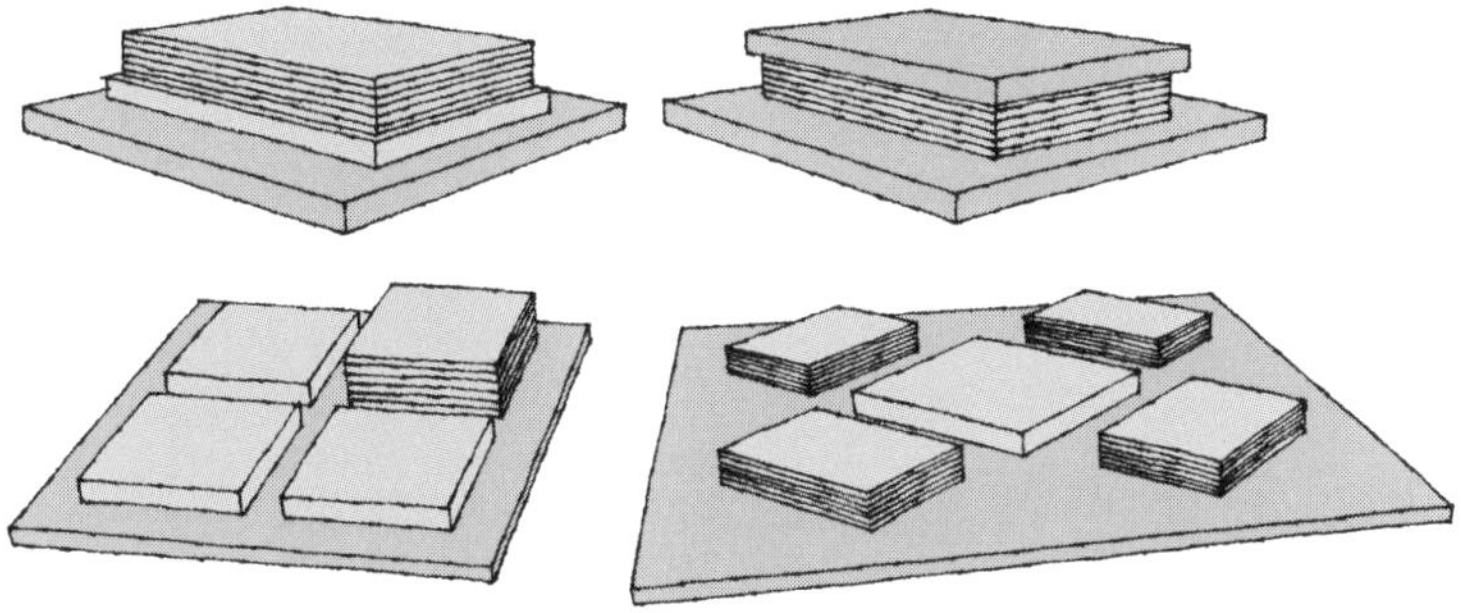

〔出典：塚田裕；エレクトロニクス実装学会誌　Vol. 16 No. 5, 335 (2013)〕

図3　SiPの変遷

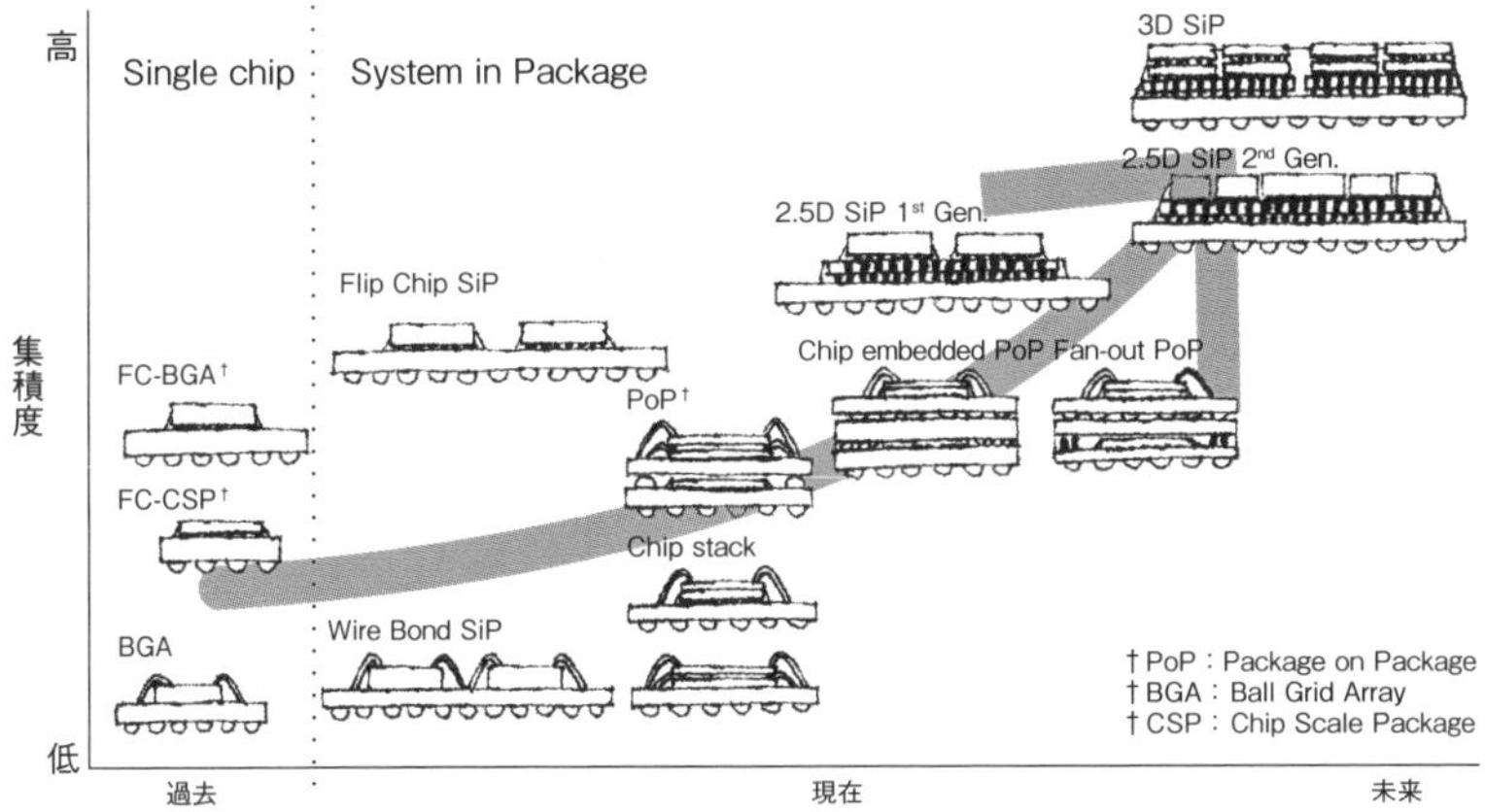

〔出典：大井，清水，小山；エレクトロニクス実装学会誌　Vol. 22 No. 5, 367 (2019)〕

8 パッケージオンパッケージ(PoP)

複数の半導体チップを三次元的に積層

近年、携帯電話の高性能化が急速に進展しました。携帯機器では、半導体パッケージの実装面積の縮小が一番重要です。そのために複数の半導体チップを三次元的に(縦に)積層するパッケージオンパッケージ(PoP)技術が2000年頃から進展しました。その頃の一般的な実装手法は、チップの外周端からワイヤボンディング(WB)で基板に接続することであり、WBでパッケージ化した半導体を積層する技術が生まれました。その典型的な形態を**図1**に示します。PoP技術は、特に携帯電話のアプリケーション・プロセッサとメモリチップを積層するとき、それぞれをパッケージ化した方が高歩留りとなるなどメリットが大きいため進展しました。メモリをさらに高容量とするため、WBで積層したメモリチップをパッケージ化するような**図2**のような構造も一般的になっています。ここで、メモリチップをWBで接続するのは、メモリは比較的ピン数が少なく、共通信号があることに加え、メモリではWBが既存の実装技術で高信頼性と低コスト化が実現できているためです。

PoPのメリットは、それぞれのチップをパッケージ化することで、検査で良品となったもの同士を組合わせられるため歩留りが上げられます。また、携帯電話など仕様変更が頻繁に起こる機器では、同じプロセッサチップを用いてもパッケージ構造などの変更で開発期間の短縮が図れるなどの利点があります。

一方、PoPでは**図3**のように積層したチップ間の信号伝送経路が長くなり、さらなる高機能化に対しては信号劣化の懸念があります。そのため、フリップチップ実装などを組み合わせた積層技術が開発されています。また、パッケージを積層しても十分な薄さと実装信頼性を実現するために、個々のパッケージを薄くすることや、プロセッサを基板に内蔵する手法(**図4**)も開発されています。

要点BOX

- ●パッケージ化したICチップを縦に積層する
- ●歩留りを上げ開発期間も短縮

図1　パッケージオンパッケージ(PoP)の形態例

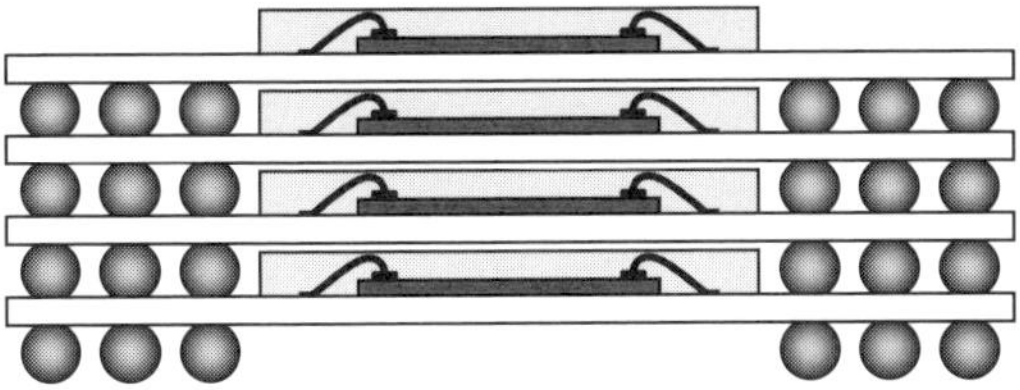

パッケージ内で半導体チップは基板にWBで接合。
各パッケージ間ははんだボールを用いて接合。

〔出典:小林治文;エレクトロニクス実装学会誌　Vol. 21 No. 5, 386（2018）〕

図2　プロセッサと積層メモリのPoP構造例

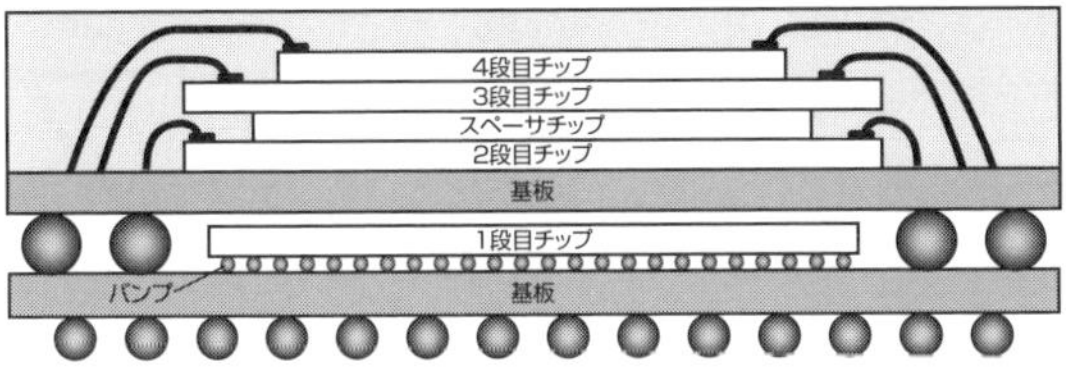

上部のメモリチップは積層し、基板にWBで接合、パッケージ化。
下部のプロセッサチップは基板にフリップチップで接合してパッケージ化。
各パッケージ間をはんだボールで接合。

〔出典:樋野滋一,和田喜久男;エレクトロニクス実装学会誌　Vol. 14 No. 5, 418（2011）〕

図3　PoP構造における信号伝送線路

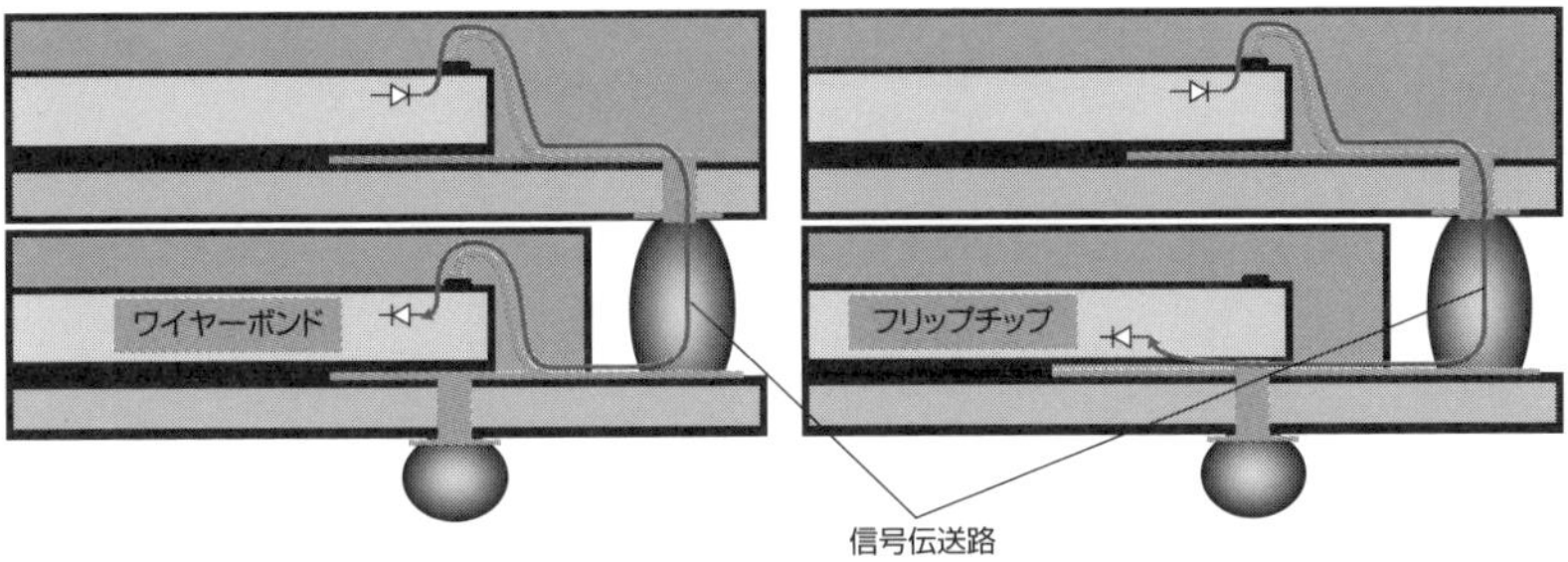

〔出典:小林治文;エレクトロニクス実装学会誌　Vol. 21 No. 5, 386-396（2018）〕

図4　チップ内蔵基板とメモリパッケージの積層構造(MCeP®)

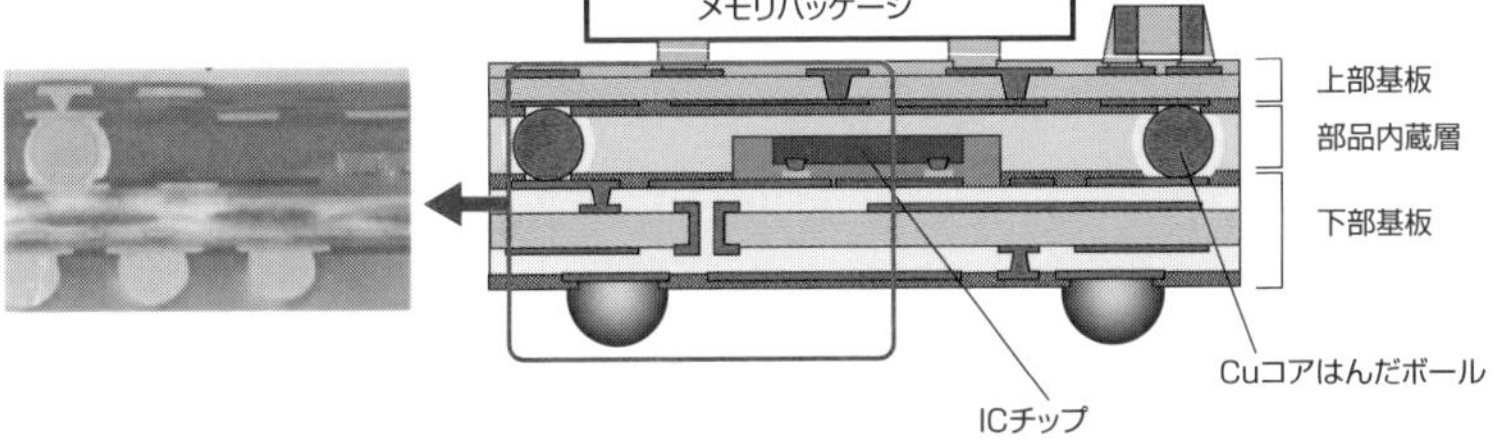

〔出典:田中功一 他;エレクトロニクス実装学会誌　Vol. 20 No. 6, 418-424（2017）〕

9 三次元実装、チップスタック

複数チップを三次元的に縦に重ねたチップスタック

チップを三次元的に積層する第一の目的は、多ピンのチップを含むパッケージ全体を小面積化することです。前項のPoPもそのための形態ですが、同種のチップをまとめて、さらに小面積のパッケージとするにはチップスタックが有効です。前項にも書きましたが、メモリチップを積層し、WB(ワイヤボンディング)で接続することにより高容量とすることが一般的に行われました。その構造例とWBの実施例を**図1、2**に示します。多層のチップと基板間を短絡しないようにWBするため、特殊な(長く、頂点が低い)ループ形成技術などが開発されました。

しかし、高速通信などに用いられるチップにおいて実装にWBによる長い配線を用いると、その配線のインダクタンスの影響により信号の減衰などの問題が生じます。また、半導体では回路がシリコン基板の片面のみに形成されているため、複数のチップを積層して配線を引き出すには制限がありました。さらに、WBでは高密度のチップ間接続が不可能でした。そこで、シリコン基板に貫通ビアを作製して裏面から配線を引き出すTSV(Through Silicon Vias)という技術が開発されました。その構造と積層したチップの外観を**図3、4**に示します。

TSVを用いると、配線をチップの外側に引き出す必要がなく、高密度で積層したチップのパッケージを最も小面積化することができます。これに加え、チップと基板間の接続長を極めて短くできるため、高周波信号の伝送、データ伝送容量の向上、消費電力の低減において非常に有利です。**図5**にWBとTSVの信号伝送路長の比較を示します。

TSVの加工については後述しますが、半導体製造用の設備、プロセス、材料等を用い、主に半導体メーカー自身が精密な技術を用います。しかし、設計、積層・接合、検査も含め、高コストで、現時点では特定用途の適用に限られています。

要点BOX

- ●複数チップを縦に重ねてパッケージ化するチップスタック実装
- ●TSV技術でさらに小面積化

図1. チップスタックパッケージの構造例

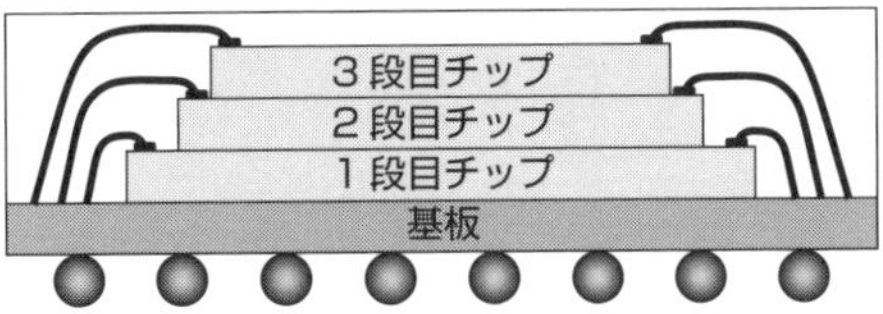

〔出典:樋野滋一,和田喜久男;エレクトロニクス実装学会誌　Vol. 14 No. 5, 418 (2011)〕

図2　ワイヤボンディングによるメモリチップスタック(東芝)

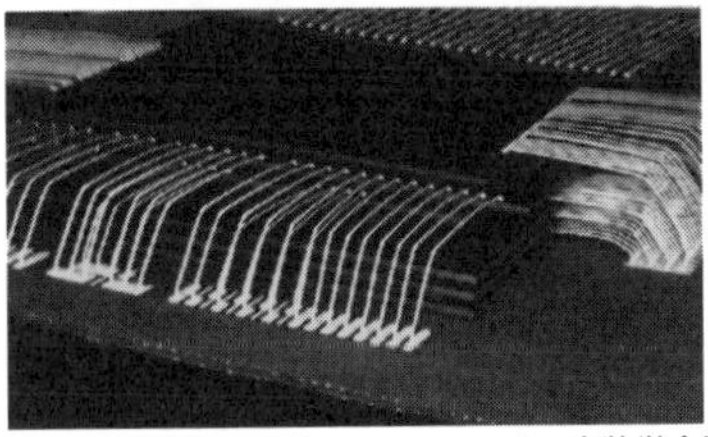

〔出典:傳田精一;エレクトロニクス実装学会誌
Vol. 14 No. 3, 220 (2011)〕

図3　TSVチップ積層断面の概略構造

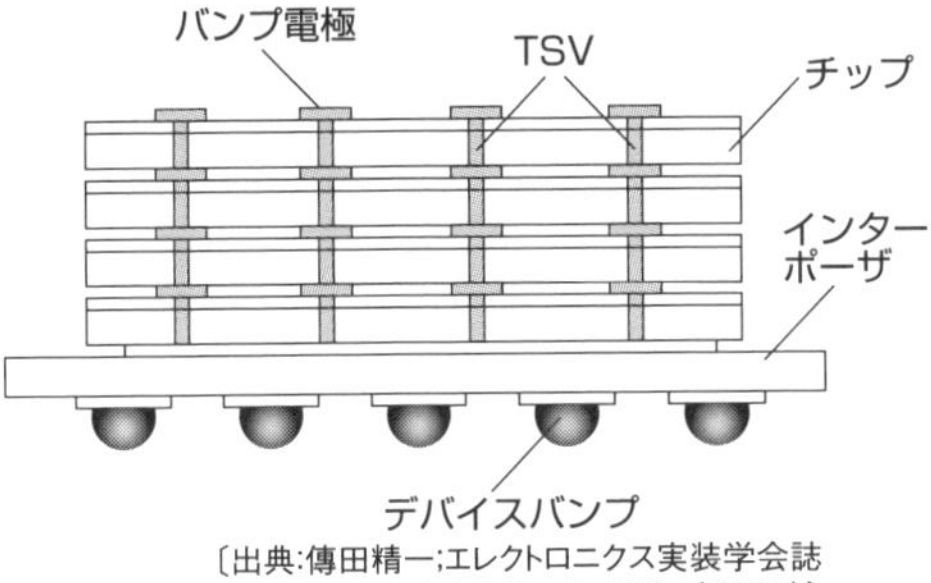

〔出典:傳田精一;エレクトロニクス実装学会誌
Vol. 14 No. 3, 220 (2011)〕

図4　TSV応用DRAM 8チップ積層外観(エルピーダ)

〔出典:傳田精一;エレクトロニクス実装学会誌
Vol. 14 No. 3, 220 (2011)〕

図5　ワイヤボンディング、TSVによる三次元構造の信号伝送線路

PoP構造と比し、信号伝送路は　PoP>チップスタック>TSV　で短い。TSVは高速化、低消費電力化に適合

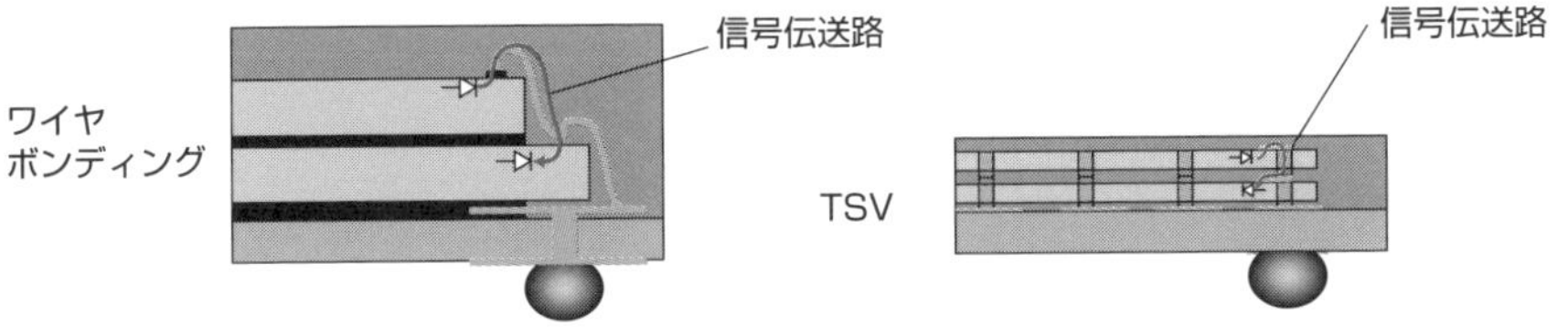

〔出典:小林治文;エレクトロニクス実装学会誌 Vol. 21 No. 5, 386 (2018)〕

10 2.5D実装、シリコンインターポーザ

シリコンインターポーザにICチップを横に並べて実装

インターネットの高速化によりデータセンターで使用されるサーバを中心に、半導体実装においては、ロジック（CPU／GPU／FPGA）と広帯域メモリ（HBMなど）を高密度で実装する必要性が高まっています。このロジック／メモリの接続は、発熱などの問題で三次元に積層することができず、TSVを設けたシリコンインターポーザ（Si-IP）上に両者のチップを近接し並べて実装しています。この形態は2Dと3Dの中間として、通称2・5D（5項図2参照）と呼ばれています。**図1、2、3**に構造を示します。狭ピッチの多ピンを高密度実装するため、Si-IPは図1中の表に示すような狭ピッチの端子、高密度回路の仕様となっています。Si-IPは一般的な半導体の製造プロセスで作製されます。

ところが、半導体製造プロセスで作製されたSi-IPはコストが非常に高くなるため、代替のインターポーザが要求されています。そこで、半導体プロセスと同等の微細配線を低コストで作製する方法が開発されています。それらは、概ねビルドアップ基板の製造プロセスに、ドライ成膜や感光性材料などの微細化に有利なプロセス・材料を組合わせています。

Si-IP代替の一つは、**図4**のようにビルドアップ基板の表面層として微細配線層を形成するもので、2・1D（2・5Dより二次元実装に近い）と呼ばれることがあります。また、シリコン基板のコアに有機樹脂の再配線層をビルドアップする方法、さらにそのコアをガラス基板とするガラスインターポーザも開発されています。ガラスはシリコンより絶縁性が高く、高速信号の伝送特性は良好です。

Si-IP代替では、特殊な設備・プロセスを導入する必要があり、Si-IPより低コストで微細配線が形成できるか、さらに熱膨張率の異なる異種材料の組合わせでチップ実装の支障となる反りが生じないかなど、まだ課題が多く、その解決が必要です。

要点BOX

- ●インターポーザ上にロジックとメモリのチップを並べて実装する2.5D実装
- ●ガラスインターポーザも開発されている

図1　GPUとHBMをシリコンインターポーザ上に実装した2.5D SiP の一例

（GPU : Graphics Processing Unit, HBM : High Bandwidth Memory）

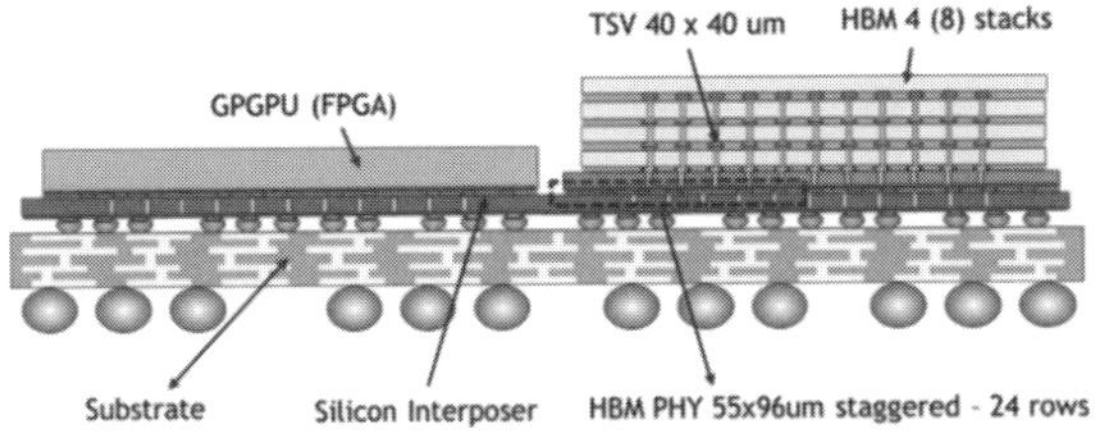

シリコンインターポー ザの接続端子デザイン

端子パッド径	25 μm
端子パッドピッチ	55 μm
端子数／エリア	6600/20mm²
微細配線層数	2
微細配線ライン/スペース	2 μm/2 μm

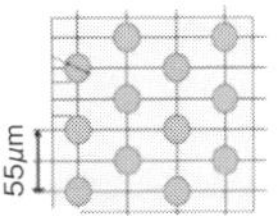

〔出典:西尾俊彦;エレクトロニクス実装学会誌 Vol. 21 No. 6, 518 (2018)〕

図2　HBM の断面構造

GPUとHBMを近接して実装したシリコンインターポーザ、有機基板に実装

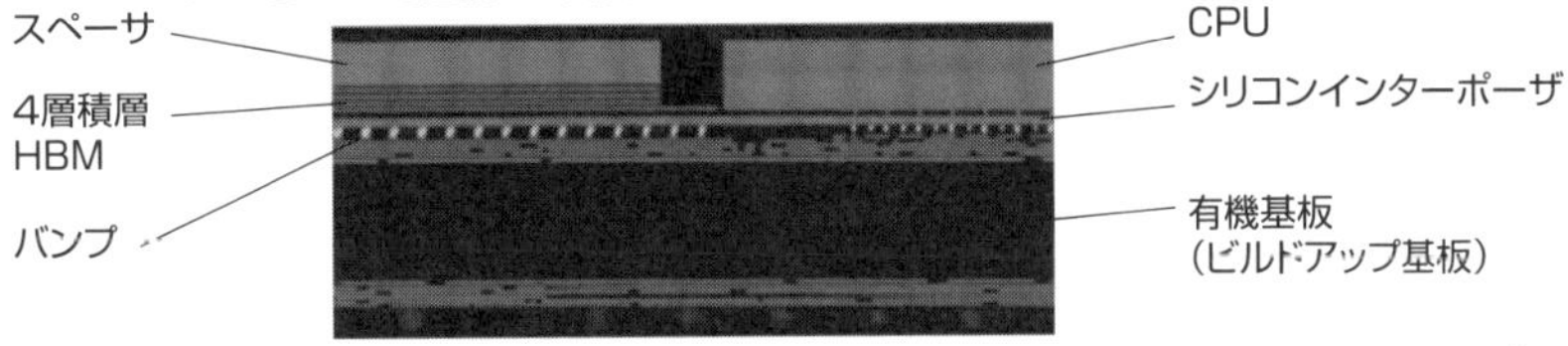

〔出典:西尾俊彦;エレクトロニクス実装学会誌 Vol. 21 No. 6, 518 (2018)〕

図3　TSV付シリコンインターポーザを含む2.5D SiP の例

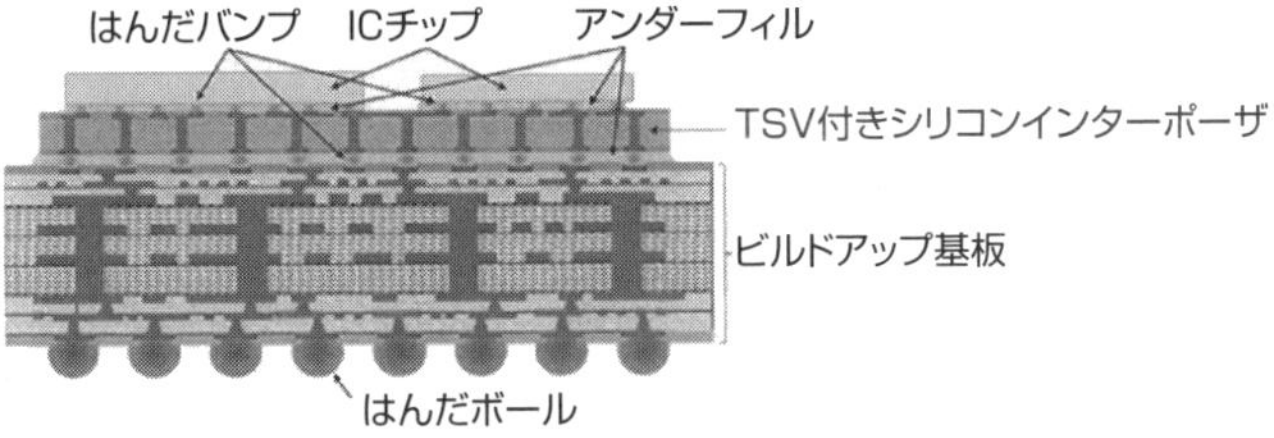

〔出典:尾崎裕司;エレクトロニクス実装学会誌　Vol. 20 No. 6, 413 (2017)〕

図4　微細配線付き有機基板による2.1D SiP の例

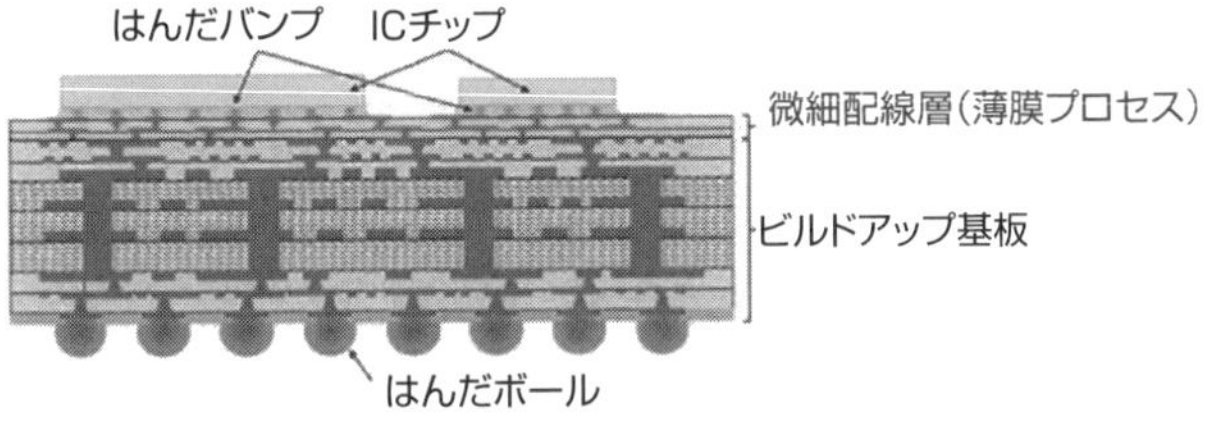

出典:尾崎裕司;エレクトロニクス実装学会誌　Vol. 20 No. 6, 413 (2017)〕

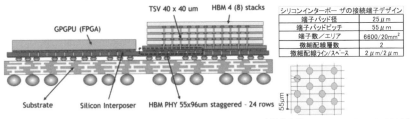

11 ウエハレベルCSP

超小型・薄型化に適したパッケージ

ウエハレベルCSP(WL-CSP)は、半導体をウエハ状態のままで一括して再配線工程を行い、ダイシングにより個々のパッケージに分割するものです。CSPはチップサイズパッケージ(Chip Size Package)で、ICチップと同一サイズのパッケージが得られます。そのため、超小型化、薄型化、高密度化が一番重要な携帯用電子機器を中心に使用されています。**図1**はその構造で半導体の回路面に再配線層を形成し、銅ポストを立てて端子を引き出しています。**図2**のようにシリコンチップ端部の狭ピッチパッドは再配線により内側に配置された銅ポストに接続されます。銅ポストはシリコン上のパッドより大きく、ピッチも広くできますので、プリント配線板へのはんだボール接続は比較的容易となります。

図3は、WL-CSP製造プロセスの概要で、**図4**はその中の再配線のプロセスを詳細に示したものです。再配線プロセスでは、シリコンウエハの回路面にポリイミド絶縁膜と銅パターンからなる再配線層を形成します。このプロセスでは銅パターン形成に電解銅めっきのセミアディティブ法を用いていますが、シード層形成にはドライプロセス(Ti＋Cuスパッタ)を用います。再配線層の形成後は端子ポスト形成、樹脂封止、端子形成(はんだボール搭載)をして、ウエハのダイシングにより個片化されます。このように、半導体の後工程とビルドアップ基板製造工程をうまく組合わせてプロセスが成り立っています。

WL-CSPの利点は、パッケージとしての小型化、薄型化にあり、同じピン数のBGAと比べ半分以下のサイズにできます。一方、WL-CSPが基板に実装されたはんだ接続部は、シリコン／基板間の熱膨張係数差による応力や落下衝撃のストレスを直接受け破断の要因があるため、銅ポストや封止樹脂による緩衝構造の形成、樹脂材料の改良、および実装方法での最適化手法が検討されています。

要点BOX

- ●CSPはICチップと全く同じチップサイズにできるので小型・薄型化に最適
- ●はんだ接続部では最適化手法が検討されている

図1　ウェハレベルCSP（WL-CSP）の構造の例

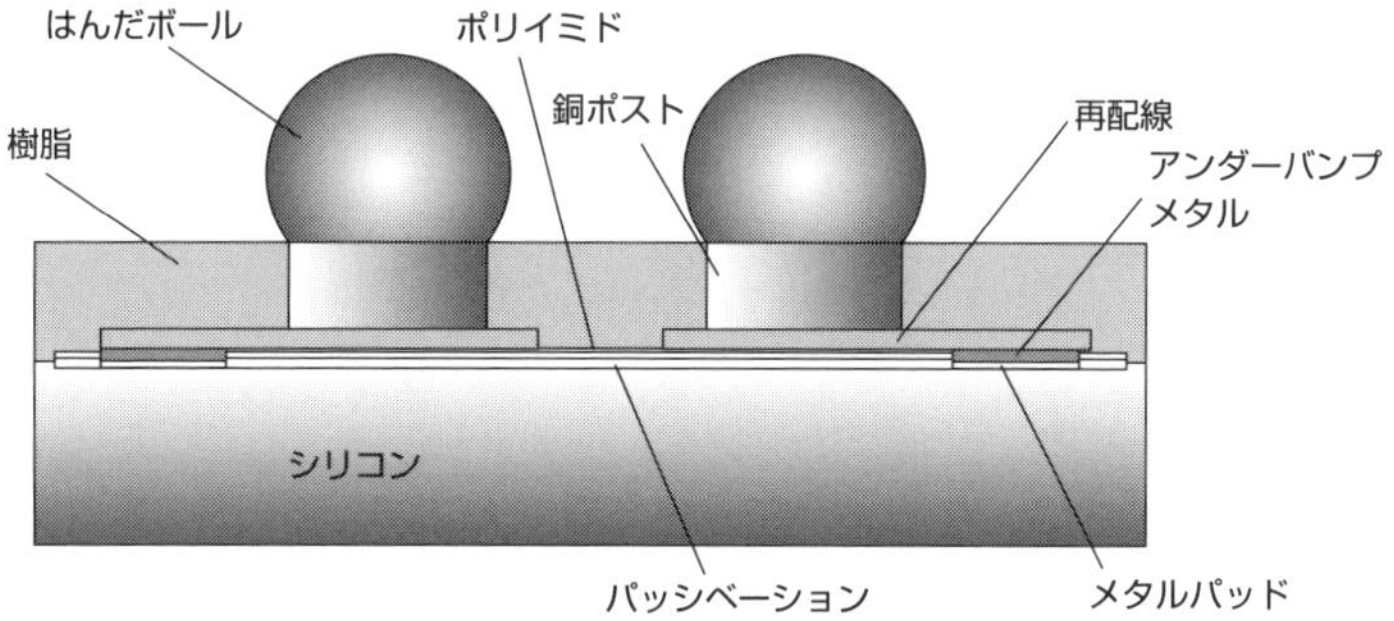

〔出典:　松崎富夫,小杉智之;エレクトロニクス実装学会誌 Vol. 15 No. 5, 349 (2012)〕

図2　WL-CSPの再配線とCuポスト

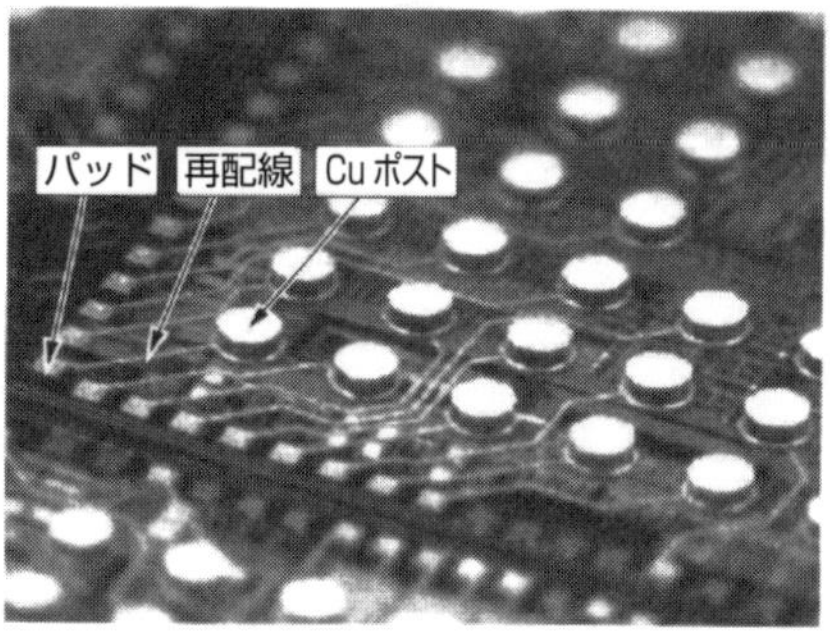

シリコンチップの端部のパッド（120～200 μm間隔）を、再配線でチップの内部のCuポスト（500μm間隔）に接続する

〔出典:小林治文;エレクトロニクス実装学会誌 Vol. 3 No. 3, 263 (2000)〕

図3　WL-CSPの製造プロセスの概要

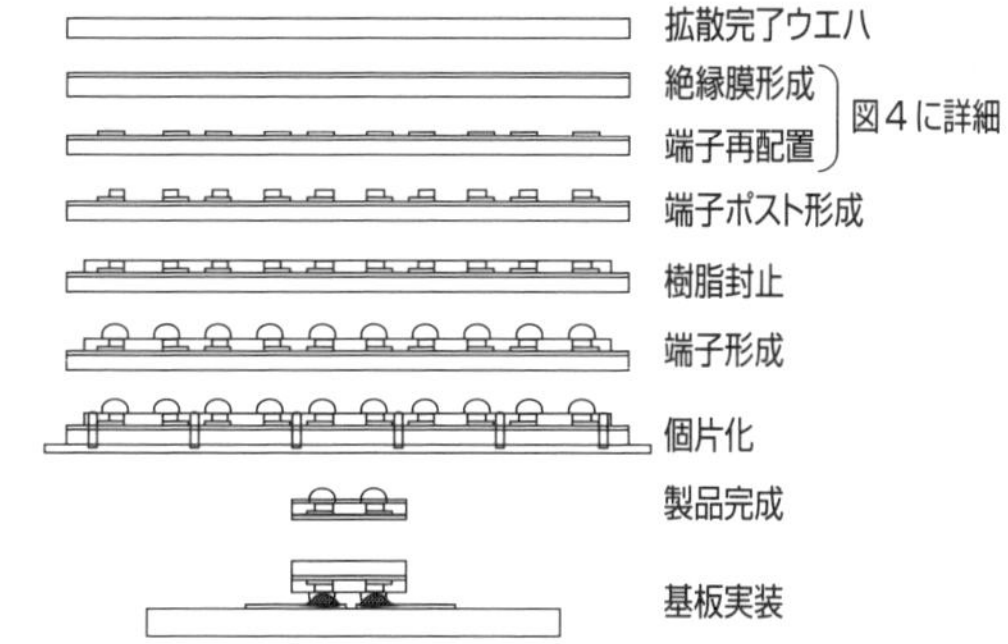

〔出典:小林治文;エレクトロニクス実装学会誌 Vol. 3 No. 3, 263 (2000)〕

図4　代表的なWL-CSPの再配線形成プロセス

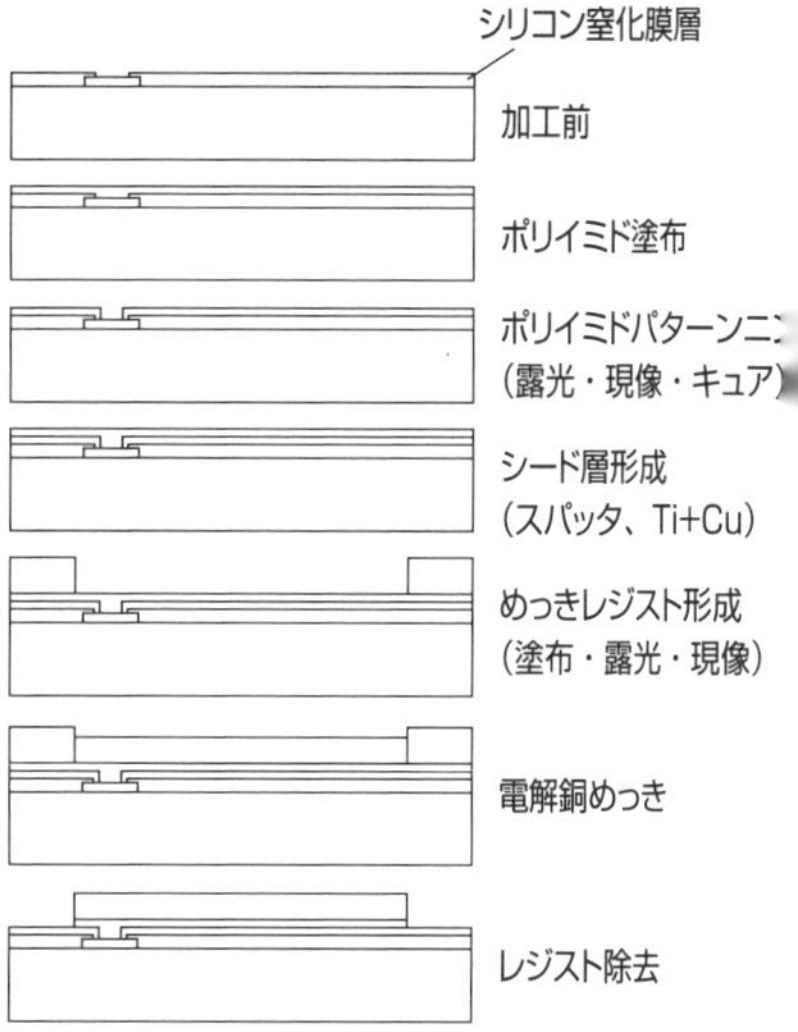

〔出典:若林猛;表面技術　Vol. 67 No.8, 409 (2016)〕

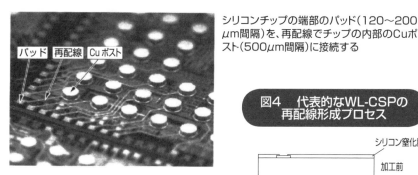

12 ファンアウトパッケージ

携帯機器を中心に利用

ファンアウトウエハレベルパッケージ(FO-WLP)は、前項のWL-CSPに対しチップ端部と裏面をモールド樹脂で覆った構造のものです。**図1**にそれらの構造を比較しています。また、両者の比較を**表1**にまとめました。いずれも小型パッケージとして非常に有効で、携帯機器を中心に採用されています。

WL-CSPは、基板と接続する端子がチップ端の内側のみに存在するものです。ファンイン(FI-WLP)と呼ばれることもありますが、縮小するものではありません。これに対し、FO-WLPは、チップ端の外側にも再配線して接続端子を設けます。このため、WL-CSPよりもサイズ、厚さは大きくなりますが、脆いチップの保護、実装ストレスの緩和が可能となります。FO-WLPは現在、世界的に生産され、開発も旺盛に行われています。最も代表的な形態はインフィニオンが２００８年に発表したeWLBであり、その製造プロセスを**図2**に示します。接着剤付の支持体上に個片化したチップを搭載し、樹脂モールドしてから支持体を剥離し樹脂ウエハを作製します。チップの端子を露出、銅配線と絶縁樹脂からなる再配線層を形成、さらに接続用端子を形成後、個片化します。

FO-WLPの製造では、いろいろなバリエーションが検討されています(**表2**)。図2のプロセスは、支持体上に先にチップを搭載し、後にＲＤＬを形成するのでチップファースト(またはＲＤＬラスト)と呼ばれます。チップの回路面は支持体に向け搭載するので、フェイスダウンと言います。これらと異なり、チップラスト、フェイスアップのプロセスも開発されています。また、ウエハを支持体に用いると、大型パッケージでは取り数が少なくコスト増になります。そこで、ガラスや有機積層板等の角形ワークパネルを支持体とするパネルレベルパッケージ(FO-PLP)も開発されています。

要点BOX

- ●ファンアウトパッケージは高密度化に対応し、端子をチップ面外まで拡げて設ける
- ●パネルレベルパッケージも開発されている

図1　ファンインWLP(WL-CSP)とファンアウトWLP(eWLP)

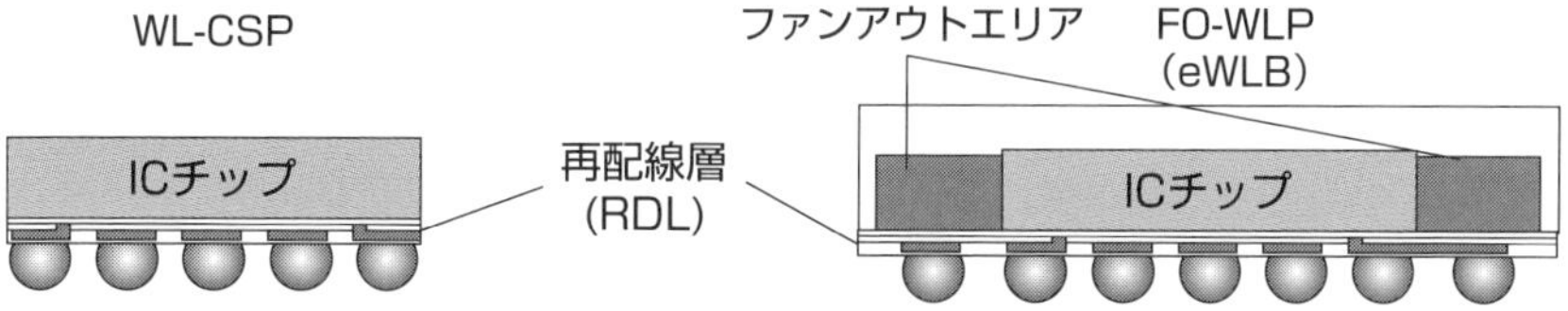

〔出典：野中敏央；エレクトロニクス実装学会誌 Vol. 22 No. 5, 380 (2019)〕

表1　WL-CSPとFO-WLPの比較

特徴	WL-CSP	FO-WLP
基板との接続	·チップ端から内側のみ ·接続部にストレスかかりやすい	·チップ端の内側、外側から接続可能 ·モールド、銅ポスト作製でストレス緩衝
材料	·シリコンが主。脆く破損の懸念	·シリコンを樹脂が封止して補強
チップ数	·単一のみ	·複数をモールドしてモジュール化可能
サイズ	·チップと同一サイズ	·チップよりも拡大
厚さ	·薄い（チップ+再配線層）	·WL-CSPより厚い（チップ+再配線層+モールド）
加工上の課題	·チップ良否（KGD）不明により歩留り低下の懸念 ·チップ／再配線の位置精度が良い	·KGDのみ使用で歩留り向上 ·キャリア上で搭載チップのモールド時位置ずれ（ダイシフト）が問題

図2　FO-WLP(e-WLB)の製造プロセス

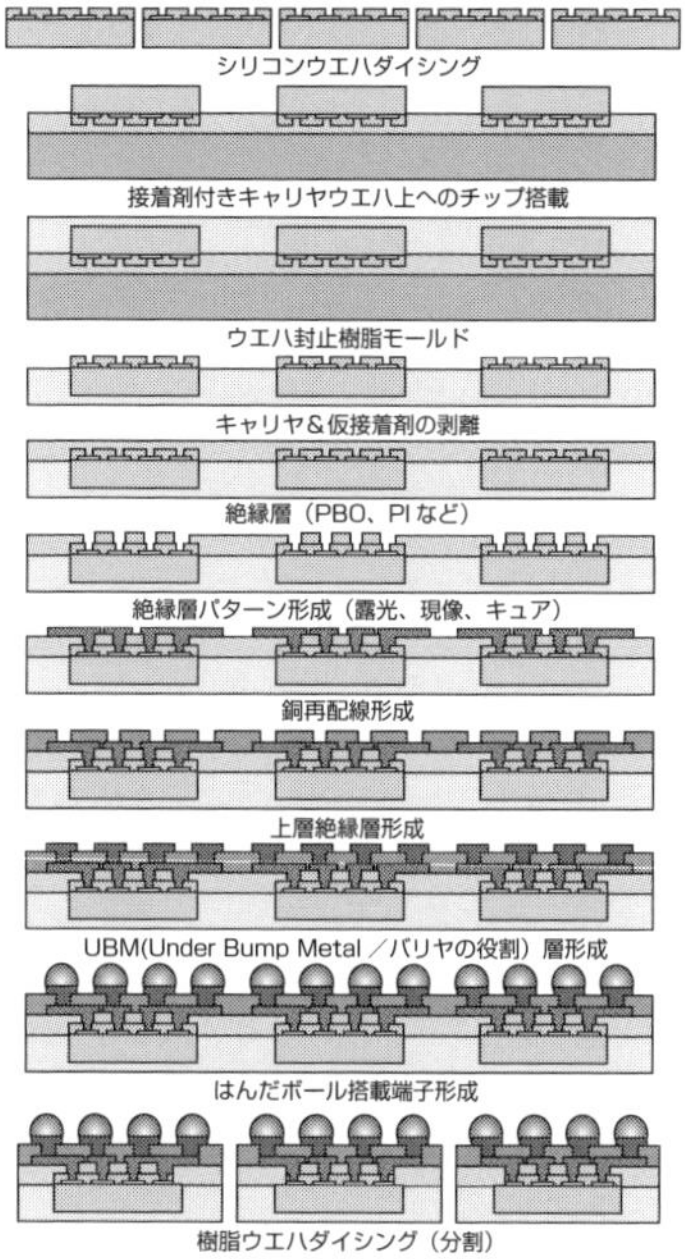

〔出典:若林猛;表面技術　Vol. 67 No.8, 409 (2016)〕

表2　ファンアウトパッケージの区分

<table>
<tr><th></th><th>チップが先か再配線層（RDL）が先か</th><th>チップの回路面は上向き（フェイスアップ）か下向き（フェイスダウン）か</th><th>キャリア</th></tr>
<tr><td rowspan="3">FO-WLP（Fanout-Wafer Level Package）</td><td rowspan="2">チップファースト（ダイファースト、RDLラスト）</td><td>フェイスダウン</td><td rowspan="3">ウエハ*</td></tr>
<tr><td>フェイスアップ</td></tr>
<tr><td>チップラスト（ダイラスト、RDLファースト）</td><td>フェイスダウン</td></tr>
<tr><td>FO-PLP（Fanout-Panel Level Package）</td><td>同上
大型キャリアに対してはチップラストが有利</td><td>同上
大型キャリアでのチップラストではフェイスダウン</td><td>パネル</td></tr>
</table>

*ここでのウエハは接着剤付けの支持体です

13 いろいろなSiP技術

各社がいろいろなSiP技術を開発・改良

SiPの形態にはいろいろなものがあり、その開発は続いています。各社がそれぞれ改良を重ね、他社との差別化を打ち出すことで多種多様な技術が生まれています。以下にこれまでの項で書けなかった技術の例を示しますが、全てではありません。

図1はEMIB(Embedded Multi-die Interconnect Bridge)と言われる技術です。接続するチップ(ここではFPGAとトランシーバ)を並べ、パッケージ基板に埋込んだ接続用の半導体チップ(EMIBダイ)で橋渡しして接続します。EMIBダイは微細配線を半導体プロセスで作ります。Si-IPに対し必要部だけの小サイズにできる利点があると言われています。

図2はInFO(Integrated Fanout)と呼ばれる技術で、ファンアウトウエハレベルパッケージ(FO-WLP)の一種です。スマートフォンのアプリケーションプロセッサ用として多く適用されています。最近は半導体メーカーがパッケージングまで行って販売する場合があり、そこまで含めた製造能力、コスト削減力がビジネス上重要と言われています。

図3は2・3Dと称される技術で、2・5DにおけるSi-IPを微細配線形成した有機インターポーザで代替しています。先にビルドアップ基板に有機インターポーザを実装し、チップ実装が後になるチップラストプロセスであり、チップ実装の収率からは好まれるものになっています。

図4は複数チップを1つのファンアウトパッケージとして微細配線形成しながらもインターポーザなしでFC-BGA上に実装するFOCoS(FanOut Chip on Substrate)です。

また、代表的な2・5D SiPの製造技術としてCoWoS(Chip on Wafer on Substrate)があります。これは、TSV付きSi-IPのウエハに支持体を装着し、ここにロジックとメモリを搭載して反りによる実装の不具合を削減しています。

要点BOX

●EMiB、InFO、2.3D、FOCoS、CoWoSなどSiPにはいろいろある

図1　EMIB (Embedded Multi-die Interconnect Bridge：Intel)技術例

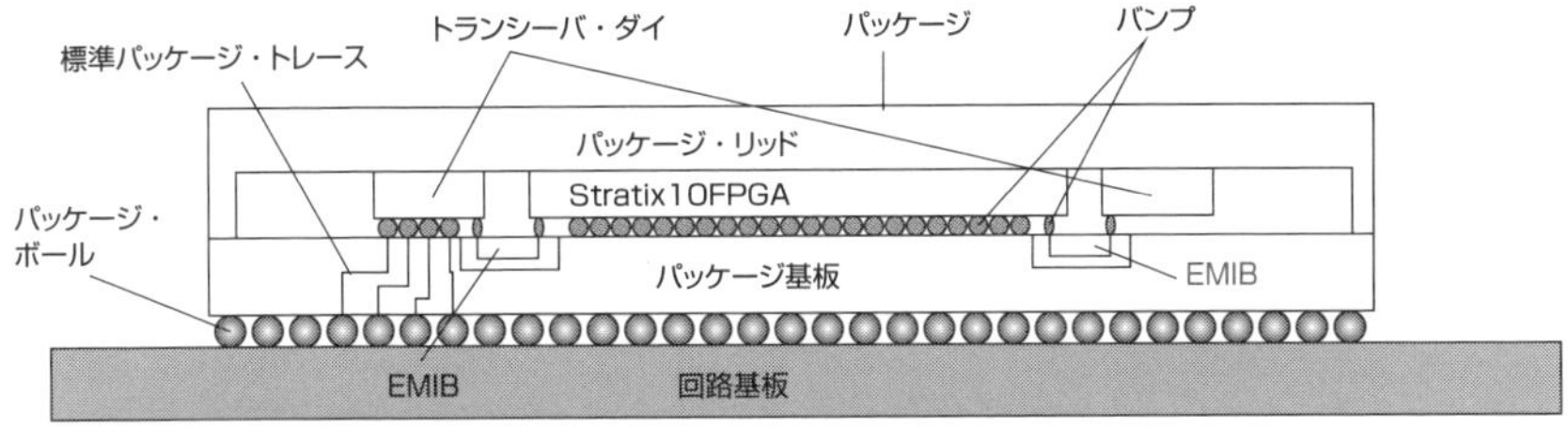

Stratix 10 (FPGA) とトランシーバダイを EMIB で集積化した構造
パッケージ基板に埋込まれた EMIB ダイが FPGA とトランシーバを橋渡しで接続

〔出典：Intel,whitepaper(wp-01251-1,0)June 2015〕

図2　InFO(Integrated Fonout: TSMC) の外観とInFO PoPの断面構造

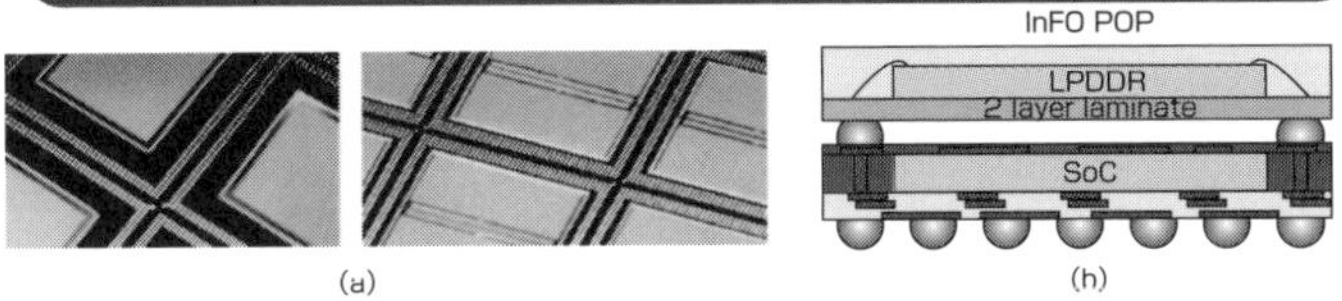

下側の SoC（ロジック）のパッケージに InFO を使用、別にパッケージングされたメモリと PoP 構造になっている

〔出典：野中敏央，エレクトロニクス実装学会誌　Vol. 22 No.5, 380（2019)〕

図3　2.3D SiPの製造工程

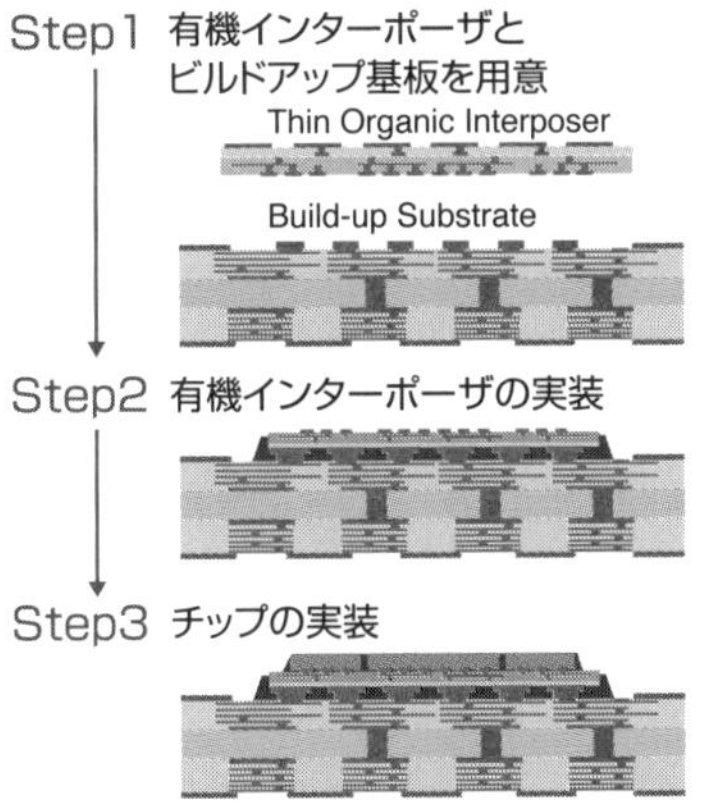

〔出典：大井淳, 清水規良, 小山利徳:
エレクトロニクス実装学会誌
Vol. 22 No.5, 367 (2019)〕

図4　FOCoSの構造

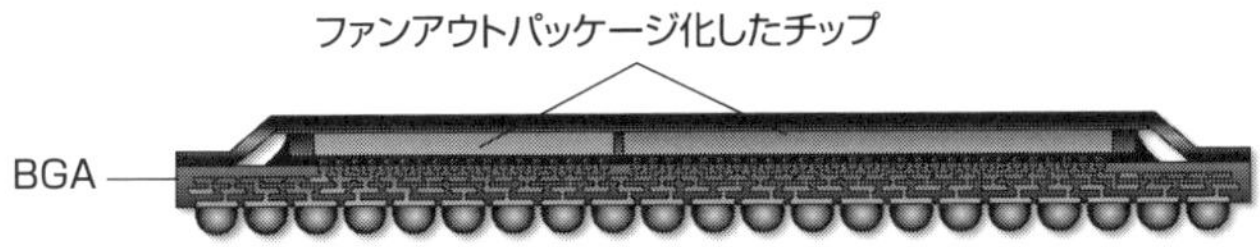

Fan Out パッケージに
微細再配線層
(L/S=2/2) を形成、
インターポーザなしで
BGA に実装

〔資料提供：ASE〕

14 リードフレームを用いた半導体パッケージ

大量に使用されている既存技術

前項まで、最先端の半導体パッケージ（ＰＫＧ）を見てまいりましたが、既存のリードフレームを用いたＰＫＧも依然として大量に使用されています。ＰＫＧ生産量は全世界で年間２７００億個（２０１８年）でそのうち、リードフレームを用いたものが66％、ＱＦＮ（Quad Flat no-leaded）だけでも33％であり、個数では最もメジャーと言えます。リードフレームは、薄い鉄—ニッケルや銅合金の金属板を、プレスまたはエッチングで**図１**のような多数のリードが固定された形状に加工したものです。

図２、３に、それぞれ代表的なパッケージ構造であるＱＦＰ（Quad Flat Package）、ＱＦＮを示します。図１のリードフレームの中央部（ダイパッド）にダイボンド材でICチップを載せ、ICのアルミパッドとリードフレームのインナーリードを金線でワイヤボンディング（ＷＢ）します。ICチップと接合部をエポキシ樹脂で封止します。ＱＦＰでは外部接続用リード（アウターリード）が四方でＰＫＧ端よりも外に突出していますが、ＱＦＮでは裏面端部に配列されており、より小型で狭ピッチ（最小０・３㎜）のＰＫＧとなっています。リードフレームを用いたＰＫＧには数多くの種類があり、日本ではＪＥＩＴＡが規格化しています。

ＱＦＮ等のＰＫＧはＢＧＡ等よりピン数が少ない低コストの用途に使われます。リードフレームの狭ピッチ化には、**図４**のフォトエッチング法が使われます。これは少数多品種品にも適用されます。狭ピッチが必要なく、大量生産する場合は、金型を作製してプレス加工が行われます。

また、リードフレームを用いたＰＫＧにおいても、**図５**のようにチップを複数搭載しＷＢで相互接続したＳｉＰと称する構造が現れています。低コスト化のため、ＷＢ用金線の銅線への代替も進んでいます。

要点BOX

- ●リードフレームによる半導体パッケージは個数ではまだまだメジャー
- ●チップを複数搭載した構造もある

図1　リードフレームの外観

インナーリードの先端部分(白い部分)に銀めっき

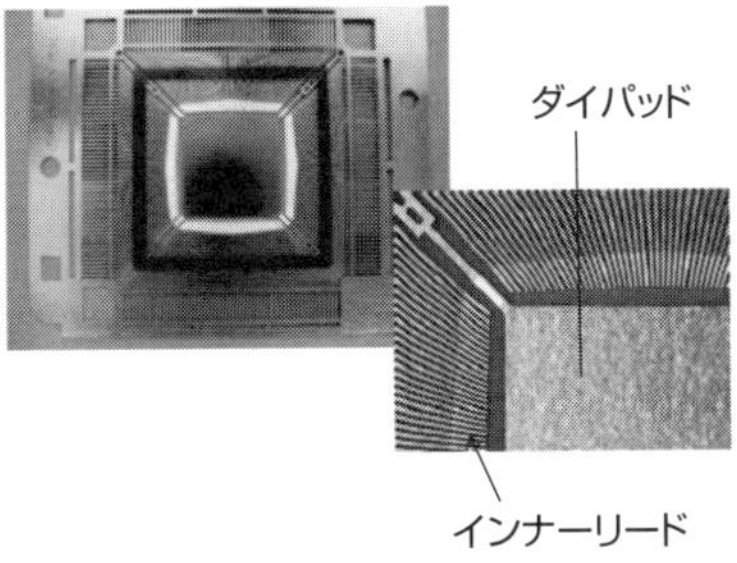

〔出典:塚本健人;表面技術 Vol. 60 No.4, 232 (2009) 〕

図3　QFNの構造

パッケージ表面　　パッケージ裏面

〔出典:春田亮;表面技術　Vol. 60 No.4, 225 (2009) 〕

図5　リードフレームを用いたSiPの構造例

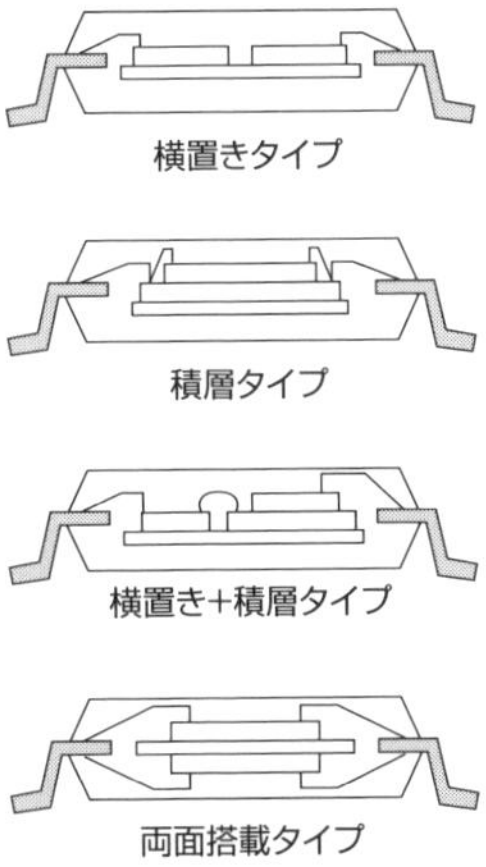

〔出典:春田亮;表面技術　Vol. 60 No.4, 225 (2009) 〕

図2　QFPの構造

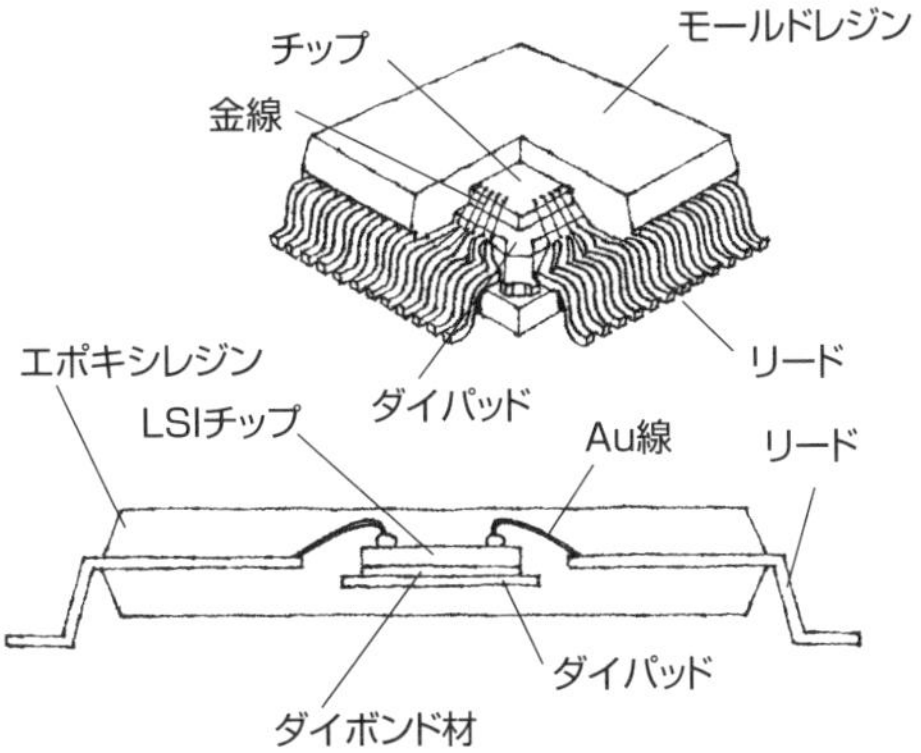

〔出典:春田亮;表面技術　Vol. 60 No.4, 225 (2009) 〕

図4　フォトエッチング法によるリードフレームの加工プロセス

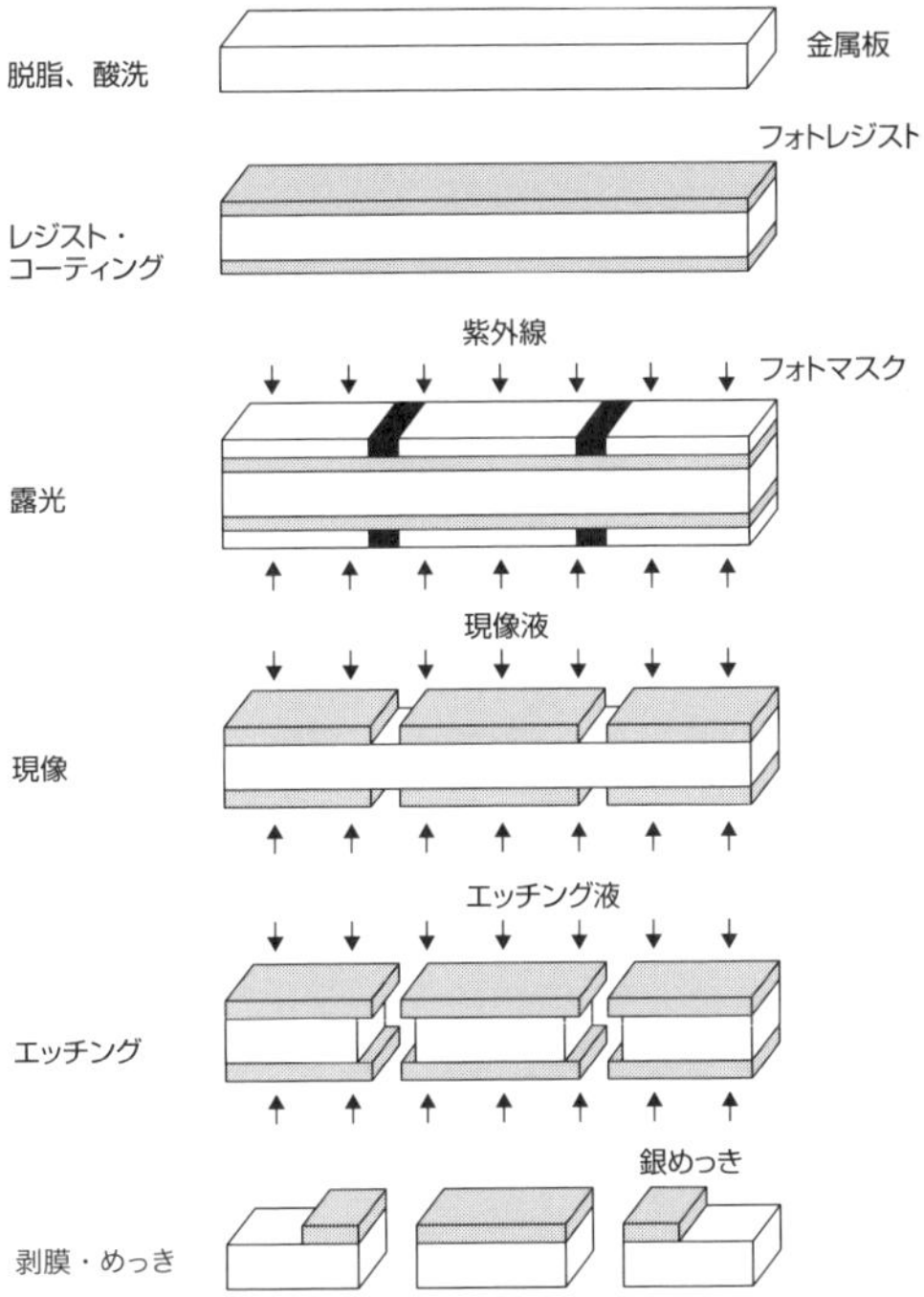

〔出典:塚本健人;表面技術 Vol. 60 No.4, 232 (2009) 〕

15 実装される電子部品・モジュール

モジュール化が進展している

プリント配線板上に実装され、電子機器を構成する部品は半導体だけではなく、ダイオード、抵抗、コンデンサ、インダクタ等の受動部品やセンサ、高周波フィルタなど多種多様です。**図1**のように、車載の分野では基板上にセンサやアクチュエータ（駆動部品）が実装され、IoT時代の電子制御に利用されています。これらの多種多様な部品が実装階層（3項参照）に従って接続され、機能を発現する電子機器として構成されます。

表1では、第一実装階層（素子・パッケージレベル）、および第二実装階層（モジュールレベル）で実装される主な部品をまとめています。第一実装階層で集積化されたものがモジュールとして、電子機器の一部として必要な機能を有していなければなりません。近年は実装効率や作業性の向上のため、モジュール化（複合化）の動向が一層進展しています。

図2は、このような複合化の動きを示したものです。複合化の形態は定型があるものではなく、製品全体、および生産性などの観点で決定されます。

著者の一名である高木が、1986年に学会誌（サーキットテクノロジVol.1, No.2, 64（1986））にプリント配線板技術に関して、次のように記述しています。

「電子機器は必要とする機能を持たせるため、電子部品の選択とそれを接続する回路設計を行い、この設計に従って作り上げられる。しかし、この機能をいかにコンパクトに、低コストで作製し、かつ十分な電気的性能を発揮させるかは実装技術に負うところが大きい。」

現在もこれは普遍的に当てはまり、さらに半導体パッケージおよび、モジュールという小さい階層の領域でも、この重要性が高くなっていると言えるでしょう。

要点BOX

- 素子パッケージレベルとモジュールレベルがある
- 実装効率や作業性の向上のためにモジュール化が進展している

図1　車載電子制御機器とメカトロニクス実装

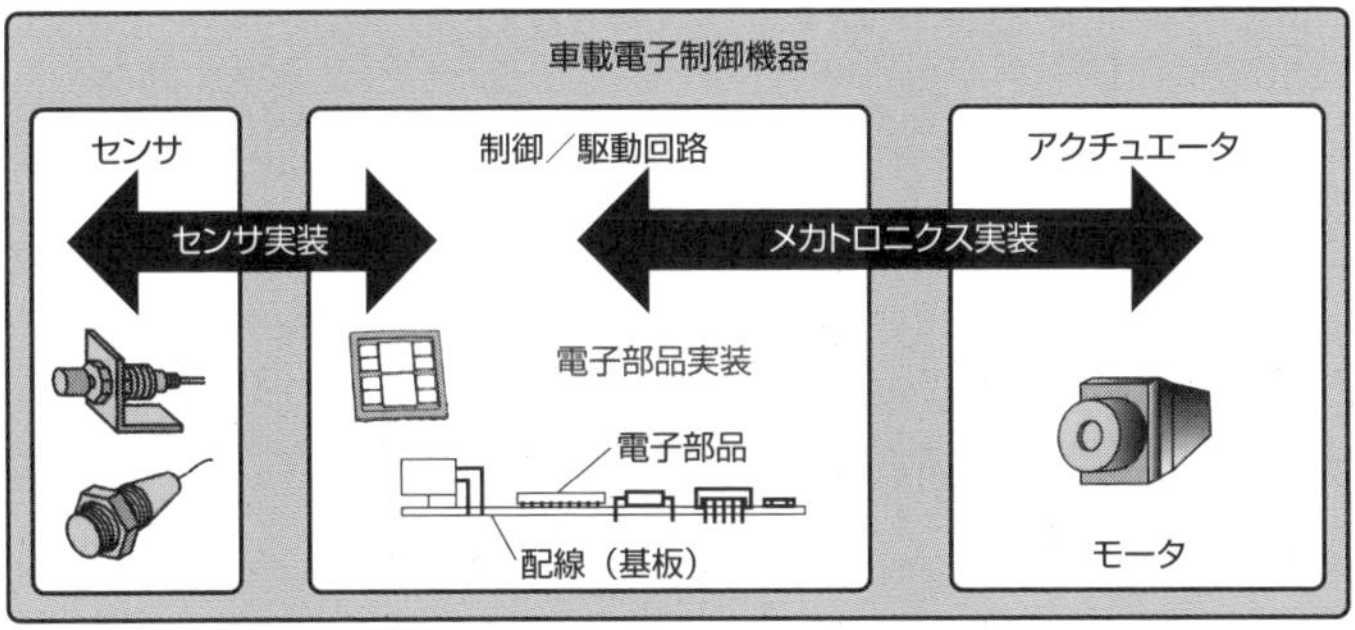

電子部品が実装された制御機能を有する基板、センサで得られた情報で、アクチュエータなどを駆動

〔出典:カーエレクトロニクス研究会、エレクトロニクス実装学会誌　Vol. 19 No.1, 66（2016)〕

表1　実装階層のレベルと実装する電子部品

実装階層	レベル	実装するもの、形態	
第一実装階層	素子パッケージレベル	能動部品	半導体集積回路(IC)素子 ・パッケージしたIC 　例えば　CSP、BGA、QFP、QFN ・軽度のシステムインパッケージ(複数ICをパッケージ化) ・ベアチップ
		受動部品	ダイオード、抵抗、コンデンサ、インダクタ等のディスクリート部品
		その他	センサ、フィルタ、アンテナ　など
第二実装階層	モジュールレベル	モジュール	2個以上のICや電子部品を小型配線板に取付けて相互接続したもの 高度のシステムインパッケージ 例えば　無線モジュール、チューナ、MEMS センサモジュール、カメラモジュール　など
		その他	抵抗、コンデンサ、インダクタ等を印刷や成膜技術で形成させ、ある単位の機能を作り上げたもの 例えば　受動部品内蔵モジュール

図2　実装基板に搭載される電子部品の複合化

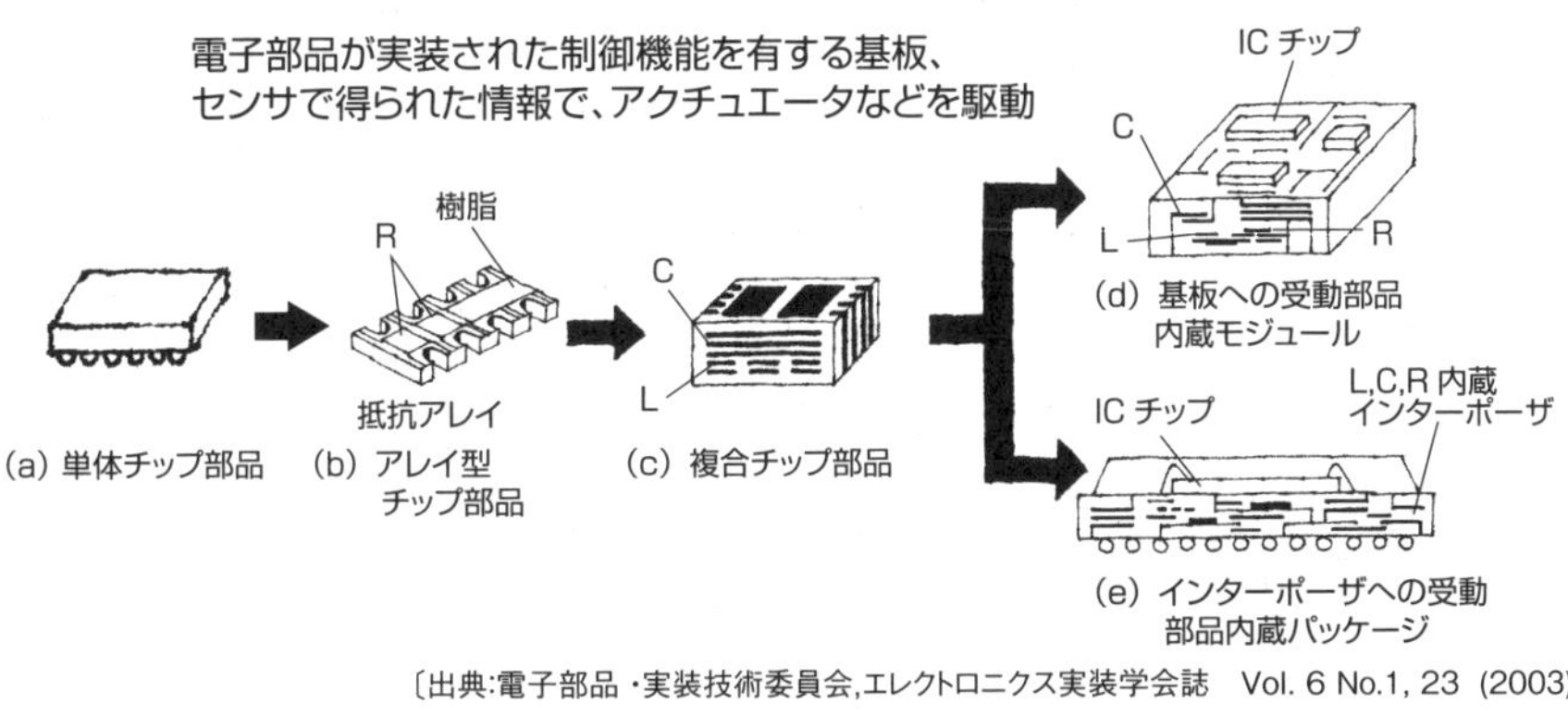

〔出典:電子部品・実装技術委員会,エレクトロニクス実装学会誌　Vol. 6 No.1, 23（2003)〕

Column

昔MCM、今はSiP 今度は本命か？

システムオンチップ（SoC）のコスト的限界が近づくことで、システムインパッケージ（SiP）の重要性が世界中で叫ばれるようになってきました。しかし、チップをパッケージ基板内に集積化するという概念は、1990年代にはすでに登場しており、そのころはマルチチップモジュール（MCM）と呼ばれていました。数多くの開発成果が発表されて、実際に採用されたものもありましたが、その後の拡大はありませんでした。

全てのエレクトロニクスの技術、部品、機器はその作りやすさ、製品特性、そしてトータルコストによって採用するかどうか判断されます。結局、当時のMCMはこれらの点でSoCに置き換わる力がなかったものと思われます。SoCは半導体加工メーカーが、自身で回路設計、製造、検査、品質保証をすることができ、加工技術や材料もどんどん微細化を促進するために発展しました。

現在まで、SoCによる微細化は、着実に進展してきたのですが、サブ10ナノメータノードというレベルまで達した現在、設計の難易度アップ、配線の断面積低下に伴う抵抗増加による信号減衰や遅延といった点に加え、新たな設備投資によるコストアップが現実の問題となってきました。これがSiPへの移行のドライビングフォースと思われます。MCMの時代では、実装するパッケージ基板も当時ではかなり高い技術で製作したにもかかわらず、なかなか見合う価格で販売できなかったようです。しかし、昨今のSiPでは、SoCに掛かるコストを振り分けてパッケージ基板の価格が上がっても、トータルコストが下がればよいとの認識ができてきているようです。

SoC技術もまだ発展し続けるようですが、今の半導体プロセスではその困難さは徐々に大きくなるでしょう。半導体内部の材料は原子から成りますが、回路と原子のサイズの差がさらに小さくなってくるわけです。

半導体の内部だけでなく、それを実装するビルドアップ基板、プリント配線板の技術進展も忘れてはなりません。機器全体を考え、搭載されたチップが適切に機能し、それに対してパッケージが保持、他の部材との接続を適切に行えているかを考慮した技術開発が必要でした。そして、それらの技術がこなれてきたことにより、現在のSiPは昔とは異なり本格的な導入に結びついてきているものと思われます。今度こそは「本命」になると思います。

第3章

半導体パッケージの製造技術

16 半導体パッケージの製法と材料

ビルドアップ基板と半導体パッケージ基板のプロセス比較

既存の高密度実装用半導体パッケージの中心となるのは、FC-BGA（フリップチップBGA）です。これは、図1に示されるビルドアップ基板プロセスで広く製造されており、「トコトンやさしいプリント配線板の本（第2版）」でも詳しく解説されています。プロセスの概略は、コアとなるプリント配線板の両面に高密度配線層となるビルドアップ層を形成、層間をビアで接続します。配線は感光性樹脂の露光・現像と銅めっきで形成し、これを繰り返し積層します。

本書では、ここまでの項で多種の新しい半導体パッケージを紹介してきましたが、それらの製法においても配線形成はセミアディティブ基板プロセスが基本となっています。しかし、さらなる配線やビアの高密度化、および、電気特性を考慮した回路表面の平滑化、絶縁層の薄膜化のため、半導体の製造に使われる材料、プロセスが適用されます。表1に、ビルドアップ基板と半導体パッケージ基板のプロセスを比較しています。図2のファンアウトパッケージのプロセスでも再配線パターンの工程は同様のプロセスです。

微細回路用では絶縁層となる感光性樹脂に露光、現像して小径ビアを形成します。下層導体との接続を確実にするため、穴底の樹脂残渣をプラズマクリーニングします。続いて、樹脂／回路の密着性向上のため、樹脂上にTiスパッタし、その上にCuスパッタを行います。そして、感光性レジストで回路パターン形成、電解銅めっき（ビアも同時にフィリング）を行い、レジスト剥離して銅回路を作製します。

プロセスや材料は、商品の要求特性、プロセスコスト、製造者の独自性などの観点で多様な改良技術が開発されています。絶縁材として既存の熱硬化性ビルドアップ樹脂を使い、CO^2レーザで穴あけしながらも、プラズマエッチングで穴内クリーニングして平滑性を維持する例もあります。

要点BOX
- ●配線形成はセミアディティブプロセスが基本
- ●プロセスや材料は多様な改良が進んでいる

図1　FC-BGA製造におけるセミアディティブ法によるビルドアップ基板プロセス

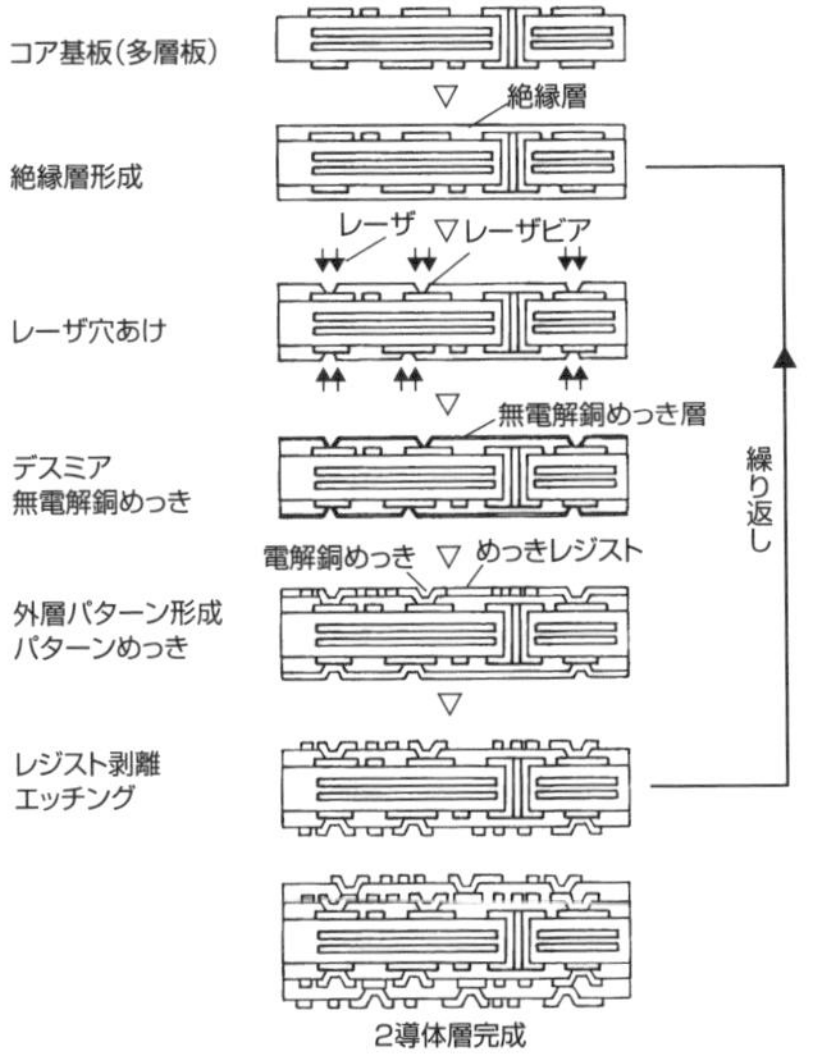

〔出典：　高木,大久保,山内;トコトンやさしいプリント配線板の本（第2版）p49(2018)〕

表1　セミアディティブ基板プロセスにおける主な手法・材料の比較

プロセス	ビルドアップ基板	半導体 パッケージ基板
絶縁層	熱硬化性樹脂フィルム ラミネート	感光性樹脂 液状材料をコーティング
穴あけ	レーザ	露光・現像
クリーニング・密着手法	デスミア	プラズマクリーニング 密着層スパッタ（Ti等）
シード層	無電解銅めっき	Cuスパッタ
パターン形成	感光性レジスト（露光・現像）	
パターンめっき	電解銅めっき（ビアフィリング）	
レジスト剥離	アルカリ性水溶液	

（ただし、洗浄などの細かい工程は省略）

図2　ファンアウトパッケージのチップファーストプロセス

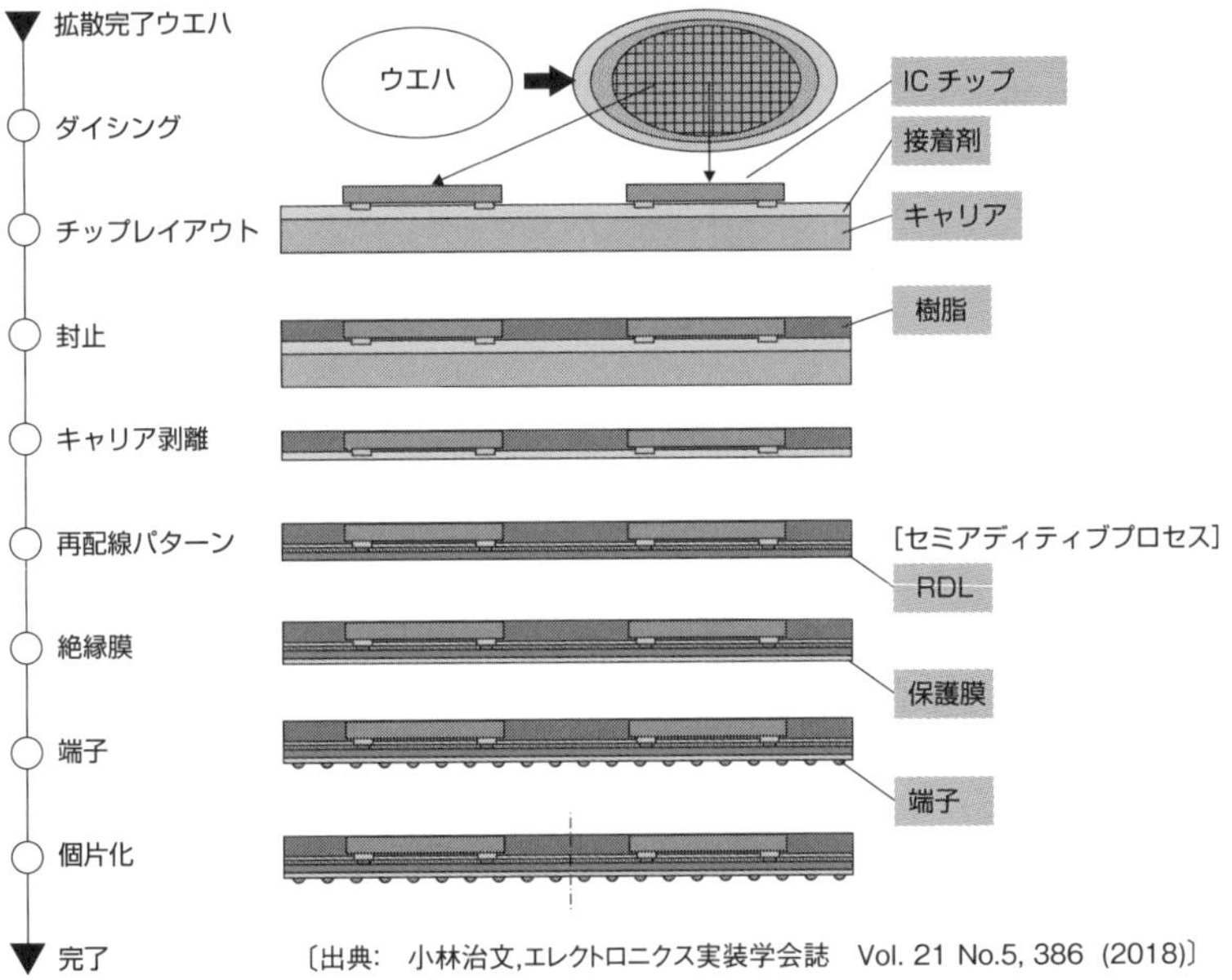

〔出典：　小林治文,エレクトロニクス実装学会誌　Vol. 21 No.5, 386（2018)〕

17 半導体パッケージ基板の設計仕様と特性

高速信号伝送の課題と協調設計の重要性

半導体パッケージ基板は、設計面から見ると、ひとつ以上のLSIを実装して、プリント配線板にBGA接続するための配線引き出し、ピッチ変換を目的としています。図1に示すように1GHzを超えるような高速伝送では、信号線だけでは波形がくずれます。そのため、配線の特性インピーダンス整合が必要で、さらに、電気特性を向上させるためのバイパスコンデンサ（電源パスコン）を実装します。特性インピーダンスは、図2(a)外層配線（マイクロストリップライン）、図2(c)内層配線（ストリップライン）に示すような構造の場合、基板の層構成（配線幅(W)や配線厚さ(T)、電源／グランドベタ面との距離(H)）、材料の比誘電率（ε_r）により計算できます。およその特性インピーダンス値は、図2(b)、図2(d)に示すような近似式で求めることができますが、より正確な計算結果を得るには、2次元の電磁界解析ツールを使用します。ポイントは、一般的な材料、汎用的な層構成でコストを抑えつつ、物理的にレイアウト可能な配線幅の解を見つけることです。

なお、高速な信号伝送はパッケージ基板のみで完結するものではなく、信号を送信するLSIからプリント配線板を経由して、信号を受信するLSIまでの回路全体を考慮する必要があります。パッケージ基板設計／プリント配線板設計と工程をまたいだ「協調設計」が必要です。信号の流れがスムーズになるようにピン配置を考え、経路全体で特性インピーダンスが変化しないように調整します。また、製造コストに大きく影響する設計仕様は、LSIサイズ、端子数、端子ピッチ、プリント配線板の配線幅／間隙、実装ランド径、ビア仕様、配線層数などの設計仕様を考慮して決定します（表1）。要求された電気特性を満足しつつ、物理的に配置・配線可能な設計ルールと、基板製造メーカーに負担をかけない製造ルールで実現するには幅広い知識が必要です。

要点BOX

- ●1GHz超の高速伝送のために特性インピーダンス整合や電源パスコン実装が必要
- ●パッケージとプリント配線板の協調設計が重要

図1　高速信号を伝達する伝送線路

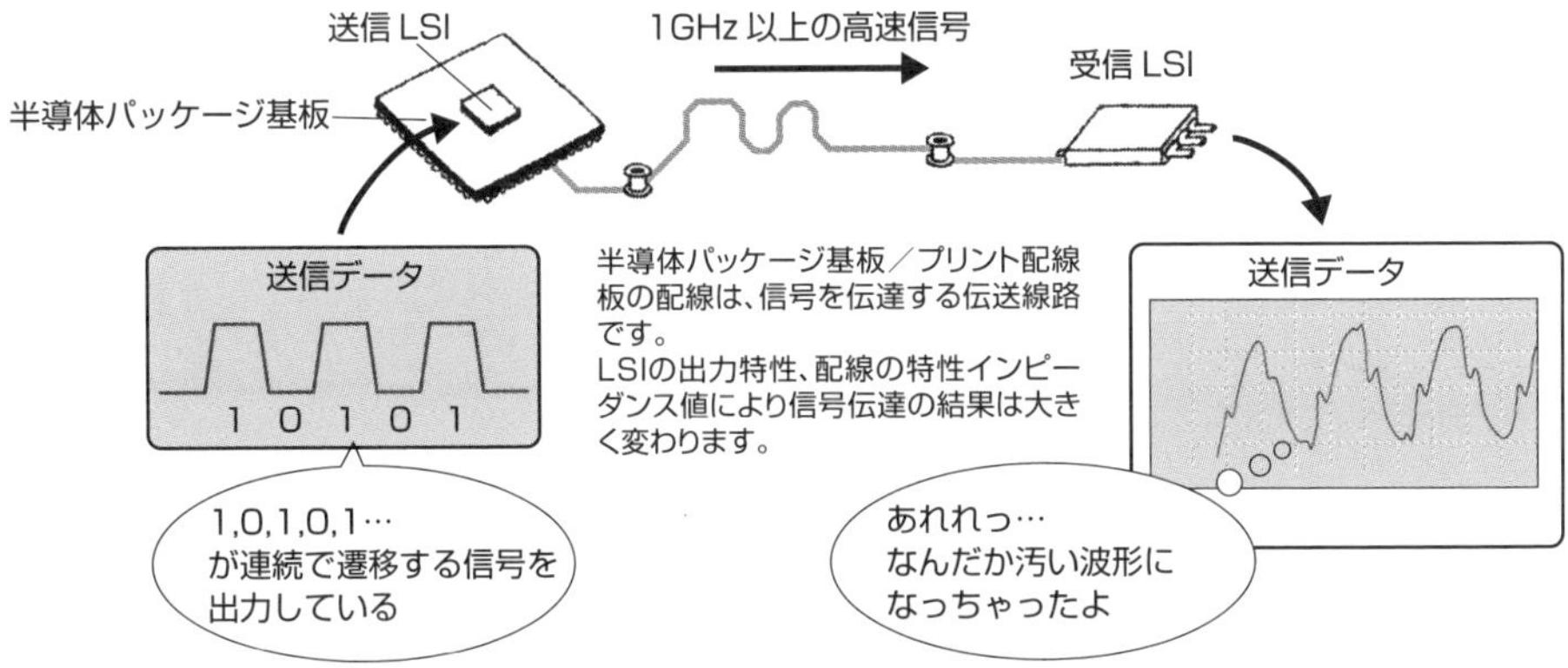
送信 LSI
1GHz 以上の高速信号
受信 LSI
半導体パッケージ基板
送信データ
1 0 1 0 1
半導体パッケージ基板／プリント配線板の配線は、信号を伝達する伝送線路です。
LSIの出力特性、配線の特性インピーダンス値により信号伝達の結果は大きく変わります。
送信データ
1,0,1,0,1…
が連続で遷移する信号を
出力している
あれれっ…
なんだか汚い波形に
なっちゃったよ

図2　層構成と特性インピーダンス

(a)外層配線（マイクロストリップライン構造）(c)内層配線（ストリップライン構造）

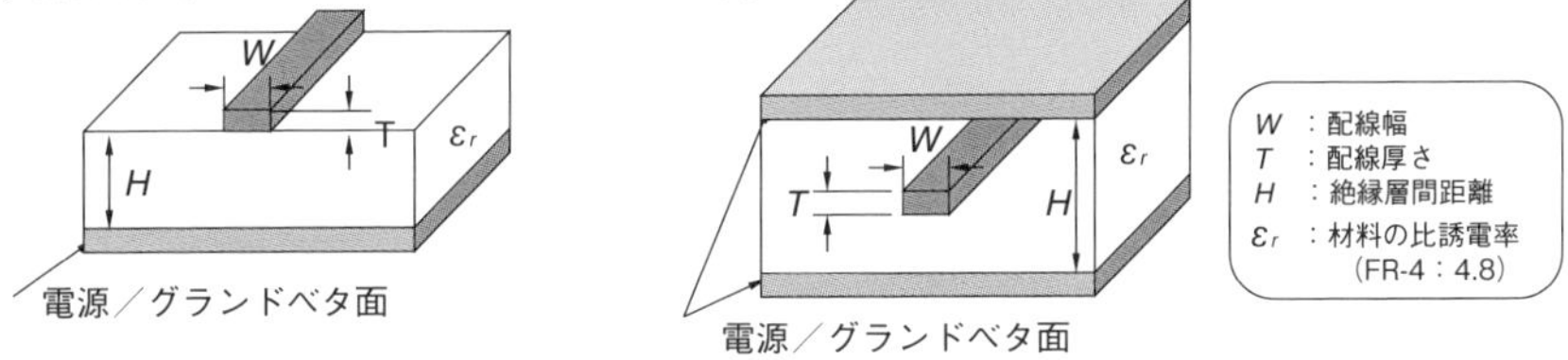
W
T
H
εr
電源／グランドベタ面
W
T
H
εr
電源／グランドベタ面
W ：配線幅
T ：配線厚さ
H ：絶縁層間距離
εr ：材料の比誘電率
（FR-4：4.8）

(b) ＜近似式＞

$$Z_0 \fallingdotseq \sqrt{\frac{L}{C}} \fallingdotseq \frac{87}{\sqrt{\varepsilon_r + 1.41}} \ln \frac{5.98\,H}{0.8\,W + T}$$

(d) ＜近似式＞

$$Z_0 \fallingdotseq \sqrt{\frac{L}{C}} \fallingdotseq \frac{60}{\sqrt{\varepsilon_r}} \ln \frac{3.8\,H}{0.67\,\pi\,(0.8\,W + T)}$$

半導体パッケージ基板／プリント配線板では、図(a),(c)に示すような構造で特性インピーダンス値が決まり、図(b),(d)に示すような近似式によってそのおよその値を計算することができます。

表1　設計仕様を決定する例

設計仕様		ケース1	ケース2
パッケージ基板	端子ピッチ	1.27 mm	1.0 mm
	パッケージサイズ	21 x 21 mm	23 x 23 mm
プリント配線板	配線幅／間隙	125/125 μm	100/100 μm
	ビアランド径	650 μm	500 μm

表は、半導体パッケージのBGAボールピッチ、パッケージサイズを変化させたときの、実装されるプリント配線板の設計仕様を検討した結果です。この例の場合、ケース2は製造的な難易度が高いので、ケース1が推奨となります。

18 高密度実装の課題

フリップチップ実装では熱膨張率差や反りが課題

高密度実装では、実装する素子と基板接続端子数の増加、端子パッドおよびパッドピッチの狭小化に対応しなければなりません。それらは実装工程において正しい位置に合わせて接続するだけでなく、その後の使用環境においても、接続抵抗の変化などなく良好な接続が保たれなければなりません。

ＢＧＡパッケージにおける実装で一般的に用いられるワイヤボンディング（**図1**ⓐ）では、チップと配線を金属ワイヤで接続しますが、長いワイヤと大きな接続部が必要で高密度化には限界があります。一方、フリップチップ（図1ⓑ）では、径が１００㎛程度のはんだバンプで半導体デバイスを基板上に実装するので高密度実装が可能となります。しかし、半導体デバイスと基板に用いられる有機材料は熱膨張率が大きく異なるため、実装時の位置ずれと、**図２**Ⓐのように実装後に温度変化ではんだ接合部にひずみが掛かることによる接続破断が起こる可能性が生じます。そこで、図２Ⓑのように接合部端子間にアンダーフィル樹脂を導入して封止することが一般的です。これにより、接合部を外部環境から保護すると共に、接合部のひずみが基板全体に分散して軽減されます。

フリップチップ実装においては、基板の反りも重要な課題です。反りは、基板を構成する材料の熱膨張率の相違による影響が大きく、はんだ溶融（リフロー）のための温度変化、基板の薄厚化で顕著になります。反りの防止には、基板の材料、サイズ、厚さ、層構成、配線、両面の対称性などの実装を考慮した設計も重要になります（40項）。はんだ以外の接合手法による実装の低温化も検討されています（63項）。

ＢＧＡパッケージは、**図３**のように半導体デバイスとプリント配線板の間に位置しますが、熱膨張率も中間となるようにして、ＢＧＡとプリント配線板の接合部であるはんだボールの熱応力ひずみ集中を避ける必要があります。

要点BOX

- ●フリップチップ実装では接合破断や位置ずれと基板の反りによる接合阻害が課題となる
- ●アンダーフィルや熱膨張率の調整で対応

図1　半導体の実装形態

(a)ワイヤボンド

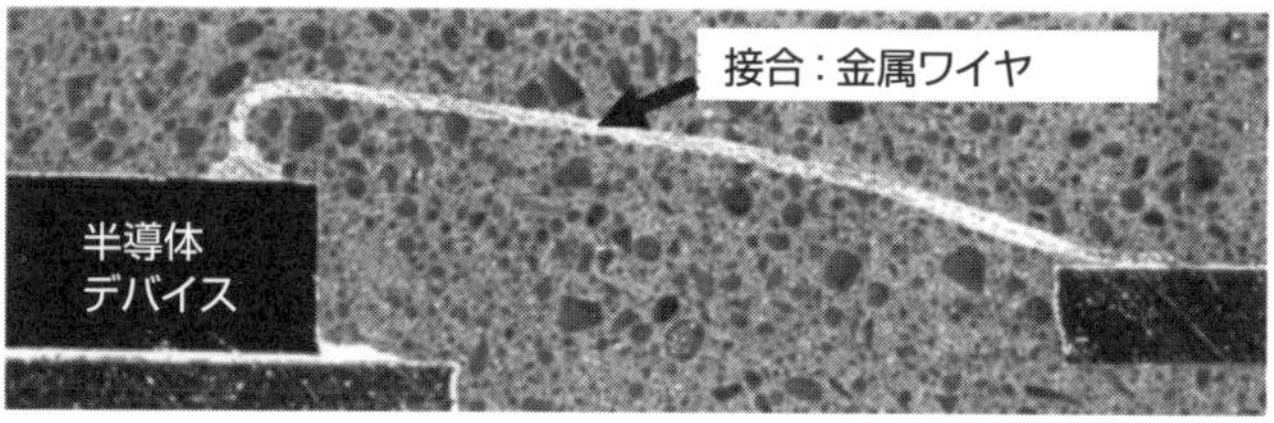

(b)フリップチップ

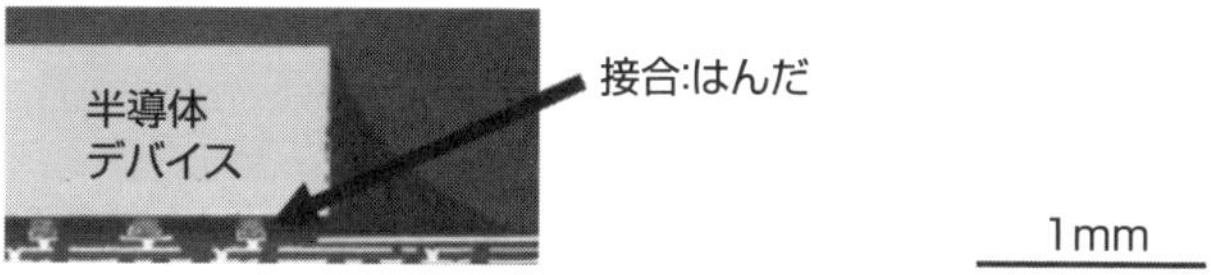

〔出典:山中公博,表面技術　Vol. 69 No.3, 102 (2018)〕

図2　半導体とパッケージ基板(ビルドアップ基板)のフリップチップ接合への温度変化の影響

(A)

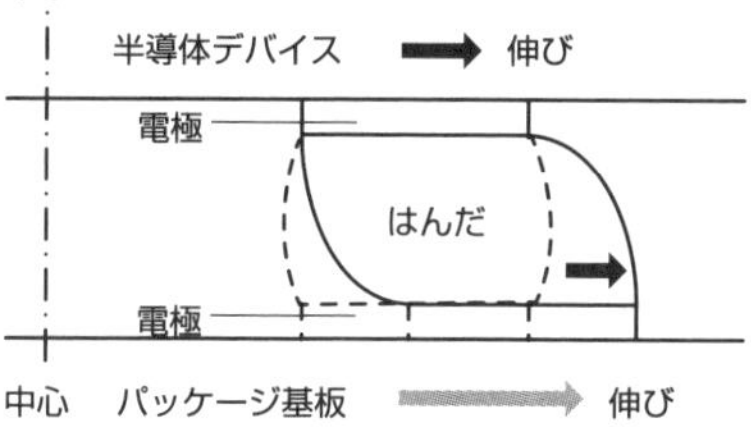

温度変化で熱膨張による伸びの差が生じ、柔らかいはんだ接合部にひずみが生じる

(B)

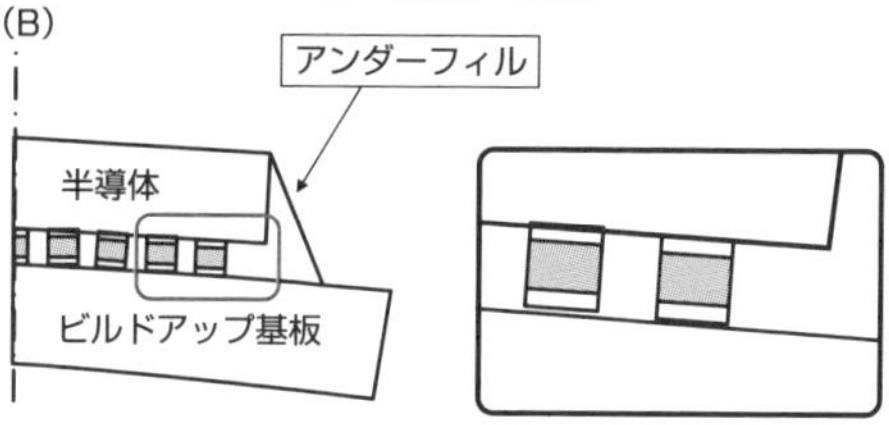

アンダーフィル樹脂で接合部を封止すると、パッケージ基板全体が湾曲し、はんだ接合部のひずみが軽減

〔出典:山中公博,表面技術　Vol. 69 No.3, 102 (2018)〕

図3　半導体およびパッケージ(ビルドアップ)基板をボードに実装した状態

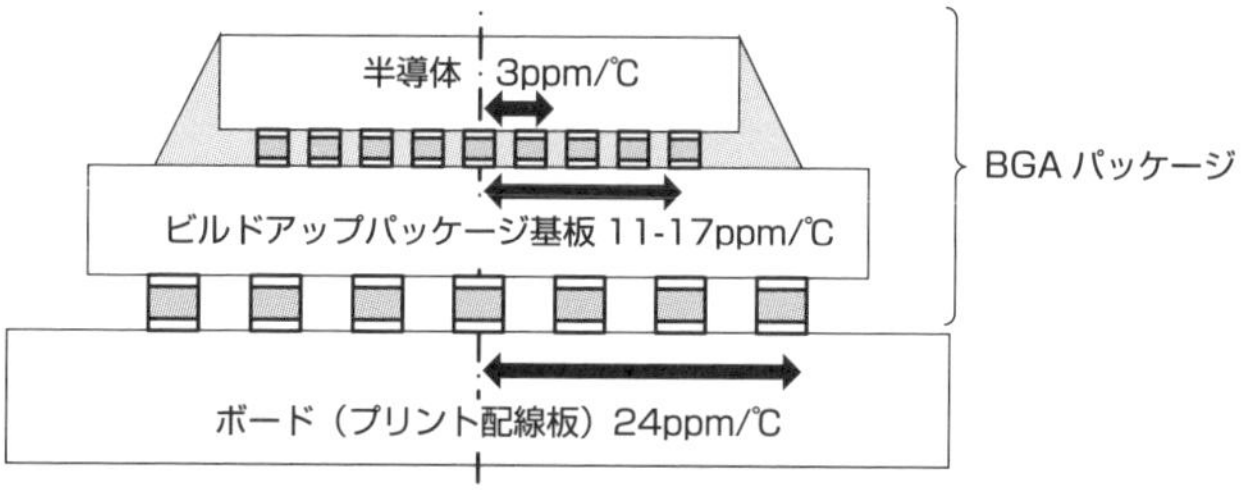

ビルドアップ基板(BGA)の熱膨張率は、半導体とボードの中間にする。
半導体に近すぎるとボードとの間のはんだボールに応力が集中する。

〔出典:山中公博,表面技術　Vol. 69 No.3, 102 (2018)〕

19 回路形成のための装置

セミアディティブプロセスの適用

16項で記載したように、微細な半導体パッケージ基板の製造においてもセミアディティブプロセスが適用されます。さらなる微細化のため、材料や設備として半導体製造プロセスのものが適用され、さらに改良されています。それらを表1にまとめました。基板の形態は、半導体製造用設備を流用する場合は円形のウエハ状が通常です。生産性向上のためパネル状(角形)で製造しようとする場合には、サイズ適用不可であればFC-BGAの設備を適用するか、精度不足なら専用設備開発が必要となります。なお、一連の工程は、高度なクリーンルーム内で行います。

層間絶縁層は、液状の感光性樹脂をコーティングし露光することでビアを形成します。ステッパ露光装置は解像性能が高く、1㎛レベルの露光が可能ですが、一括での露光できるサイズは小さくなります。一方、ダイレクト露光装置では、フォトマスクが不要で、設計データを直接入力して全面の描画が可能なため、低コストで利点は多いですが、現時点ではまだ解像性能はステッパ露光装置に劣ります(46、47項を参照)。

プラズマエッチング、スパッタのドライプロセスは半導体では一般的です。プラズマエッチングでビア穴底の樹脂残渣を除去します。スパッタでは、樹脂上に金属を密着させるため通常Tiを成膜し、その上にCuシード層を成膜することにより樹脂表面を導電化します。続いて、Cuシード層上にパターンめっき用のレジストを塗布し、露光・現像します。

パターン電解銅めっきの設備は、ウエハ状では、図1のようなCUP式装置が用いられます。FC-BGAのように治具に固定して槽に浸漬する方式もあります。めっき後は、レジストを専用剥離液で除去し、Cuシード層とTi層を順次エッチングします。エッチングには、液による湿式と、プラズマでのドライ方式があります。

要点BOX

- ●ウエハ状では半導体製造用設備が流用できる
- ●パネル状ではFCBGA設備か新規専用設備

表1　微細実装基板のセミアディティブプロセスと使用される主な装置・方式

プロセス	内容	使用装置・方式
絶縁層	光感光性樹脂 液状材料をコーティング	スピンコート スプレーコート
穴あけ	露光 樹脂の感光部(ポジ型)または非感光部(ネガ型)を可溶性化	密着露光機(アライナ) 投影露光機(ステッパ) 直描機(ダイレクトイメージング)
	現像　　現像液で樹脂を溶解	浸漬　または　スプレー現像装置
クリーニング	プラズマクリーニング	プラズマ装置
密着層	Tiスパッタ	スパッタ装置
シード層	Cuスパッタ	
パターンレジスト	ドライフィルム	ラミネータ
	液状レジスト	スピンコート　または　スプレーコート
パターン形成	露光	密着露光機(アライナ) 投影露光機(ステッパ) 直描機(ダイレクトイメージング)
	現像	浸漬現像装置 スプレー現像装置
パターンめっき	電解銅めっき	CUP式めっき装置(フェースダウン、フェースアップ) DIP式めっき装置
レジスト剥離	レジスト剥離液に浸漬	スプレー剥離装置
Cuスパッタ層剥離	Cuをウェットエッチング または　Cuをドライエッチング	エッチング液に浸漬(ディップまたはスプレー) プラズマ装置
Tiスパッタ層剥離	Tiをウェットエッチング または　Tiをドライエッチング	エッチング液に浸漬(ディップまたはスプレー) プラズマ装置

図1　フェースダウン型CUP式ウエハめっき装置

ウエハには治具の外周部から通電できるようリングカソードでセット、めっき槽に上部から投入。

めっき槽内はポンプ循環によりめっき液を噴き上げるノズルと陽極、めっき膜厚を均一化するための遮蔽板で構成。

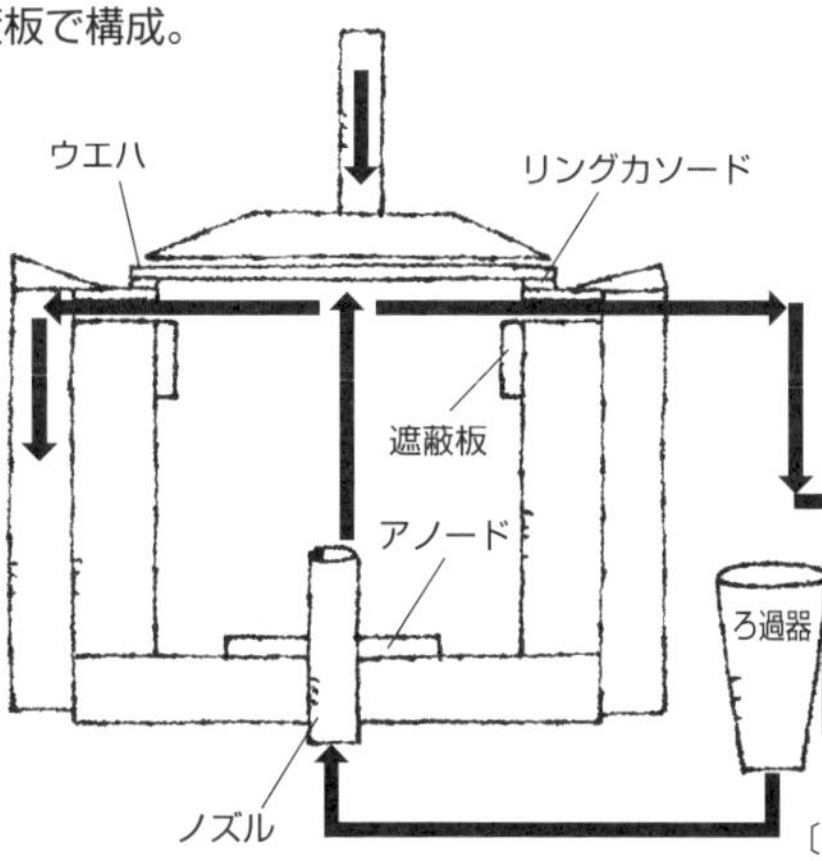

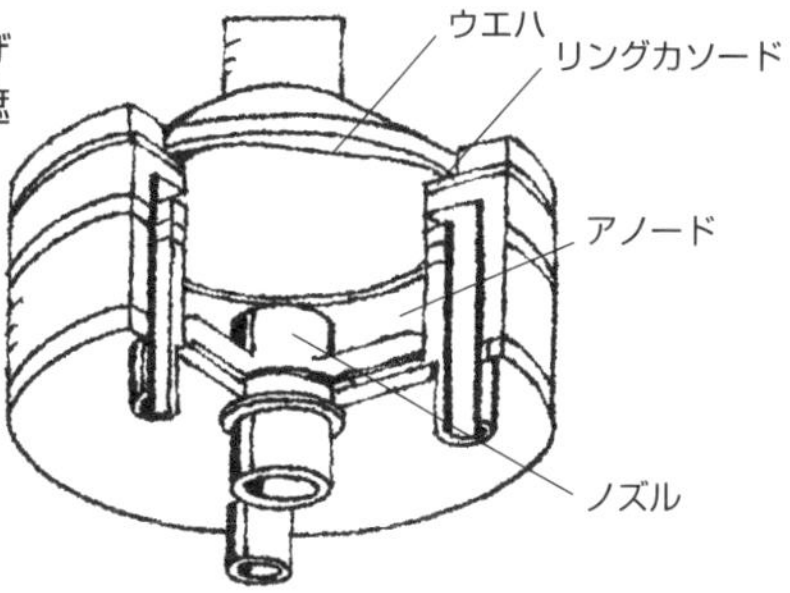

〔出典:　小路博之,表面技術　Vol. 68 No.11, 594 (2017)〕

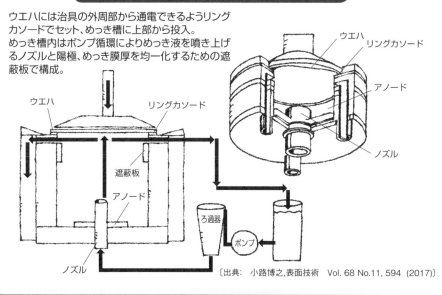

20 TSVの加工プロセス

シリコン基板を三次元的に積層するための貫通ビアの形成

シリコン貫通電極（ＴＳＶ）は、シリコンインターポーザや半導体チップに形成され、**図1**のように三次元的にそれらを積層するために使われます。ＴＳＶにより、チップ実装面積と配線長の極小化が可能です。この用途で実用化されているＴＳＶのサイズは、径が10～50㎛で、長さが10～100㎛程度ですが、C-MOSイメージセンサではさらに微小サイズ径（10㎛以下）となっています。

ＴＳＶは、**図2**のプロセスにより銅で貫通ビアを充填して形成されますが、その工程をシリコン上の配線形成の前（素子形成後）に行うものはビアミドル（**図3**（A））、配線形成後に行うものはビアラスト（**図3**（B））と呼ばれます。ビアラストは、半導体メーカー以外でも対応可能です。これらの工程は、支持体にウエハを接着剤で貼付した形態で、全て半導体加工用の専用設備により、高精度で実施されます。

図2のＴＳＶ製造フローでは、⑴ビア形成部にレジストパターン形成し、⑵ではＤＲＩＥという手法でシリコンを異方性ドライエッチングします。⑶で穴壁をＳｉＯ^{2}で絶縁化した後、⑷でCuのSiへの拡散を防ぐため、TiやTaをスパッタしてバリア層を形成します。続いて⑸で、スパッタでCuシード層を付け、この層を給電層とし、⑹で電解銅めっきで穴内を充填します。⑺では、表層のバリア、めっき層をＣＭＰで除去し、平坦化します。

図3(A)のビアミドルでは、穴の銅充填の後、ウェハの裏面研磨でCu電極を露出します。(B)のビアラストでは、裏面研磨でウエハを薄化してから穴あけ、銅充填を行います。銅充填は穴が深すぎると不完全になるため、深さを適切に設定します。工程内では、ウエハの支持材料、ビア形成の精度、前工程中の銅汚染の抑制（特にビアミドル）、ビア形成時の回路ダメージ（ビアラスト）など、難度の高いプロセス条件設定を行う必要があります。

要点BOX

●TSVは貫通ビアを銅で充填して形成する
●配線形成前に行うものをビアミドル、形成後に行うものをビアラストと呼ぶ

図1　半導体デバイスの積層構造

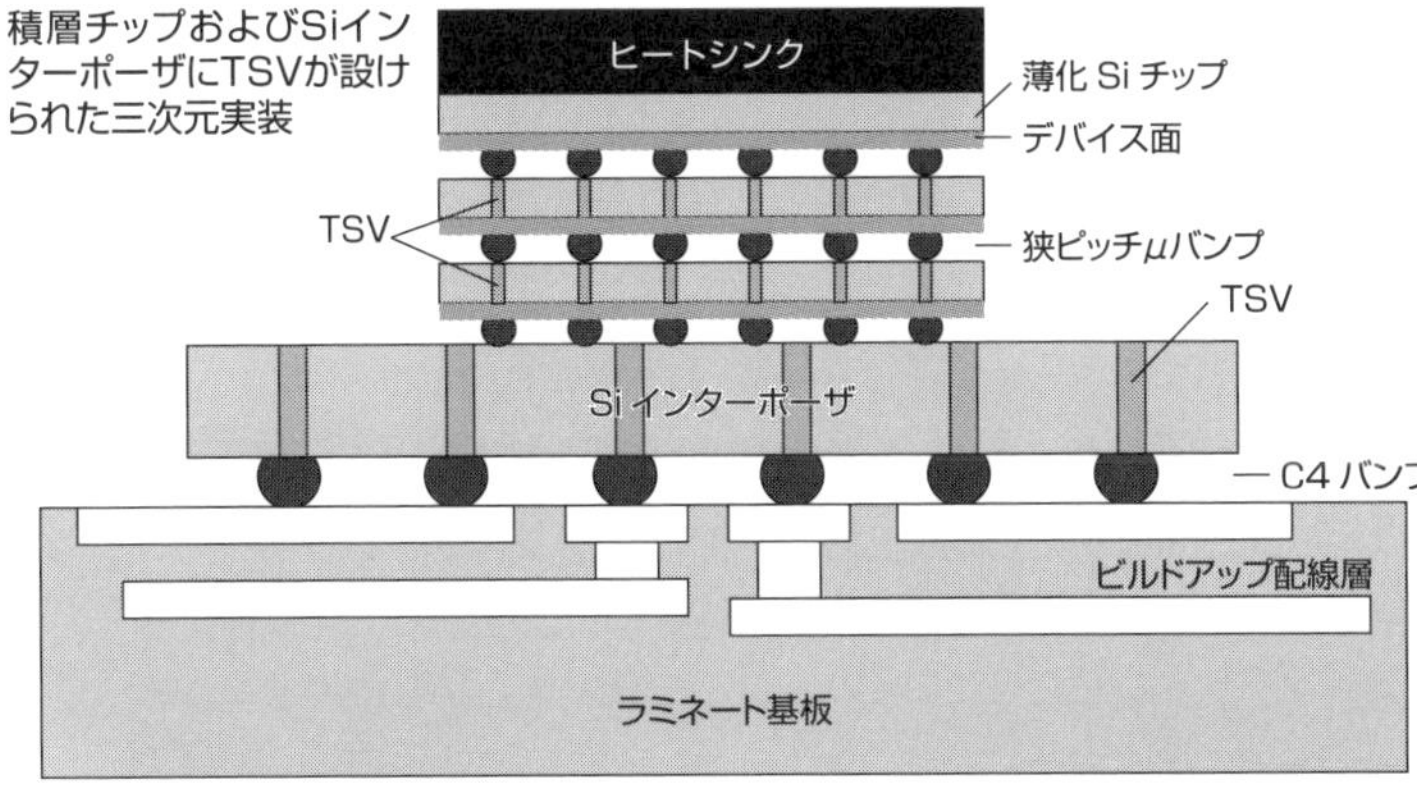

積層チップおよびSiインターポーザにTSVが設けられた三次元実装

〔出典:福島誉史、李康旭、田中徹、小柳光正、表面技術　Vol. 67 No.8、414 (2016)〕

図2　シリコン基板貫通電極（TSV）の製造工程フロー

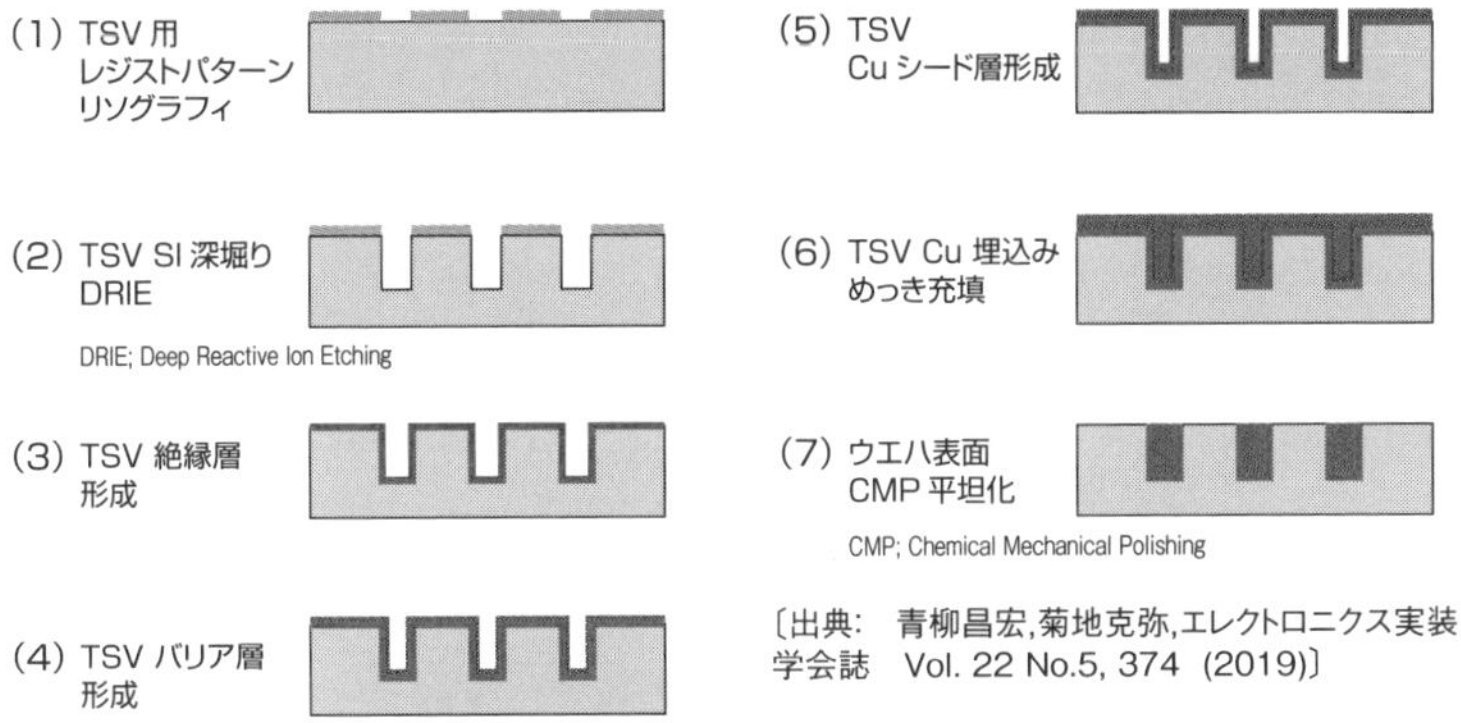

〔出典:　青柳昌宏,菊地克弥,エレクトロニクス実装学会誌　Vol. 22 No.5, 374 (2019)〕

図3　TSV形成プロセス

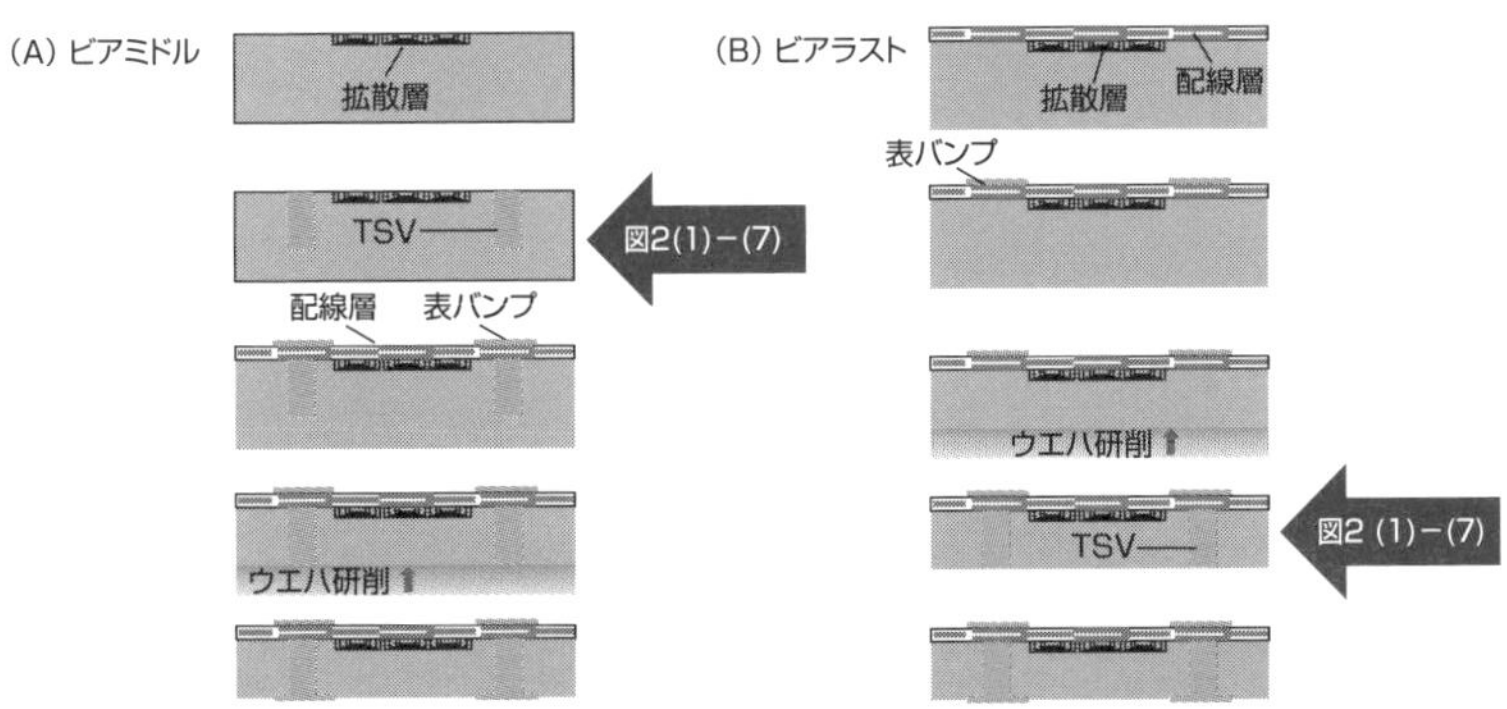

〔出典:小林治文,エレクトロニクス実装学会誌　Vol. 21 No.5, 386 (2018)〕

21 シリコンインターポーザの製造

半導体の加工プロセスで製造

いろいろなシステムインパッケージ構造において、シリコンインターポーザは高機能で微細な接続端子を有する半導体素子を直接実装する役割を持ちます。**図1**は、ＧＰＵと積層メモリであるＨＢＭを近接して実装しています。シリコンインターポーザは、文字通りシリコン基板を加工して作製された再配線基板であり、通常はトランジスタなどの素子は形成されません。その配線形成には半導体の加工プロセスを使用します。また、裏面への配線接続のためにはＴＳＶを形成します。再配線の目的のため半導体チップほど微細ではなく、配線幅／線間隙は、現状、それぞれ1μm以上、接続パッド径は25μm程度です。(10項図1を参照)

図2はシリコン基板の配線加工プロセスの概略です。基本的な流れは、絶縁層形成→フォトレジスト形成→露光・現像→エッチング→配線層形成で、これで1層が形成されます。

図3はその工程で、ダマシンプロセスと呼ばれます。絶縁層は、酸化シリコンまたは窒化シリコンをＣＶＤ等で形成します。続いて感光性レジストをコーティング、露光・現像、絶縁層のドライエッチングをして、ビアおよび配線溝パターンを作製します。レジストは、エッチングで除去されますが、残存があればプラズマ等でクリーニングします。表面全体にバリア層、銅シード層を順次スパッタし、電解銅めっきでビアおよび配線溝の凹部内を銅で充填します。そして、表層の金属層(銅およびバリア層)をＣＭＰで除去して配線パターンを分離後に、上層の絶縁層を形成します。これらを必要層分繰返します。なお、仔細な工程は省略しています。

このように、シリコンインターポーザは全て半導体加工プロセスを用いて製造されますので、配線の微細度、精度、プロセス安定性には問題はありませんが、コストが高くなることが課題です。

要点BOX
- ●シリコン基板を加工して作った素子のない再配線基板
- ●半導体プロセスで製造されるためコストが課題

図1　シリコンインターポーザ上に実装されたHBM の断面構造

GPUとHBMを近接して実装したシリコンインターポーザ
更に有機基板に実装

〔出典:　西尾俊彦;エレクトロニクス実装学会誌 Vol. 21 No. 6 (2018)518 11〕

図2　シリコン基板配線加工プロセスの概略

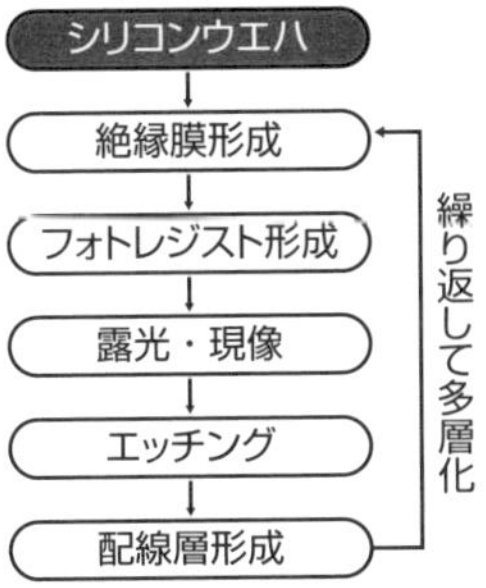

〔出典:大崎明彦,伴功二,千葉原宏幸;表面技術　Vol.53 No.6, 380（2002)〕

図3　ダマシンプロセスによるシリコン基板上の配線層加工

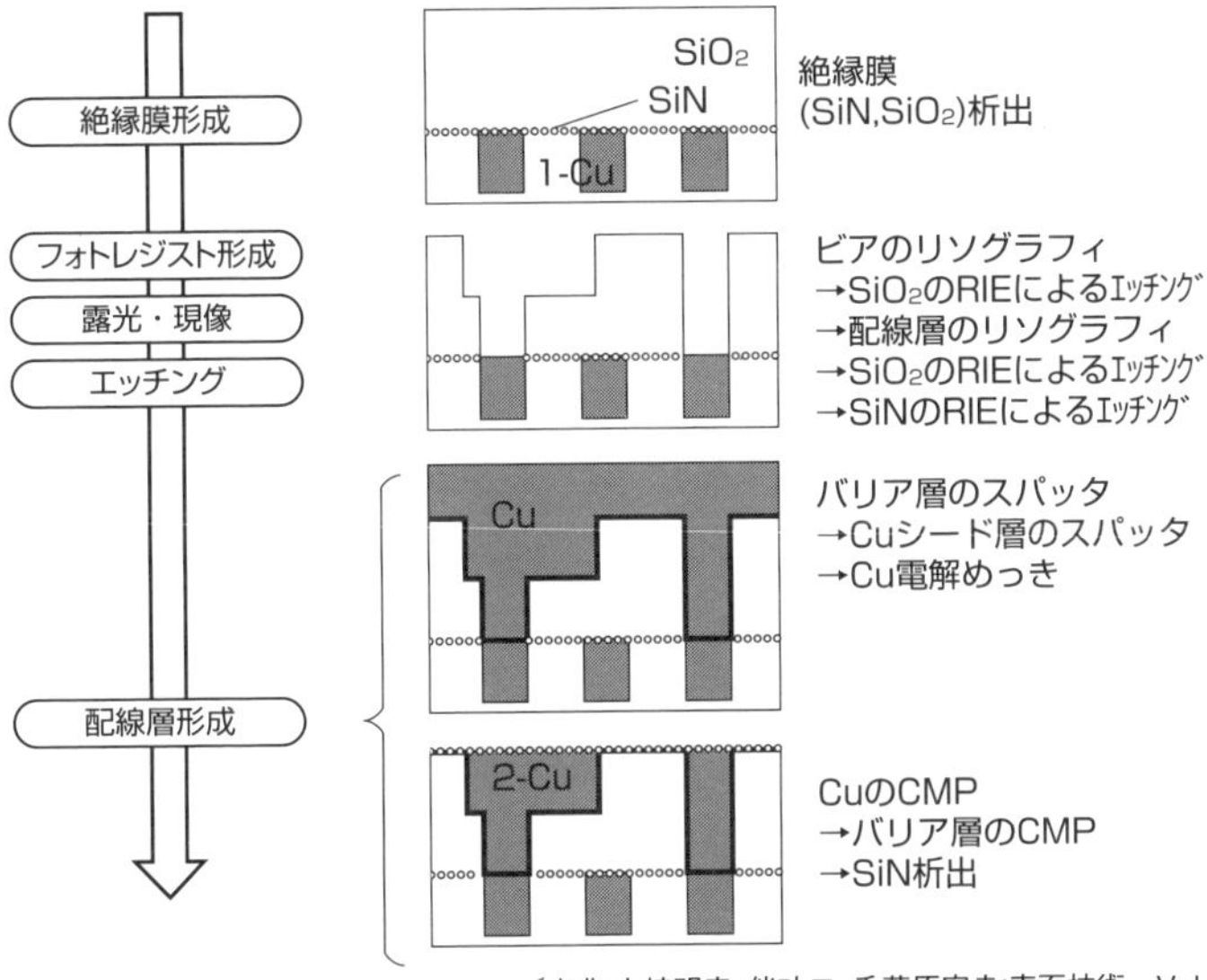

〔出典:大崎明彦、伴功二、千葉原宏幸;表面技術　Vol.53 No.6, 380（2002)〕

22 有機材料を用いた微細基板

低コスト狙いのシリコンインターポーザ代替基板を開発中

　前項で述べましたシリコンインターポーザ（Si-IP）は高コストであるため、それを代替し得る比較的低コストのインターポーザが望まれています。その候補として、ガラスのコアに有機材料の絶縁層と回路を積層したガラスインターポーザや、全体を有機材料で作製した有機インターポーザ（例えば13項図3）が挙げられます。特性比較を**表1**に示しています。なお、加工法は16項で述べたドライプロセスと組合わせたセミアディティブプロセスが基本です。

　半導体であるシリコンは、伝送線路として用いた場合に損失が大きく、そのため有機材料を用いたインターポーザは電気特性上、数GHzを超える高速信号伝送には有利です。このようにコスト以外でもSi-IPより優れる点はありますが、既に既定の設備が揃っているSi-IP加工に対し、特殊な専用の生産設備開発まで含めて、本当に低コストが実現でき、量産化まで到達できるかは今後の開発動向によります。

　シリコンウエハが円形であるのに対し、有機材料を組み合わせたものは、角形化、大面積化が可能です。円形の300mmシリコンウェハと、角形のガラスパネルで、30mm角インターポーザの取り数を比較し、パネルが圧倒的有利とした発表もあります。これは、FO-PLP（12項）の製造と同様の考え方であり、搭載するICチップによってはFO-PLPプロセスでの製造が検討される可能性もあります。

　ガラスインターポーザの試作開発は、ジョージア工科大学のコンソーシアムで精力的に行われてきました。**図1**はそこで製作された2・5Dガラスインターポーザにテストチップを実装したものの全体図と断面図です。また、ガラスの低損失特性を生かし、ガラス上にキャパシタ、インダクタなどの受動部品を作り込み、有機材料の絶縁層と銅配線を形成したIPD（Integrated Passive Device）も開発されています。**図2**にその試作品の例を示しています。

要点BOX
- ●有機材料は電気特性上シリコンより有利
- ●ガラスインターポーザ、IPDも開発

表1　各種インターポーザの配線層構造と特徴

		シリコン(Si)インターポーザ	ガラスインターポーザ	有機インターポーザ
構成	再配線層	SiO_2 Cu配線	有機樹脂(ポリイミドなど) Cu配線	有機樹脂(ポリイミドなど) Cu配線
	貫通ビア	TSV (Through Silicon Vias)	TGV (Through Glass vias)	ビルドアップ法
高速信号伝送		△	◎	◎
デバイスとのCTEマッチング		◎	○	×
デバイス実装面の平坦性		◎	◎	○
大面積化(サイズ)		△	◎	○
単体コスト		×	○	◎

◎；優、○；良、△；可、×；不十分

〔出典:島田修; エレクトロニクス実装学会誌　Vol. 22 No.5, 361 (2019)〕

図1　ガラスインターポーザ

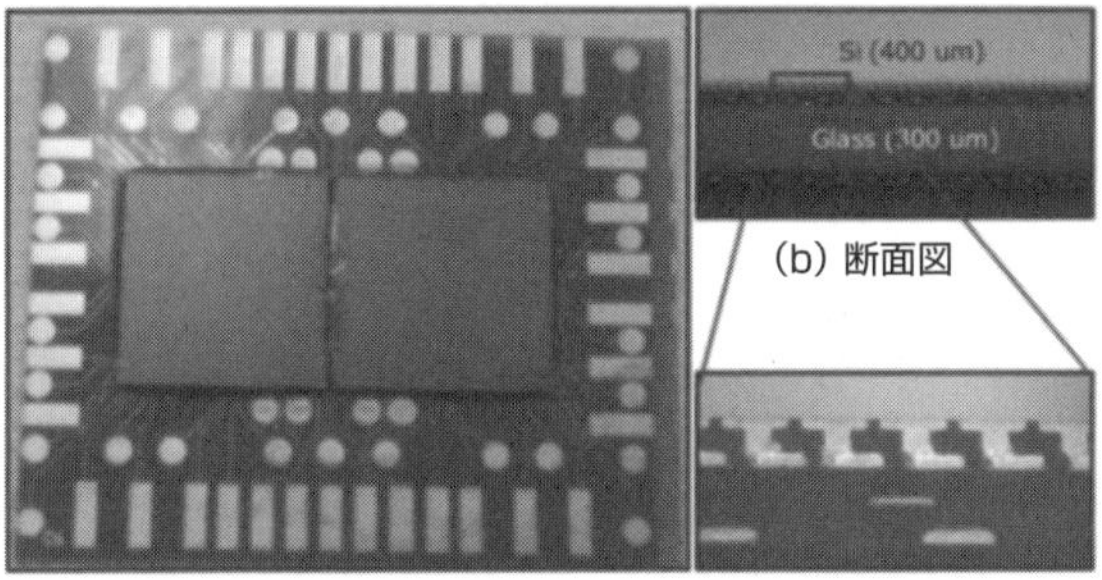

(a) 全体図　(b) 断面図　(c) 断面図

300μm厚のガラスコアを用いた25㎜×30㎜のガラスインターポーザコアの上下に各3層の配線(ライン／間隙=3/3μm)層を形成。50μmピッチのマイクロバンプを持つテストチップを100μm間隔で2つ実装。

〔出典:佐藤陽一郎、表面技術Vol. 66, No.2, 33 (2015)〕

図2　RFガラスIPD(Integrated Passive Device)

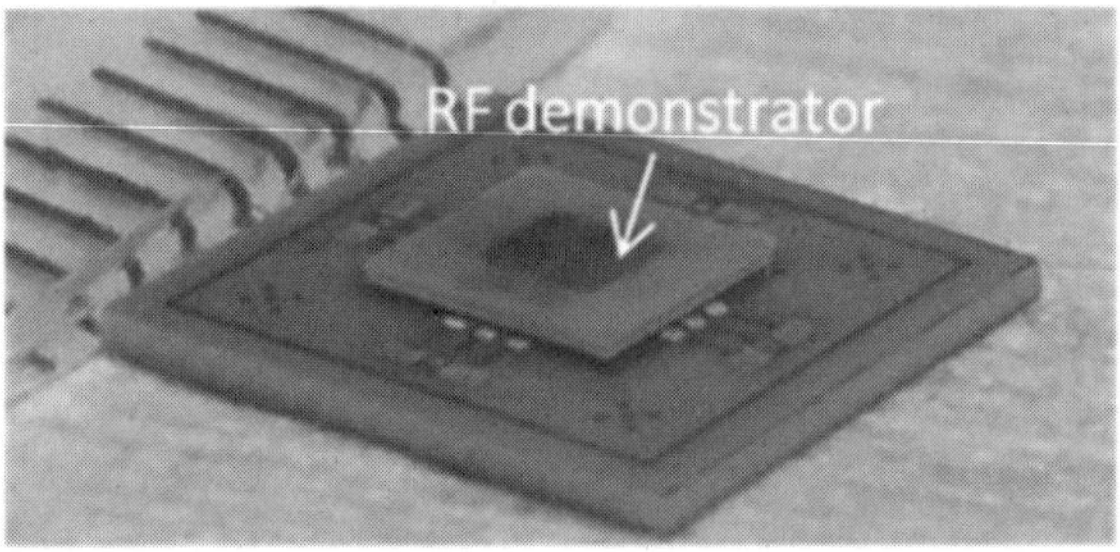

IPDは抵抗、キャパシタ、インダクタなどの受動部品をガラス基板上に形成した素子。
貫通穴(TGV)により、ガラス基板の両面に素子形成し接続。

〔出典:佐藤陽一郎、表面技術Vol. 66, No.2, 33 (2015)〕

Column

モバイル機器の進化

今では携帯電話やスマートフォンをみんなが持ち歩いている時代ですが、電子機器を持ち歩き始めた歴史はそんなに古くありません。電子機器というカテゴリーに分類してよいかわかりませんが、筆者が最初に手にしたのは時計とカメラです。今でも現役なのですが、時計はスイス製ウォルサム・バキューム・クォーツ、カメラはニコンF2フォトミックS、１９８０年頃のことです。時計とカメラが大好きで、書き始めるとそれだけでページが埋まってしまいます。

卒業後、プリント基板メーカの設計部門に配属され、ＣＯＢ基板の設計をしていました。時計用基板とか体温計用基板、ゲーム用カードやＰＣＭＣＩＡ規格のメモリカードなど、最終製品のカタチが想像できる基板の設計にワクワクしたものです。今から思えば、現在のパッケージ基板やフラッシュメモリの基礎技術になったものです。

１９９０年代になると仕事での出張が増えていたこともあり、富士通オアシスポケットで移動中に議事録を書いていました。これがモバイル生活のスタートだったかもしれません。その後Windows95が発表され、パソコンの普及も加速していきます。

最初に購入したノートパソコンはIBM ThinkPad535E、その後は東芝Librettoへと続きます。小型で高密度な機器は、ＣＯＢ実装されたものが多かったように思います。

またこの頃はポケベルや携帯電話関係の仕事が多く、１９９４年の携帯電話機の買い取り制度導入を機に普及が加速されました。最初に買った携帯電話は、デジタルムーバD、当時はモノクロ液晶で、カタカナ表示しかない時代でした。携帯電話を小型化・高密度実装するために新しい基板製造プロセスが生まれたのは有名な話ですね。また新しくＰＤＡというカテゴリーの商品が登場し、シャープのザウルスが大ヒットしました。PI-7000、カラーザウルスを持っており、当時デジタル高速通信が可能であったＰＨＳと組み合わせて使っていました。外出先からＰＨＳ経由で会社のＥＷＳにＴＥＬＮＥＴでログインし、遠隔地でシミュレーションをしていたのは、現在のテレワークの先駆けかもしれません。

モバイル機器は小型化・軽量化・バッテリー駆動時間のために実装部品の小型化、基板の微細配線・薄型化など様々な技術開発が行われました。その集大成ともいえるのが現在のスマートフォンかもしれません。

第4章

いろいろな実装基板の状況

23 サーバ向け実装基板

高多層プリント配線板が主流として使われる

社会インフラシステムから、個人用の情報端末機器まで、様々な電子機器には、プリント配線板が使用されていることを1項で説明しました。クラウドサーバと言われるような大規模なシステムやサーバには、超高多層のプリント配線板が使われています。**図1**に1990年代にメインフレームと言われていた大規模サーバに採用されていたプリント配線板の外観および断面写真を示します。基板中央に多ピンのLSIが搭載されているのがわかると思います。この例では、超多ピンCPUやメモリモジュールを搭載しており、相互に電気的に接続して動作させるために52層の多層プリント配線板を採用した例となっています。

また、**図2**にUNIXサーバ向け30層のプリント配線板と、これらの多層基板が積層されているイメージがわかるように、切断面を斜めにカットした断面写真を示します。これらの多層プリント配線板では、高密度のCPUなど多くの半導体素子を搭載しており、これらを相互に接続して、高性能な機能を安定的に動作させるために、高多層プリント配線板となっています。

高性能なプリント配線板の例として、**図3**にスーパーコンピュータ「京」のシステムボードの外観写真を示します。この例では、4つのCPUと4つの通信制御用LSIを低温で安定的に高速に動作させるために、水冷と言う、冷たい水を銅製の放熱パイプに通し、このパイプの水で直接LSIを冷却することで、高速動作による発熱を冷却して、低温で安定的に動作させる構造となっています。

このように、高性能が要求されるプリント配線板では、高密度にLSIなどの電子部品を搭載して相互に電気接続するとともに、高機能LSIの冷却機構も搭載するため、比較的大型で堅牢なプリント配線板が使用されています。

要点BOX

- ●サーバ用では高多層基板で高性能と安定性が重視される
- ●高性能システム用では冷却機構の搭載もある

図1　メインフレーム向け52層基板

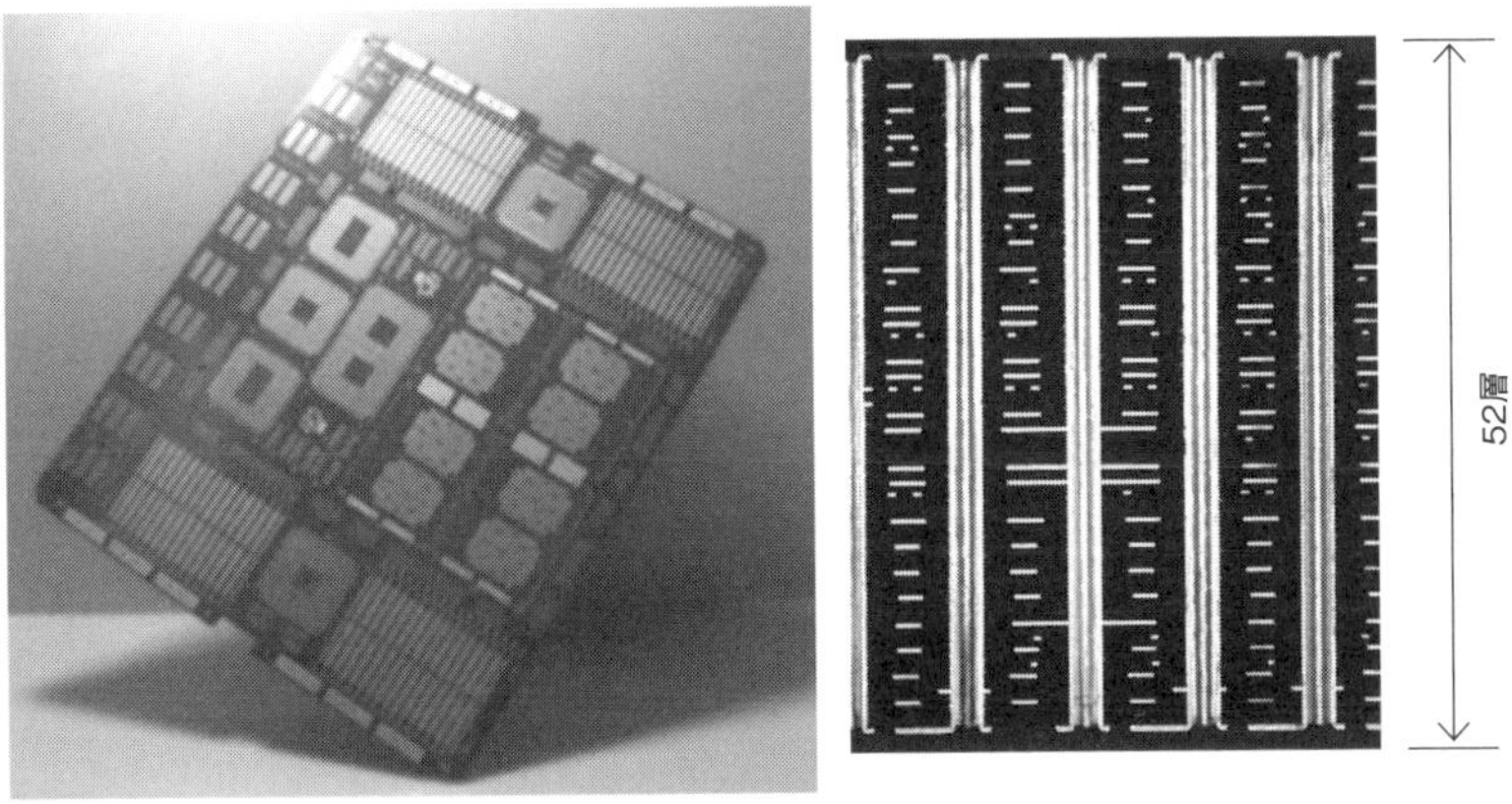

図2　UNIXサーバ向け30層基板

（基板斜め断面）

図3　スーパーコンピュータ「京」システムボード

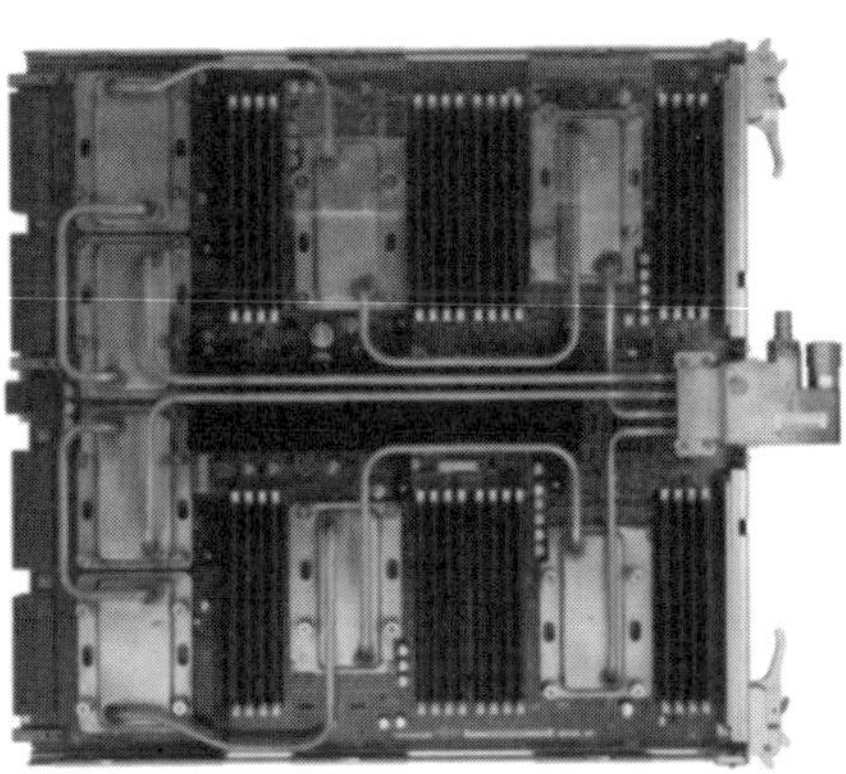

24 携帯情報端末の基板

薄型・軽量で高集積の高密度実装基板

個人用の情報端末として、一般的なスマートフォンやタブレットにもやはりプリント配線板が使われています。これらの電子機器は、携帯して持ち運ぶためにモバイル機器と呼ばれていますが、最近では、エッジデバイスと呼ばれることもあります。

図1にスマートフォン、**図2**にタブレットの製品外観とこれに使われているプリント配線板の例を示します。どちらのプリント配線板も、部品実装効率の面から1枚のプリント配線板の製造パネルに2枚割り付け、製品2個分の部品実装基板を製作しています。スマートフォンやタブレットは、薄型・軽量と高集積の製品要求があり、搭載部品も薄くて狭ピッチの小型部品が使われます。この小型部品で高密度実装を実現するため、基板には、配線の細線化と狭ピッチ化のほかに、層間接続のビアは全層ＩＶＨ構造が一般的です。全層ＩＶＨ構造のプリント配線板の断面を**図3**に示します。この例では、2層のコア基板の表裏にビルドアップ層をそれぞれ4層ずつ形成した10層ビルドアップ基板と、最新のスマートフォンで採用されている2層のコア基板の表裏にビルドアップ層をそれぞれ5層ずつ形成した12層ビルドアップ基板となります。

プリント配線板の表裏に最も高密度に部品を実装するための究極は、ベアチップ部品での搭載です。**図4**は、ＣＰＵとメモリコントローラを市販のパッケージ構造で構成した場合とベアチップ部品で構成した場合のサイズ比較写真です。この例でわかるように、ベアチップにより端子ピッチの狭い部品で構成すると、、モジュールサイズが非常に小さくできます。この例は、プリント配線板の表裏に部品を実装していますが、その後、プリント配線板の内層に部品を埋め込み、三次元的に実装密度を向上する部品内蔵基板技術が開発され、飛躍的に実装密度が上がっています。

要点BOX

- ●スマホなどで多い全層IVH構造ビルドアップ基板
- ●高密度に最も適しているのはベアチップ実装

図1　スマートフォン外観とプリント配線板

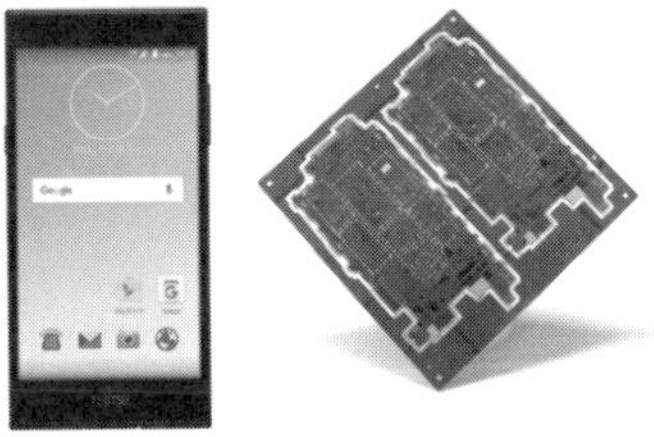

（富士通コネクテッドテクノロジーズ株式会社 提供）

図2　タブレット外観とプリント配線板

（富士通コネクテッドテクノロジーズ株式会社 提供）

図3　全層IVH基板の断面写真

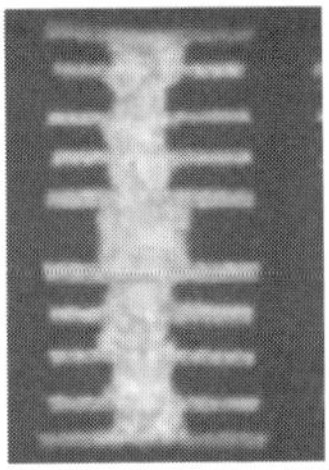

図3-1．4-2-4全層IVH
ビルドアップ基板

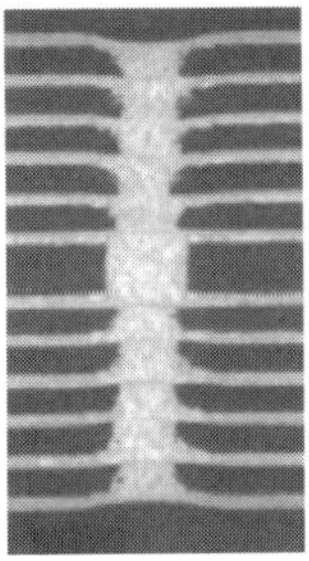

図3-2．5-2-5全層IVH
ビルドアップ基板

（富士通インターコネクトテクノロジーズ株式会社 提供）

図4　パソコン用Pentium CPUモジュール比較

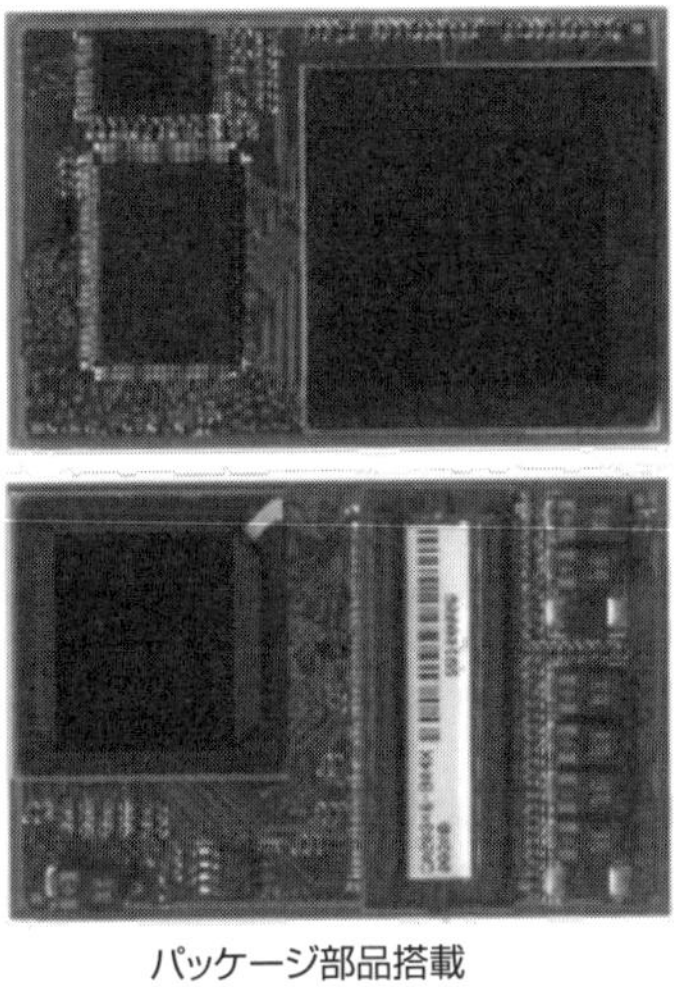

パッケージ部品搭載　　ベアチップ搭載

（富士通インターコネクトテクノロジーズ株式会社 提供）

25 産機・車載向けパワエレ用基板

様々な特性要求に応じた基板

産業機器や車載向けパワーコントロールユニット（PCU）などのパワーエレクトロニクス関連では、半導体デバイスの高機能化や電動化製品の広がりにより、デバイスの大電流を許容できるプリント配線板が必要となっています。また、このような分野では、機電一体実装と呼ばれるように、インバータ等の制御用電子回路をモータやアクチュエータに直載して制御する方式が採用されています。**図1**、**図2**にインバータ用大電流・高放熱基板の例を示します。この基板では、100A程度の大電流を許容でき、500μm厚銅箔を内層のL2、L3層の2層に有しています。内層に厚銅層があるため、基板全体への熱拡散特性が非常に良く、高発熱素子によるヒートスポットをなくし、温度を平準化できます。

パワエレ用の主なプリント配線板技術である、(1)厚銅基板、(2)銅コイン基板、(3)高熱伝導樹脂基板とその特徴を**表1**にまとめました。パワエレ用基板技術と一概に言っても、様々な装置側からの特性要求があり、課題解決に適した技術を選択することが必要です。

最近では、パワーエレクトロニクス向け素子がSiをベースとしたIGBTから、化合物半導体であるSiCやGaNが実用化されています。化合物半導体では、これまでSiの最大温度であるT_j=125℃から大幅な高温動作が可能となり、これらの素子を搭載する基板への要求特性が多様化しています。パワーデバイスの動作可能温度の高温化に伴なう高耐熱性要求があり、各基板材料や実装材料各社から高耐熱材料の提案があります。このほかに、パワーデバイスの動作スピードの高速化に伴い、電源系のインダクタンスによるリンギングノイズの発生が問題となり、デバイス搭載パッケージと基板実装方式の工夫による低インダクタンス実現のためのパッケージやデバイス実装技術への新しい要求が出始めています。

要点BOX
- ●大電流や高放熱に適した基板が必要
- ●化合物半導体の実用化などで基板への要求特性が多様化している

図1 インバータ用基板 ～マトリクスコンバータ用～

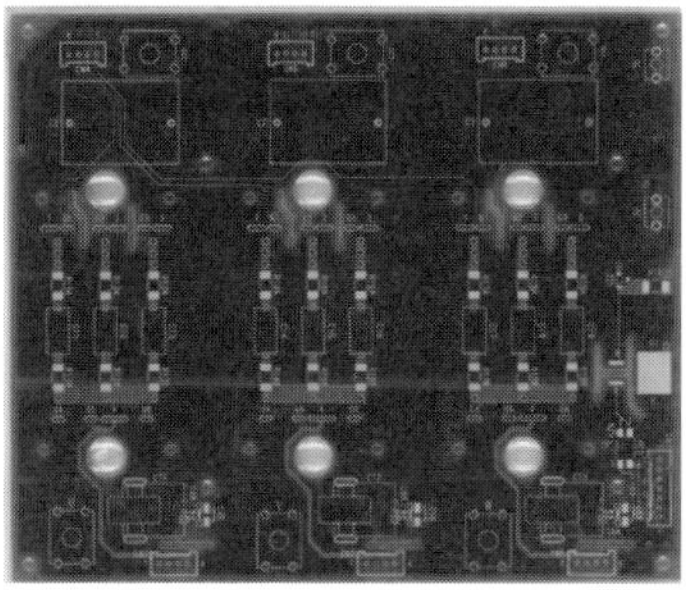

(a)基板外観(4層)

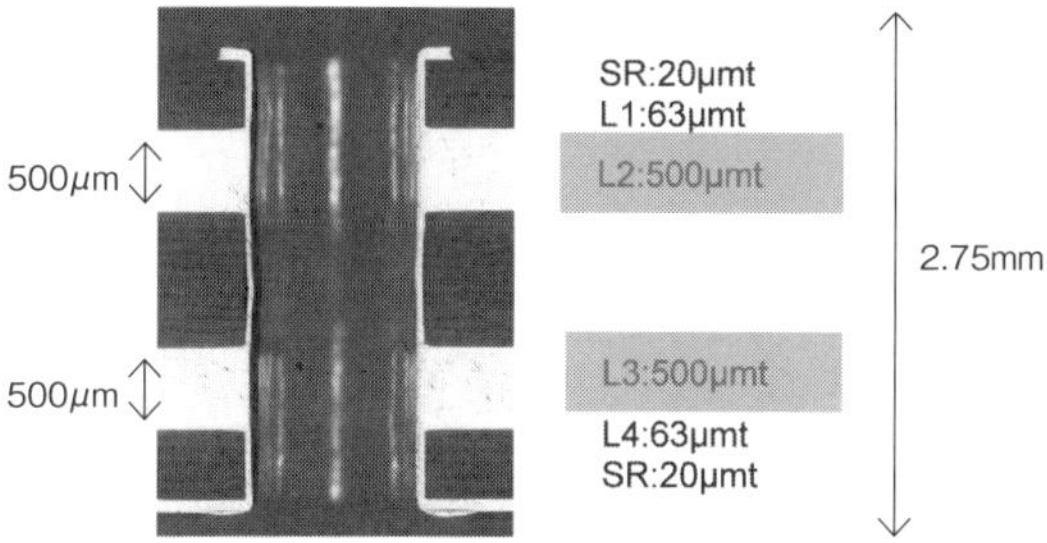

(b)基板断面

〔株式会社 富士通ゼネラル研究所　提供〕

図2 産機向け制御回路付厚銅基板例

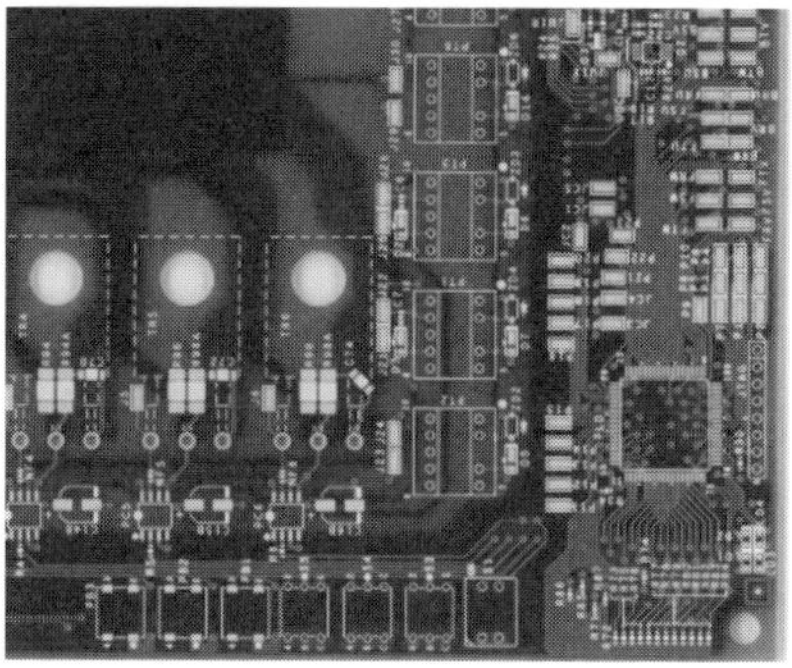

表1 大電流や高放熱に最適なパワエレ向けプリント配線板技術

適用技術		⑴厚銅基板	⑵銅コイン基板	⑶高熱伝導樹脂基板	⑴と⑶組み合わせ応用例
特長	熱パス	水平方向	垂直方向	垂直方向	水平+垂直方向
	電流パス	水平方向	(垂直方向)	−	水平方向
実施例／断面図		銅厚：500μm×2 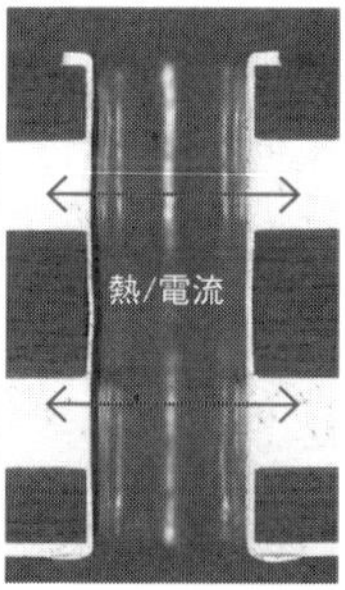	銅コイン：長方形 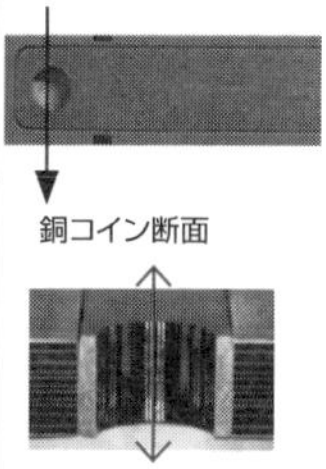	高熱伝導樹脂 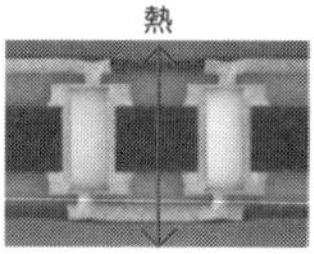 熱伝導率 2.0～3.2W/mK	厚銅+高熱伝導樹脂 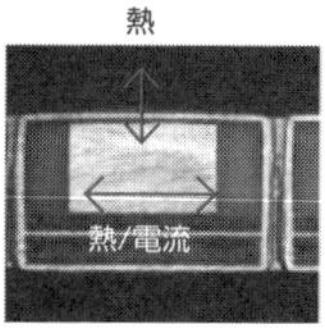

〔富士通インターコネクトテクノロジーズ株式会社　提供〕

26 MCM(マルチチップモジュール)用セラミック基板

システムインパッケージの前身

　半導体パッケージ内のチップ接続法は、多ピン化によりワイヤーボンドが主流となりました。Siチップを搭載したパッケージ基板では、アルミナ(Al_2O_3)などのセラミックパッケージでの実装が主流でした。しかし、セラミック基板の製造プロセスでは高温焼成が必要なため、導体としてモリブデン(Mo)やタングステン(W)が使われていました。これらの材料は、導体抵抗が銅に比べて高く、高速伝送には向きませんでした。

　その後、複数チップを搭載して高機能化と高集積を実現するモジュールとして「マルチチップモジュール(MCM)」が1990年代に開発されました。MCM用基板の材料には、セラミック材料が使われました。窒化アルミベース基板にポリイミド絶縁膜を介して薄膜銅配線をドライプロセスで形成するセラミック基板が開発され、大型サーバ用MCMに採用されました。**図1**に、銅配線の微細化によりベアチップを搭載したMCMの外観と基板を示します。MCMには、CPUやキャッシュメモリとメモリコントローラなどのチップが搭載されています。セラミックベースMCM用基板は、熱膨張係数が搭載するSiチップと同等なため、熱ストレスへの耐性が良いという利点がありました。**図2**は、セラミックベース基板にポリイミド絶縁膜を介して、薄膜銅配線を形成したMCMの量産例です。さらにその後、セラミック基板でも、従来の欠点を補う高温焼成や低温焼成といった技術により基板特性も改善されてきましたが、特殊用途向けに限られています。

　今後のモジュール用基板としては、平坦性が良く、大型化が可能なガラス基板が注目されています。Siと同等の熱膨張でありながら、今後の大型化要求にも対応できます。**図3**にガラス多層基板の外観を示します。

要点BOX

- ●MCM(マルチチップモジュール)基板用にセラミック材料が使われた
- ●モジュール用ガラス基板が注目されている

図1　窒化アルミベースセラミックMCM

MCM外観　　MCMセラミック基板

〔富士通株式会社 提供〕

図2　Hyper-Sparc CPU MCM

〔富士通株式会社 提供〕

図3　ガラス多層プリント配線板

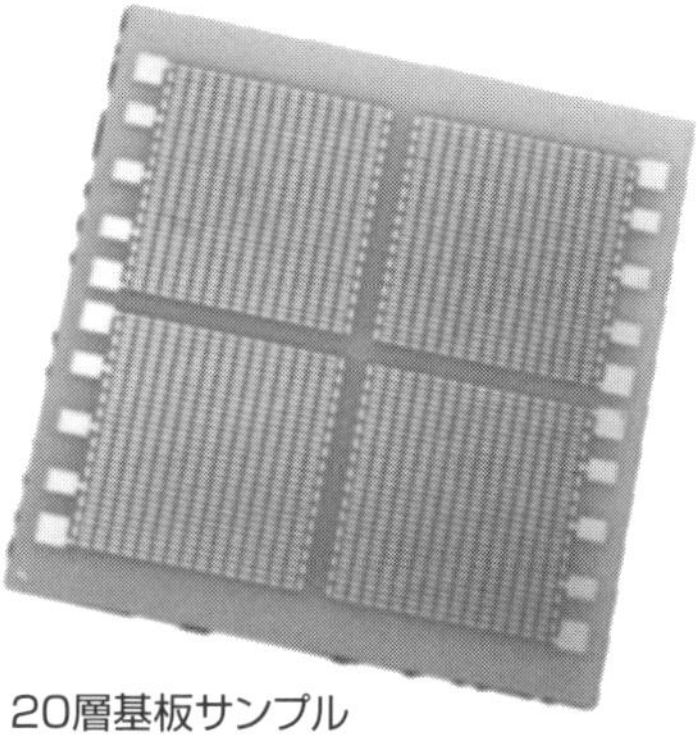

20層基板サンプル

〔富士通インターコネクトテクノロジーズ株式会社 提供〕

27 部品内蔵基板(1) 受動素子

キャパシタなどを内蔵したモジュール基板

小型モジュールでは、より薄く、小型化するために、部品内蔵技術が用いられます。部品内蔵技術には、電子部品をそのまま内蔵するケースと、プリント配線板製造時に内層にキャパシタや抵抗層を作り込みするケースがあります。

電子部品としてキャパシタチップ部品を内蔵するケースを説明します。例えば、LSIを搭載したプリント配線板には電源ノイズを除去する目的で、電源キャパシタが同時に搭載されます。ここで半導体チップの動作周波数が高くなればなるほど、動作時の電源安定性のためには、キャパシタを寄生インダクタンス増加が極小になるように搭載する必要があります。これは、高速クロック信号ラインに対する波形成形用のチップ抵抗についても同様です。プリント配線板内部に電源ノイズ低減用のキャパシタを内蔵することで、LSIの真下にチップキャパシタを配置でき、寄生インダクタンスを最小にできます。

図1に、チップ抵抗を内蔵したパッケージ基板の断面を示します。この例では、内蔵チップ抵抗の基板への接続には、はんだ接続を採用しています。

一方で、高周波なハイエンド向け半導体パッケージの例を**図2**に示します。この半導体パッケージ基板は、LSIの高速動作を実現するため、基板内に薄膜キャパシタ層を作り込み内蔵したものです。チップ部品を内蔵するよりはるかに電源インピーダンスの増加が抑えられ、しかも、内層の「電源(V)―グラウンド(G)間」に形成するため、V-G間を複数ビアで接続することで、さらなるインダクタンスの減少効果が期待できます。本技術は、量産適用されており、**図3**に量産している薄膜キャパシタ内蔵サブストレートの断面写真を示します。今後の半導体パッケージサブストレートは、より高周波での動作保証が必要となり、本技術採用が主流となると思われます。

要点BOX
- ●基板製造時にキャパシタなどの受動部品をチップで内蔵または薄膜で作り込む
- ●キャパシタを内蔵することで電源ノイズ対策

図1　部品内蔵基板断面

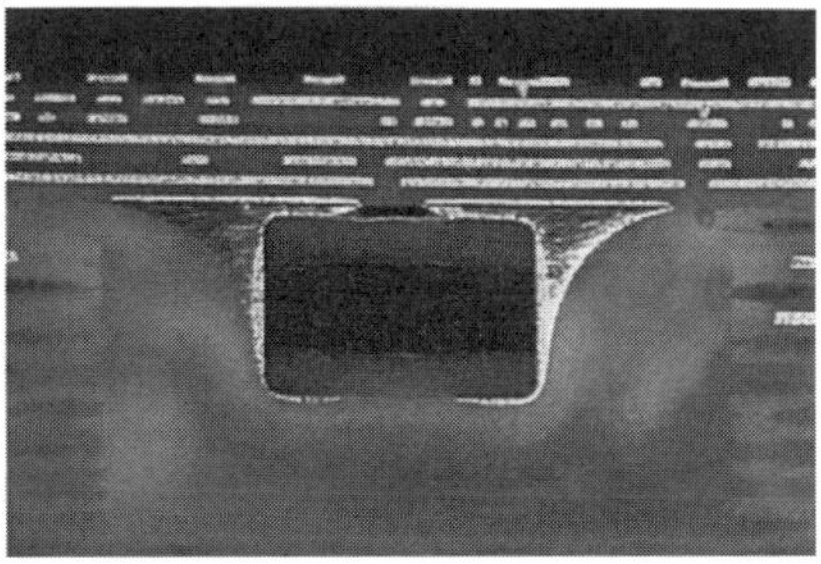

(富士通インターコネクトテクノロジーズ株式会社 提供)

図2　薄膜キャパシタ内蔵半導体パッケージ基板構造

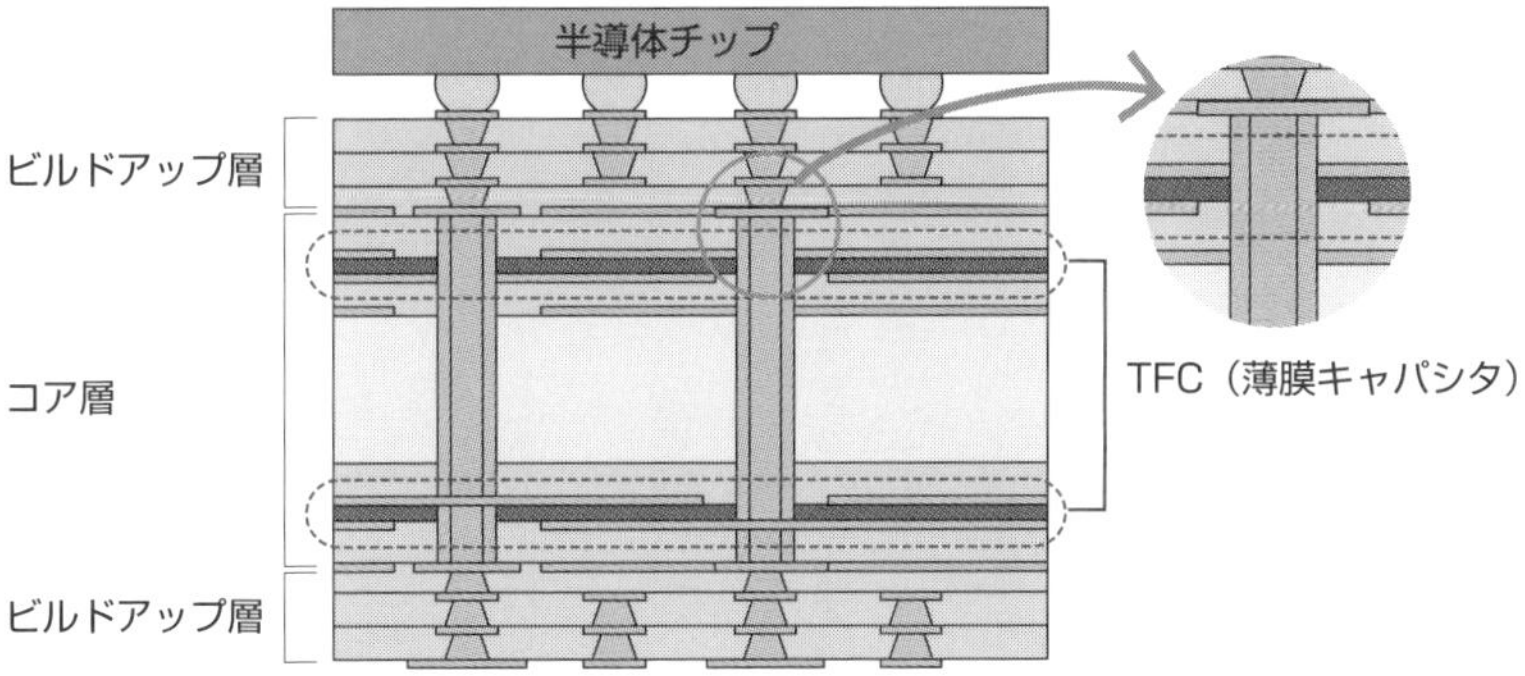

(富士通インターコネクトテクノロジーズ株式会社 提供)

図3　薄膜キャパシタ内蔵半導体パッケージ基板断面図

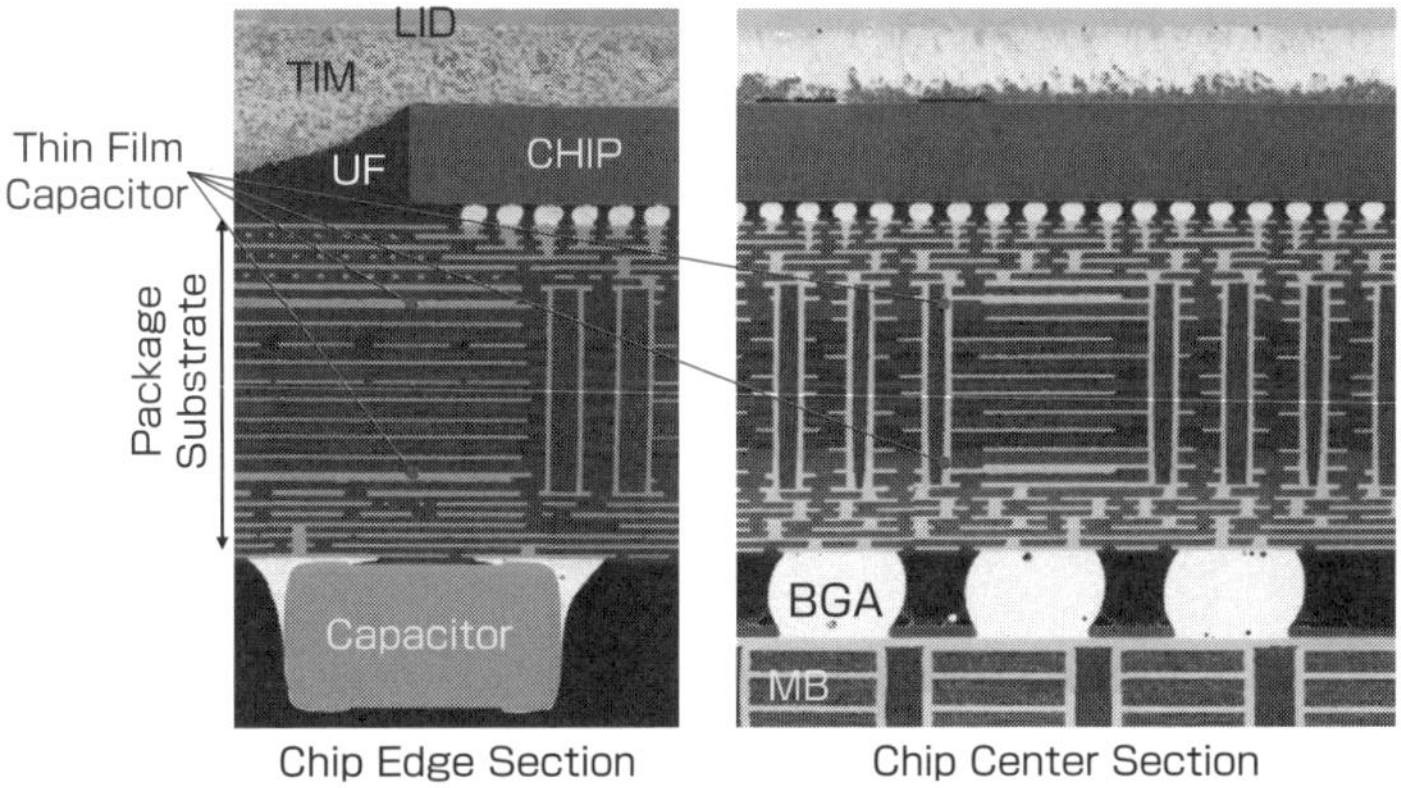

(富士通インターコネクトテクノロジーズ株式会社 提供)

28 部品内蔵基板(2) 能動素子

電源モジュール内蔵基板も登場

携帯電話やタブレットなどのモバイル機器向けの小型モジュールでは、より薄く、小型化するとともに、高機能化を実現するために、部品内蔵技術が用いられています。部品内蔵技術には、ＬＣＲなどの受動部品を内蔵する技術や、プリント配線板製造時に内層にＬＣＲを薄膜層として作り込みする技術があります。

この受動電子部品を内蔵する場合については前項で説明しましたが、より小型化や高機能化の実現で効果があるのは、能動部品を内蔵した場合です。もともと小型のチップ部品を内蔵するより、比較的サイズの大きな能動部品を内蔵することで、表裏の部品実装面積を基板内部に移動する効果は大きくなります。**図１**にウエハレベルパッケージ部品を内蔵したモジュールの断面を示します。この場合、内蔵した能動素子は１つですが、複数内蔵する場合には、部品高さを揃えるなどの制約が出てきます。

最近では、高機能なＬＳＩの電源は電圧が複数の多電源となり、電源電圧の低電圧化に伴い変動の少ない電源電圧の供給が必要となっているため、できるだけＬＳＩ電源端子の近くで必要な電源供給を行う必要性が出てきています。よって、高機能を実現する能動部品を内蔵するケースのほか、冷却が必要なチップは表面実装とし、これに電源供給する電源モジュールを接続するＬＳＩの直下に内蔵して、低インピーダンスで電源供給を行うという技術の発表がなされるようになりました。**図２**はそのような多電源ＬＳＩに電源安定化のためのモジュールを近接させて実装した例を示しています。

また、最新の携帯電話では、それぞれの機能を持った部品内蔵基板２枚を、ゲタ基板を介してスタックして、疑似的に基板内蔵構造の構成とすることにより、製品としては、更に実装密度を上げている量産例も見られます。

要点BOX

- より小型化高機能のために能動部品を内蔵した基板が開発されている
- 電源モジュールをLSI直下に設置した基板も発表

図1　部品内蔵基板実施例

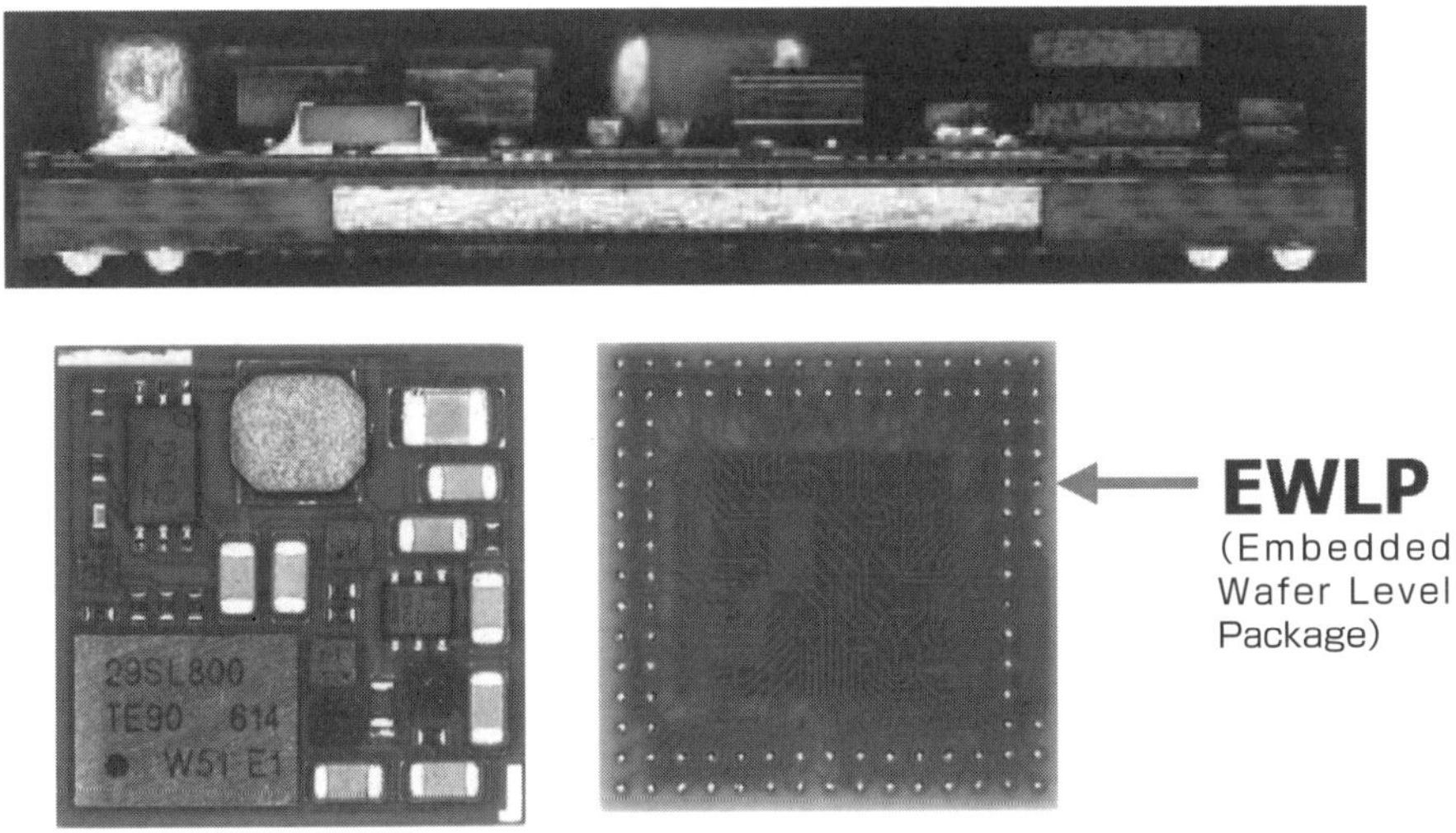

(日本シイエムケイ株式会社提供　部品EWLPコンソーシアム資料より)

図2　電源モジュール内蔵基板模式図

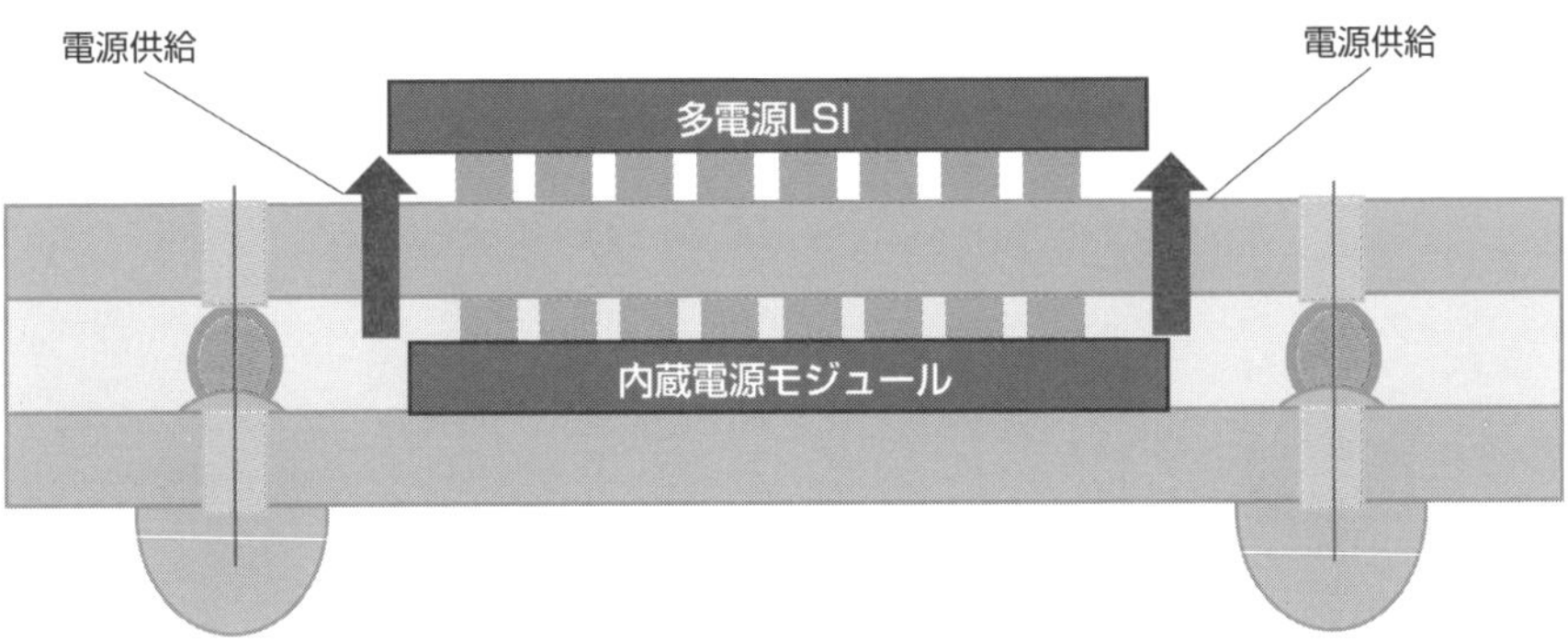

29 光配線と光電気プリント配線板

電気配線から光配線への部分的な変遷

プリント配線板の世界では、電気信号で伝送スピードをどこまで上げられるのかとの議論が行われていました。２０００年頃は、「電気信号での高周波伝送容量が数Ｇｂｐｓ」であったため、しばらくの間「最大10Ｇｂｐｓが電気信号での限界で、それ以上の伝送容量は、光伝送になる」と言われていました。その後、材料メーカー、プリント配線板プロセスおよび実装技術の改善により最大伝送容量が拡大してきました。**図１**に、プリント配線板材料の高周波特性として影響の大きい比誘電率、誘電正接と伝送スピードの目安を示します。伝送容量の増加は、このように高周波帯での材料特性の改善によるところが大きいと思われます。また、これらに加えて伝送方式としてＰＡＭ４（４値伝送方式）が実用化されたことで、伝送容量が増え、100Gbps以上も可能となってきています。

このように、電気配線での高速伝送への取り組みは継続しており、電気配線から光配線への変遷は、一挙に進まず、部分的に光配線を採用しながら変わっていくと考えています。**図2**に、「ボード間通信への電気配線→光配線採用の動向」を示します。最下段の電気配線基板への光コネクタ実装の方式は、すでに、スーパーコンピュータ「富岳」への採用が公表されています。今後は、直接光通信を行う光モジュール搭載基板の採用を経て、基板上での光伝送採用、そして光伝送路付きプリント基板技術へと変遷すると考えています。

光プリント配線板の実用化まであと10年程度の期間が必要と考えられています。**図３**に、電気光の複合的な技術を採用したシステムのコンセプトモデルを示します。今後、ＡＩクラウド向けをはじめとしたハイスピードコンピューティング（ＨＰＣ）や５Ｇインフラ向けシステムの分野から着実に光伝送基板が採用されると考えています。

要点BOX

- ●光コネクタ実装基板への取り組みが進んでいる
- ●光伝送路付きプリント基板の実用化はまだ先

図1　基板材料の高周波特性と通信速度の動向

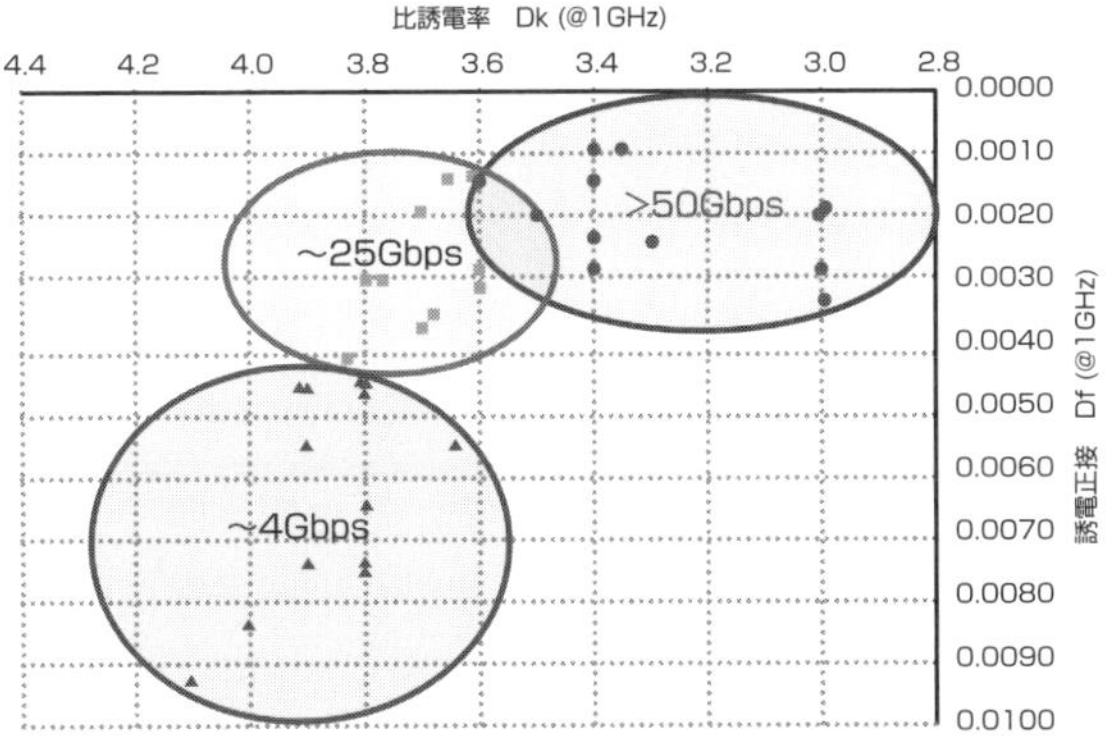

(富士通インターコネクトテクノロジーズ株式会社　提供)

図2　ボード間通信への電気配線→光配線採用の動向

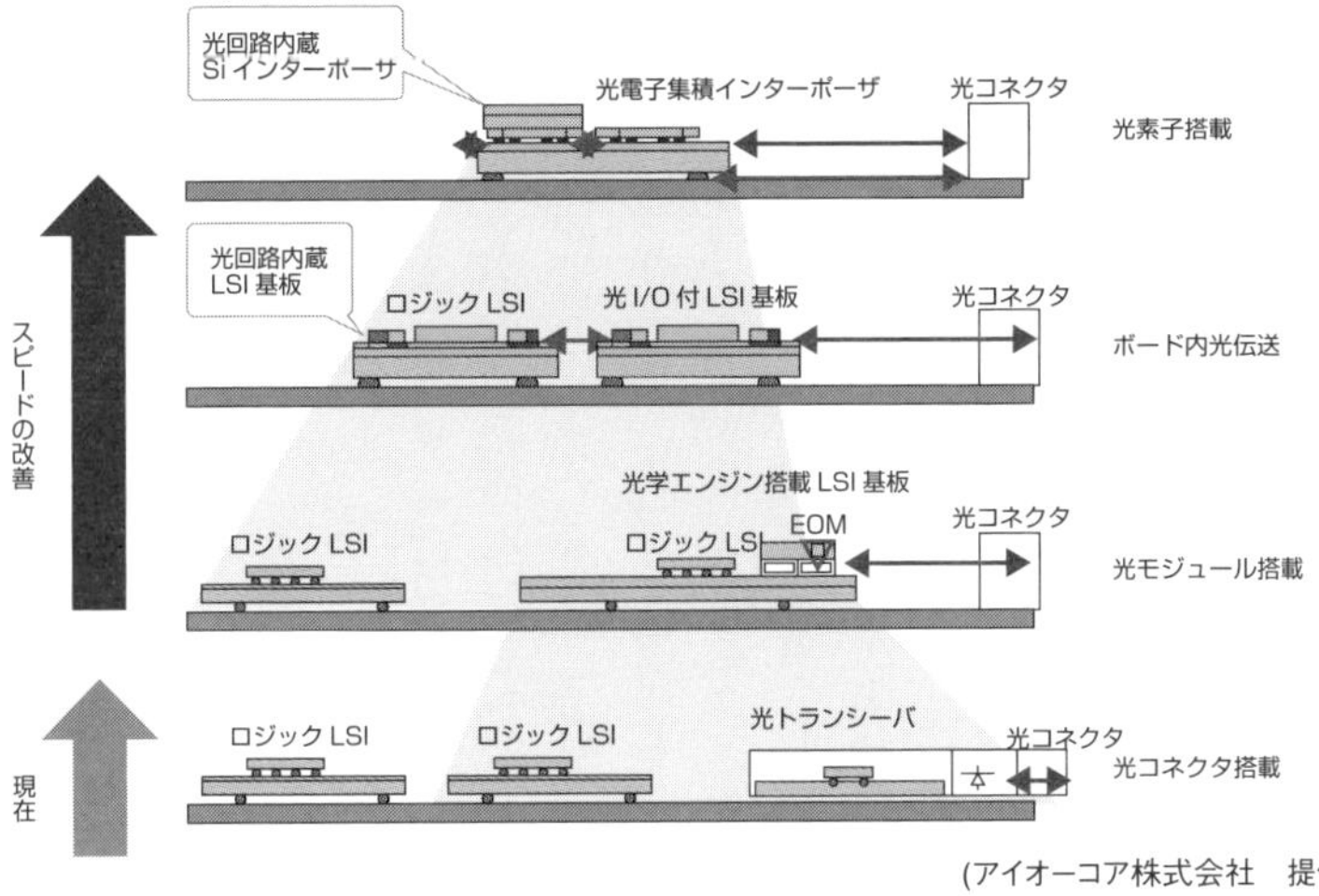

(アイオーコア株式会社　提供)

図3　電気・光複合技術採用システムコンセプト

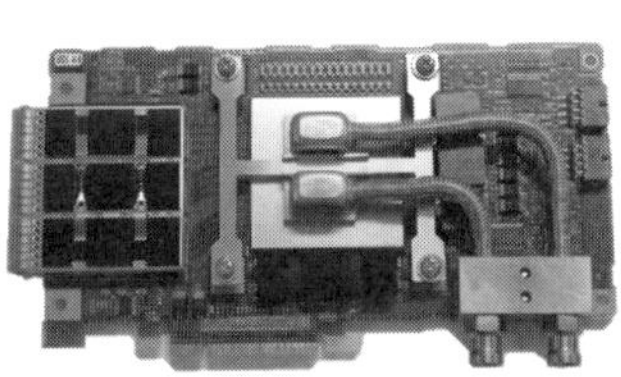

システムボード

システムレベル

(富士通アドバンストテクノロジ株式会社　提供)

30 液晶ドライバ用の実装

リールtoリールプロセスによる高精細回路

2000年以前より、50㎛ピッチ程度の微細配線を用いた液晶ディスプレイ（LCD）ドライバ用のTAB（Tape Automated Bonding）テープは比較的狭い幅（35～135㎜）のポリイミドフィルムに銅箔を貼り合せた材料をエッチング加工して製造していました。回路形成のためのレジスト露光やエッチングなどの処理は、小面積の方が高精細に行えるためです。量産性向上のために**図1**のようなリールに巻き、**図2**のようにラインを連続的に通して加工するリールtoリール方式です。

従来のTABテープは、保持されないリード変形などの課題があったので、現在のLCD用途にはCOF（Chip on Film）テープが使用されています。これは、銅配線をポリイミドフィルム上に形成し、ドライバICをそこに接合したものです。加工はTABテープのものを踏襲してリールtoリール方式で行われます。材料は、2層CCLと呼ばれるものが主に使われています。

図3にCOFテープの加工プロセスを示します。パンチングは、連続搬送および位置決めのための穴をテープの両端に開けるものです。配線ピッチ30㎛程度以上ではエッチングで形成され、レジスト塗布、露光・現像、エッチング、レジスト剥離という工程が進められます。無電解スズめっきは、ソルダーレジスト印刷の後に行う場合もあります。

LCDのドライバICの実装は独特で、**図4**のようにICチップに形成された金バンプとCOFテープのインナーリードを、ツールを使って加熱圧着する方法が用いられます。これにより金―スズ共晶合金が形成され、多数のリードを一括で接合できます。ICが接続されたCOFテープは、LCDの周辺に配置されます。

COFテープの生産は、特に大型LCD生産の海外シフトにより、現在ではほとんど海外となっています。

要点BOX

- ●液晶ディスプレイドライバ用にはリールtoリール方式が採用されている
- ●TAB方式からCOF方式に移行している

図1　リールに巻かれたTABテープキャリア

〔出典:土橋誠、表面技術　Vol. 55 No.12, 915 (2004)〕

図2　リール to リール処理ラインの概略図

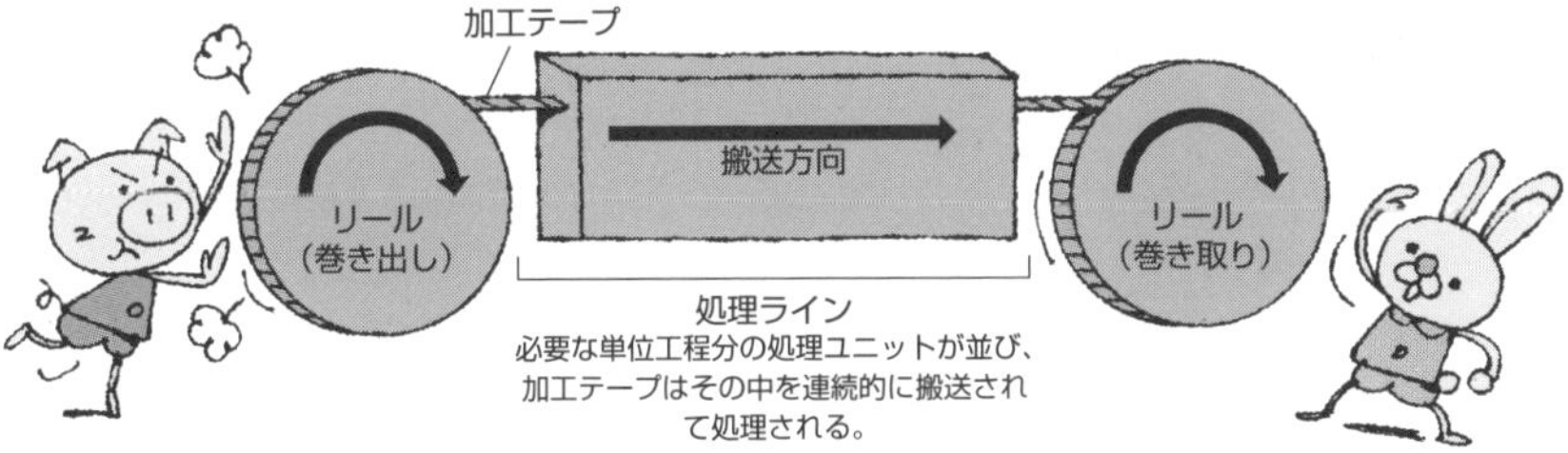

加工テープ

必要な単位工程分の処理ユニットが並び、
加工テープはその中を連続的に搬送され
て処理される。

図3　COF(Chip on Film)テープ製造工程

パターン露光・現像

銅箔 /PI 複合材

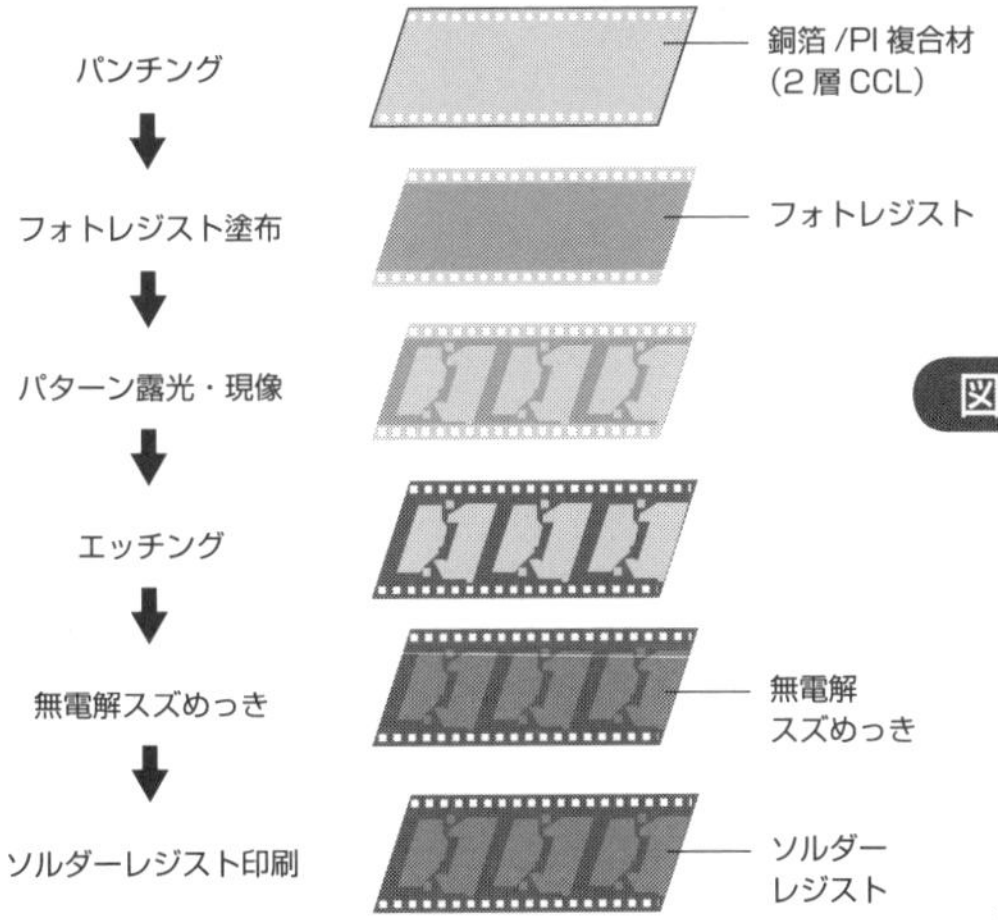
ポリイミド (PI) フィルム .Cr または Ni を密着層
とし Cu シード層 をスパッタ、電解 Cu めっきを
した材料
位置決め穴開け

〔出典:珍田聡,表面技術　Vol. 59 No.2, 111 (2008)〕

図4　COFテープへのICチップ接合方法

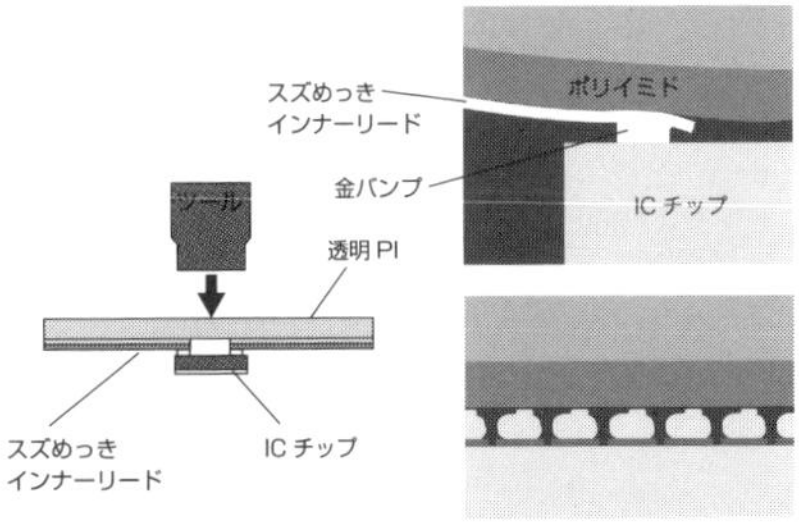

〔出典:珍田聡,表面技術　Vol. 59 No.2, 111 (2008)〕

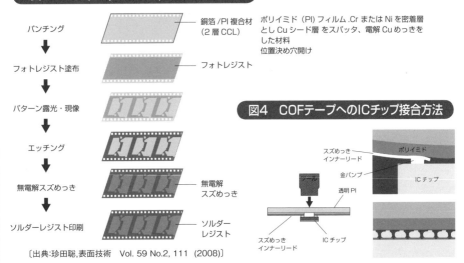

Column

プリント配線板とは？

先日、JRの駅に「きっぷってなに？」というポスターが貼られているとのことを聞き驚きました。子供のころ、電車に乗ると言えば、硬い紙の切符を切符販売機や窓口で購入し、改札口で駅員さんに改札の印としてはさみを入れてもらいました。その後、裏に黒や茶色の磁気が入っている薄型の紙の磁気切符に変更された頃から、自動改札機が導入され、切符にはさみを入れることはなくなりました。

長距離列車等では磁気切符が今でも使われていますが、首都圏の交通機関では交通系ICカードが一般的に使われており、通常の交通機関の利用でのきっぷ利用はとても少なくなりました。交通系ICカードは2001年頃にJRが導入してから、どんどんその利用分野が拡大され、交通機関はもとより、駅周辺のみやげもの屋、飲食店、スーパーから病院など、小銭も必要が無く便利に使えるようになっています。電子マネーの利用推進の気運もあり、近距離交通機関でのきっぷ利用シーンはなくなってきています。

電子回路の組み立て工場では、今でもはんだ付けが行われています。自分も学生のころは、真空管ラジオやゲルマニウムラジオを製作したことがあります。カセットテープレコーダーとラジオが一体となった「ラジカセ」が生まれた頃は、壊れると近所の電気屋さんが修理してくれました。一度電気屋さんに頼んで修理の様子を見せてもらった記憶があります。電気屋さんは、ひとしきりアナログマルチメータ（当時、デジタルはなかった）で回路基板をチェックした後、はんだコテを取り出して不良部品の交換をし、修理をしてくれました。今日では、ユニットでの交換をするか、物によっては、新機種に取り換えた方が安いと言われてしまうので、懐かしい時代の話です。

どんどん電子回路の集積度が向上していくと、プリント配線板は非常に小さくなり、半導体パッケージ基板の中に含まれてしまう時代が来るのではないでしょうか。そのような時代には、モジュールの組み合わせで製品が構成されます。修理では、動作不良の構成モジュール交換により、全ての修理が完了してしまうことになるでしょう。電子部品組み立て工場のなかに、「プリント配線板ってなに？」というポスターが貼られる世の中になるのではないでしょうか。プリント配線板とはどのようなものかを、誰でもみんなが理解している世の中であってほしいです。

第5章

材料の革新と設計／解析技術

31 MSAPの材料

キャリア付薄銅箔

高密度実装回路基板は、配線狭小化の動向です。主なプロセスはセミアディティブ(SAP)法で、半導体パッケージ用基板などに適用されています。

プリント配線板でも配線の狭小化が行われており、従来のサブトラクティブ法でのエッチングにおけるサイドエッチを避けるため、MSAP法(モディファイド・セミアディティブプロセス)が広まってきました。**図1**にサブトラクティブ法とMSAP法のプロセスを比較しています。MSAP法では、**図2**に例示した、キャリア箔に剥離層を介して極薄銅箔を貼り合せたキャリア付銅箔を使用します。剥離層の材質は製品により異なります。これを樹脂上にラミネートプレスし、キャリア箔を剥離することで極薄銅箔に回路形成を行うことができます。SAP法では、特殊なビルドアップ樹脂を粗化して使いますが、MSAP法では、そのような材料や工程を取らず、樹脂との密着性は極薄銅箔に付けられたコブにより確保します。その後の工程でパターンめっき、レジスト剥離した後、この極薄銅箔をフラッシュエッチングするため、サイドエッチングが少なくなり、矩形の回路断面を得ることができます。**表1**に各プロセスの比較をしていますが、MSAPは中間的な微細配線を形成するためのプロセスと言えます。MSAP法で、さらなる微細配線形成に対応するために、極薄銅箔厚を一層薄くし、コブの粗度を小さくしたものも開発されています。

また、**図3**のような極薄銅箔上にプライマ樹脂を塗布したものもあります。これは、樹脂上にラミネートし、キャリア箔を剥がしてビアなどの加工をした後、極薄銅箔をエッチングして微細なコブの転写構造を露出させます。そこに無電解銅めっきすることで密着性が得られるので、ビルドアップ樹脂＋粗化を使わずSAP法として使用することができるものです。

要点BOX

- プリント配線板でも配線の狭小化が進んでいる
- プリント配線板ではサイドエッチを避けるためMSAP法が広がっている

図1　キャリア付極薄銅箔を用いたMSAP法とサブトラクティブ法

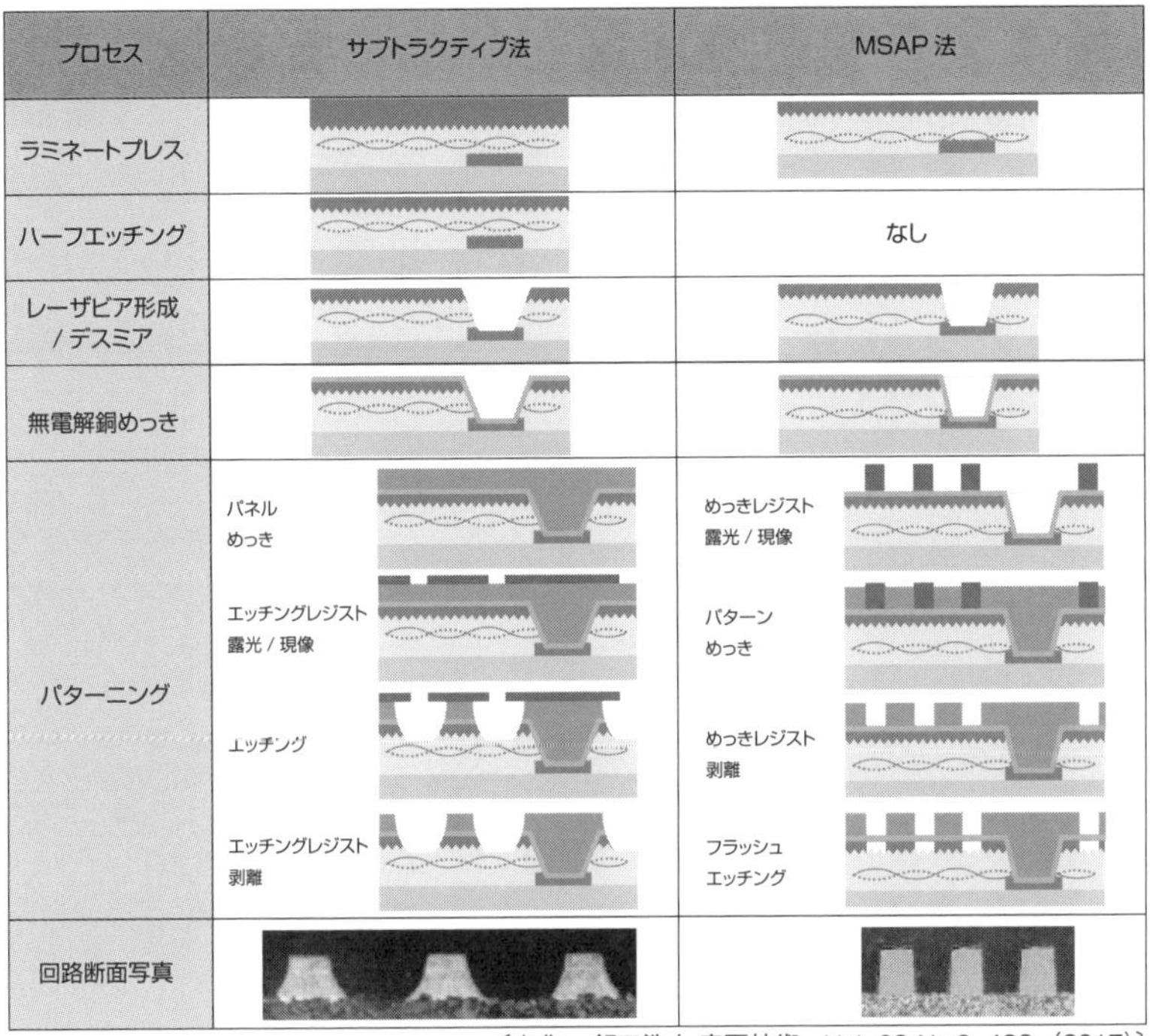

〔出典：　飯田浩人,表面技術　Vol. 68 No.9, 488（2017）〕

図2　キャリア付極薄銅箔の構造と仕様

製品名	MT18SD-H
構造	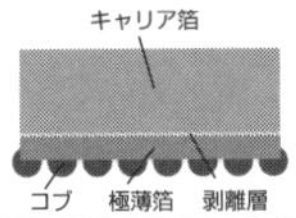
極薄箔厚[μm]	3/5
コブの粗度Rz(*)[μm]	3.0
ターゲット L/S[μm]	30/30

*さらにターゲットL/Sが小さいものには極薄厚で低粗度の銅箔を使用

〔出典：飯田浩人,表面技術　Vol. 68 No.9, 488（2017）〕

図3　プライマ樹脂付き極薄銅箔の構造

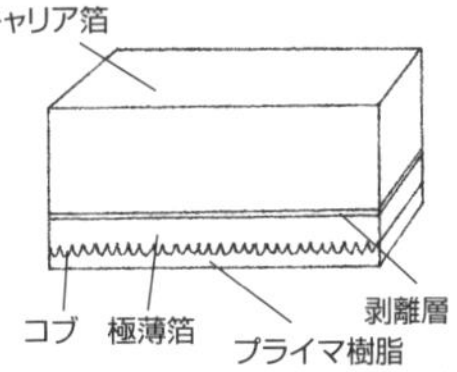

〔出典：飯田浩人,表面技術　Vol. 68 No.9, 488（2017）〕

表1　回路基板の製造方法の比較

	サブトラクティブ(パネルめっき)	MSAP(パターンめっき)	SAP
Lines & Space	>35 μm	>20 μm	>9/12 μm
基礎銅箔厚	2 - 9 μm	<3 μm	−
無電解銅めっき厚	0.35 - 0.5 μm	1.0 μm	1.0 μm
パネルめっき	15 - 20 μm	No(不可)	No(不可)
パターンめっき	No(不可)	Yes(可)	Yes(可)
エッチング銅導体厚	17 - 29 μm	<3 μm	0.7 - 1.2 μm

[出典：配線板製造技術委員会; エレクトロニクス実装学会誌　Vol. 21 No.1, 14（2018)、図5より抜粋]

32 絶縁材の低誘電正接化

高周波信号伝送のための低誘電率化と低誘電正接化

プリント配線板および半導体パッケージ基板では、1GHzを超える高周波信号を伝送する必要性が高まってきました。高速伝送では信号の損失が生じますが、それは信号が通る回路導体の表面粗度や、回路が接する誘電体の物性に依存し、左ページの式(1)～(3)で表現されます。

絶縁樹脂材料の物性による誘電損失は(3)式で表されます。比誘電率は平方根ですが、誘電正接は直に比例するのでより重要なのです。比誘電率、誘電正接が小さい値であるほど損失は小さくなります。そこで、高速伝送用基板用材料はこれらの値を改善しています。各種高密度実装基板用材料の比誘電率、誘電正接を**表1**にまとめました。絶縁樹脂材料では、フッ素樹脂であるポリテトラフルオロエチレン（PTFE）が、以前より代表的な低誘電損失材料として特殊基板に使われていましたが、銅箔や基材に対する接着力、樹脂同士の密着性が劣りました。そこで、従来から用いられてきた樹脂の改善、および熱可塑性樹脂（PPEなど）の適用などが行われています。特性改善指針は、樹脂の化学構造が対称で極性基がなく、分極しにくいものとすることになりますが、樹脂と基材の密着性を向上させることなどの特性に合わせて、総合的にバランスの取れた材料とすることが必要です。エポキシなど従来から普及している樹脂は実績もあるので、これらについても他の特性をできるだけ維持しながら、誘電損失を改善する開発も継続されています。

また、プリント配線板に用いるガラス布もケイ素分を高めて低誘電率化したDガラスが適用され、ドリル加工性などの改善が検討されています。

材料の違いによる誘電損失は、評価基板によりネットワークアナライザなどを用いて、**図1**のように伝送損失の周波数依存性を得る方法や、アイパターンを取得する方法が一般的です。

要点BOX

- ●パッケージ基板内の伝送損失は材料物性に依存する
- ●誘電率、誘電正接が小さいほど損失は小さい

伝送損失の式

伝送損失αは信号が伝達する導体で生じる導体損失 α_c と、誘電体と接することで生じる誘電損失α_dの和

$$\alpha = \alpha_c + \alpha_d \ [\mathrm{dB/m}] \quad \cdots\cdots (1)$$

$$\alpha_c \propto \varepsilon \times R_s(f) \quad \cdots\cdots (2)$$

$$\alpha_d \propto \sqrt{\varepsilon} \times \tan\delta \quad \cdots\cdots (3)$$

ε は比誘電率、$\tan\delta$ は誘電正接、R_sは導体表皮抵抗、f は 周波数を表す。

〔出典: 今井雅夫,藤澤洋之,田宮裕記,米本神夫,エレクトロニクス実装学会誌 Vol. 13 No.5, 363 (2010)〕

表1 高密度実装基板に用いられる主な材料の比誘電率、誘電正接

種類		材料		
		赤字は低誘電損失材料	比誘電率	誘電正接
樹脂	一般	エポキシ	4.7	0.01
		ポリイミド	3.4	0.008
		BTレジン	4.9*	0.011*
	低誘電損失	BTレジン(低伝送損失)	3.5*	0.003*
		低誘電率エポキシマルチ(MEGTRON)	3.4	0.001
		ポリフェニレンエーテル(PPE)	3.2*	0.003*
		ポリテトラフルオロエチレン(PTFE)	2.7	0.0005
		シクロオレフィンポリマー(COP)	2.3	0.0002
無機材料	セラミックス	アルミナ	9.3	0.0001
		窒化アルミニウム	8.8	0.001
	ガラスクロス	Eガラス	6.6	0.0012
		Eガラス+ポリイミドラミネート	4.6	0.008
		Dガラス	4.1	0.0008
		Dガラス+ポリイミドラミネート	3.6	0.007

注)測定周波数は記載ない場合1MHz、*は1GHzでの値

図1 各種材料の誘電損失評価結果 伝送損失S21の周波数依存性およびアイパターン(2.5GHz)

比誘電率および誘電正接が小さいほど損失(dB)の周波数変化は小さく、アイパターンは中央が広く抜ける

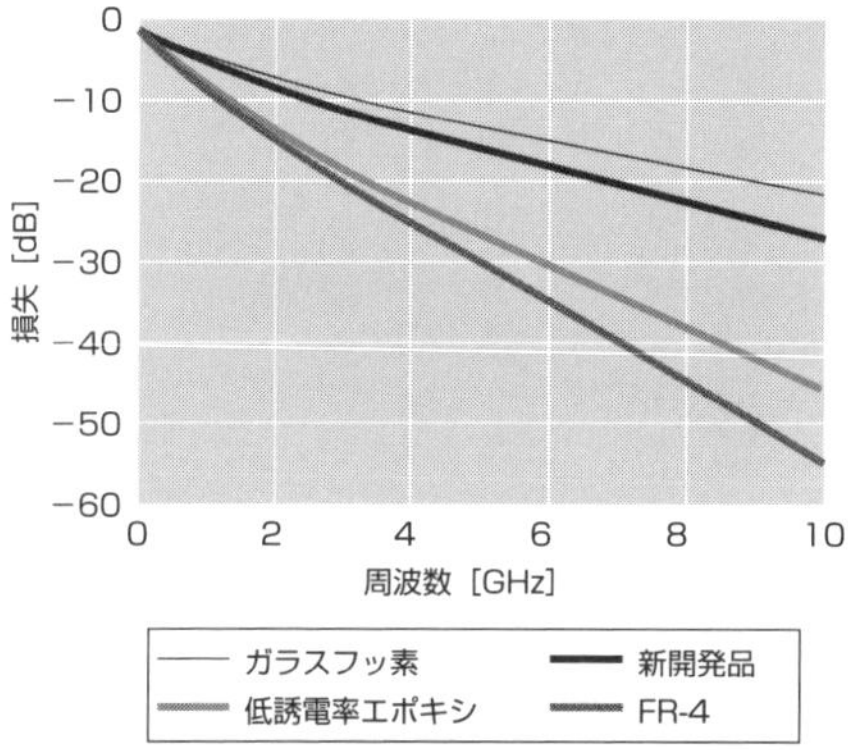

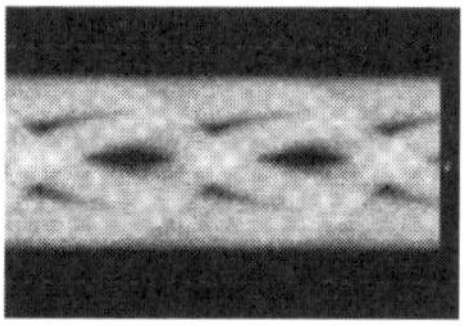

FR-4

通常材料

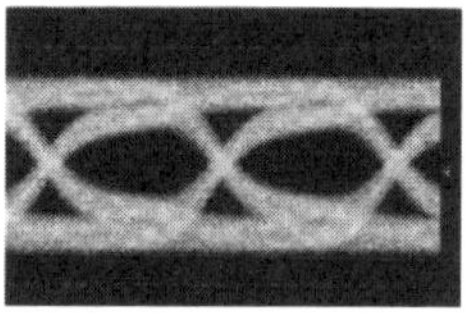

新製品(MEGTRON-V)

低誘電材料

〔出典:松下幸生,斉藤英一郎,冨永弘幸; エレクトロニクス実装学会誌 Vol. 4 No.7, 551 (2001)〕

33 ビルドアップ樹脂の進化

FC-BGAの微細化・低誘電損失化に対応

現在、主要な半導体パッケージ基板は、フリップチップBGA（FC-BGA）です。「トコトンやさしいプリント配線板の本（第2版）」でも解説していますが、**図1**にその製造プロセスと発生課題を示します。コア基板上に絶縁層であるビルドアップ樹脂フィルムをラミネートし、そこにビア穴や銅回路パターンを形成する工程を繰り返して製造しています。ビア穴はレーザであけ、下層の銅回路との接続性は、ビア底のビルドアップ樹脂をデスミアで除去することで確保します。そこに無電解銅めっきでシード層を付け、配線パターンはセミアディティブプロセスで形成します。

FC-BGA回路は微細化、低誘電損失化の傾向にあるため、材料・プロセスに新たな課題が生まれています。課題の一つとしては、**図2**に図示しているように、樹脂の粗度が大きいと配線との密着性が良い反面で微細配線形成や高速化には不利になりますが、反対に低粗度では配線との密着性が低下します。そこで樹脂と銅回路の間に有機被膜などを施し、低粗化で密着性が確保できるような表面処理剤が開発されています。

表1に、今後の動向に適合するためのビルドアップ樹脂の機能面の課題をまとめています。低粗度での密着性に加え、絶縁信頼性、低誘電正接、低熱膨張率といった課題に対策するため、バランスの取れた樹脂の改善が必要となります。誘電正接を小さくする方策については、前項で述べた樹脂材料自体の誘電特性に関するものと同様です。樹脂成分の極性を小さくしながら、それに伴う銅回路との密着性低下を抑えています。樹脂の低極性化は、吸水率の低下につながり絶縁信頼性向上にも寄与します。

要点BOX

- ●低粗化で回路密着性を確保
- ●絶縁信頼性、低誘電正接などへの対応のためのバランスのとれた樹脂開発

図1　FC-BGA製造におけるビルドアップププロセスと微細化に伴う課題

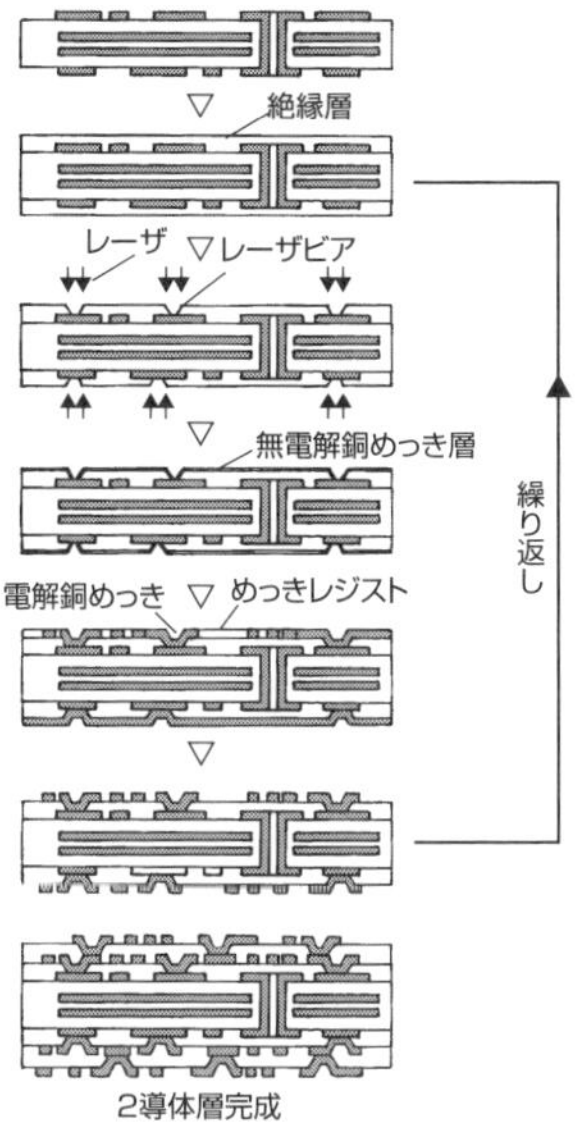

プロセス	課題	対策
コア基板(多層板)		
絶縁層形成	低粗化・無粗化で絶縁材と銅回路の密着低下	低粗化・無粗化の密着性向上剤
レーザ穴あけ	フィラー含有率増大によるレーザ加工性の低下(小径ビア)	PETフィルム付でのビア加工
デスミア 無電解銅めっき	樹脂の低誘電正接化でデスミア性低下	バランス取れた材料設計
外層パターン形成 パターンめっき	デスミア後の粗度低下でドライフィルム密着性低下	プロセス条件の最適化検討
レジスト剥離 エッチング	デスミアで粗度高いとエッチングでの細り、高速信号伝送での損失大	プロセス条件の最適化検討

〔出典：高木,大久保,山内;トコトンやさしいプリント配線板の本(第2版)　p49　(2018)に加筆〕

図2　ビルドアップ樹脂の低粗度と微細配線形成の関係

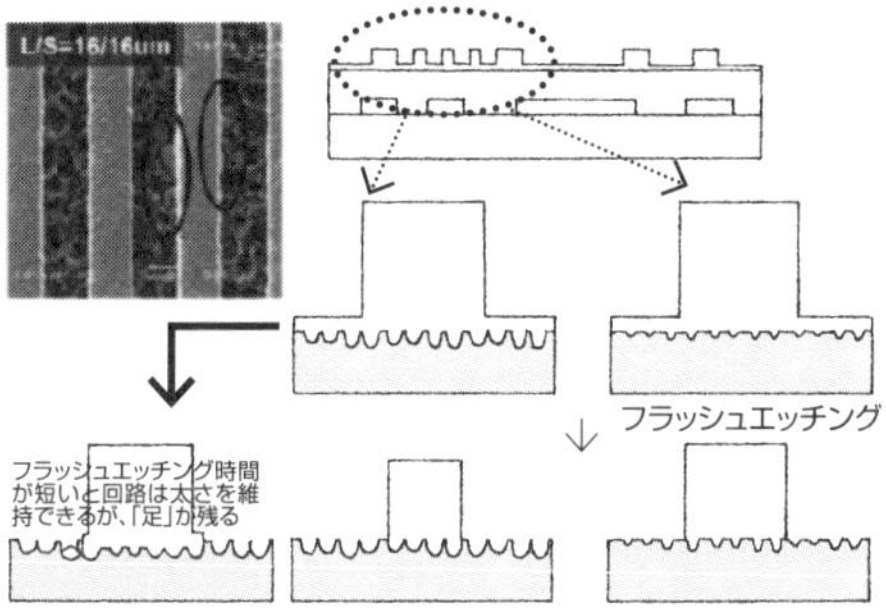

樹脂の粗度が大きいと、フラッシュエッチングに掛かる時間が長くなり回路がやせ細ってしまう。微細配線を形成する場合には歩留りに大きく影響
⇨できるだけ、デスミア処理後の樹脂の表面粗度を小さくする必要がある。

〔出典:真子玄迅; エレクトロニクス実装学会誌　Vol. 21 No.3, 198 (2018)〕

表1　これからの微細化、高速伝送に向けたビルドアップ樹脂の機能面の課題

課題	背景	対策
絶縁信頼性	<10μmピッチ、および<10μmの層間厚での絶縁性確保	HASTでの絶縁劣化性能評価確認(130℃,85%RH,3～10V,100～200h)
低誘電正接	信号遅延を少なくするため低遅延・低損失材料が必要。誘電損失は、材料の比誘電率の平方根と誘電正接の積に比例するため、特に誘電正接を小さくする。	樹脂成分の極性を小さく、かつ密着性維持できる材料
低熱膨張率	スタックドビアの破断・剥離などの不具合は回路である銅と絶縁樹脂の熱膨張差に起因するため、低熱膨張率とする。	フィラーの高充填または低熱膨張樹脂の適用

〔参考：真子玄迅; エレクトロニクス実装学会誌　Vol. 21 No.3, 198 (2018)〕

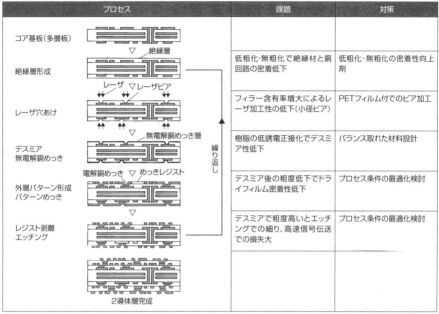

34 実装プロセスのための樹脂材料

シリコン材料接合用の各種接着材料

実装分野でも半導体チップやウエハを研磨、ダイシング、接合などで扱う機会が増えています。この際、脆いシリコン材料を保持、接着するために各種の樹脂材料が用いられますが、最終製品に包含されるものと、工程中のみで使用し残存しないものがあります。その代表的なものを示します。

①ダイアタッチフィルム（DAF）：チップと基板、リードフレーム、チップ同士などの間の接着に使用されるフィルム状接着剤でダイボンディングフィルムとも呼ばれます。**図1**のように、直接ウエハの裏面に貼り合わせ、チップをダイシングした後、基板およびチップ同士の接着に使われます。

②ダイシングテープ：ウエハをチップに切断するダイシング工程で、ウエハの裏面に貼り、チップを固定するのに使います。図1ではウエハをDAFに貼り合せて、ダイシング後にDAF付チップを剥離します。チップ剥離はUV照射による粘着力低下が一般的です。ダイシングテープをDAFと一体化したものもあります。

③ファンアウト用材料：FO-WLP（12項）の製造においても、**図2**のように多数の樹脂材料が使われます。ガラス等のキャリア上にチップを配列するための仮接着剤（両面テープ）、およびモールド樹脂、そして、キャリア剥離後、再配線層（RDL）を形成する絶縁樹脂です。はんだボールを付けた後のダイシングではダイシングテープが使われます。

④アンダーフィル：フリップチップ実装では、チップとインターポーザの間隙をアンダーフィル樹脂で充填します（18項参照）。従来、はんだ接合後に液状樹脂をディスペンサーで入れていましたが、狭ピッチ対応のため、予め基板の上接合部にアンダーフィル樹脂を載せ、バンプ付チップを位置合わせし、ボンダで加熱加圧して樹脂硬化しながら接合する方式もあります。

要点BOX

- シリコン材料の接合時に各工程で保持・接着に適した材料が使われる
- フリップチップではアンダーフィルが使われる

図1　スタックドマルチチップモジュールの製造プロセス

ウェハ状態でダイボンディングフィルムを貼付し、チップに切断後チップを基板に接着
その後、ワイヤボンディング、封止してパッケージ化

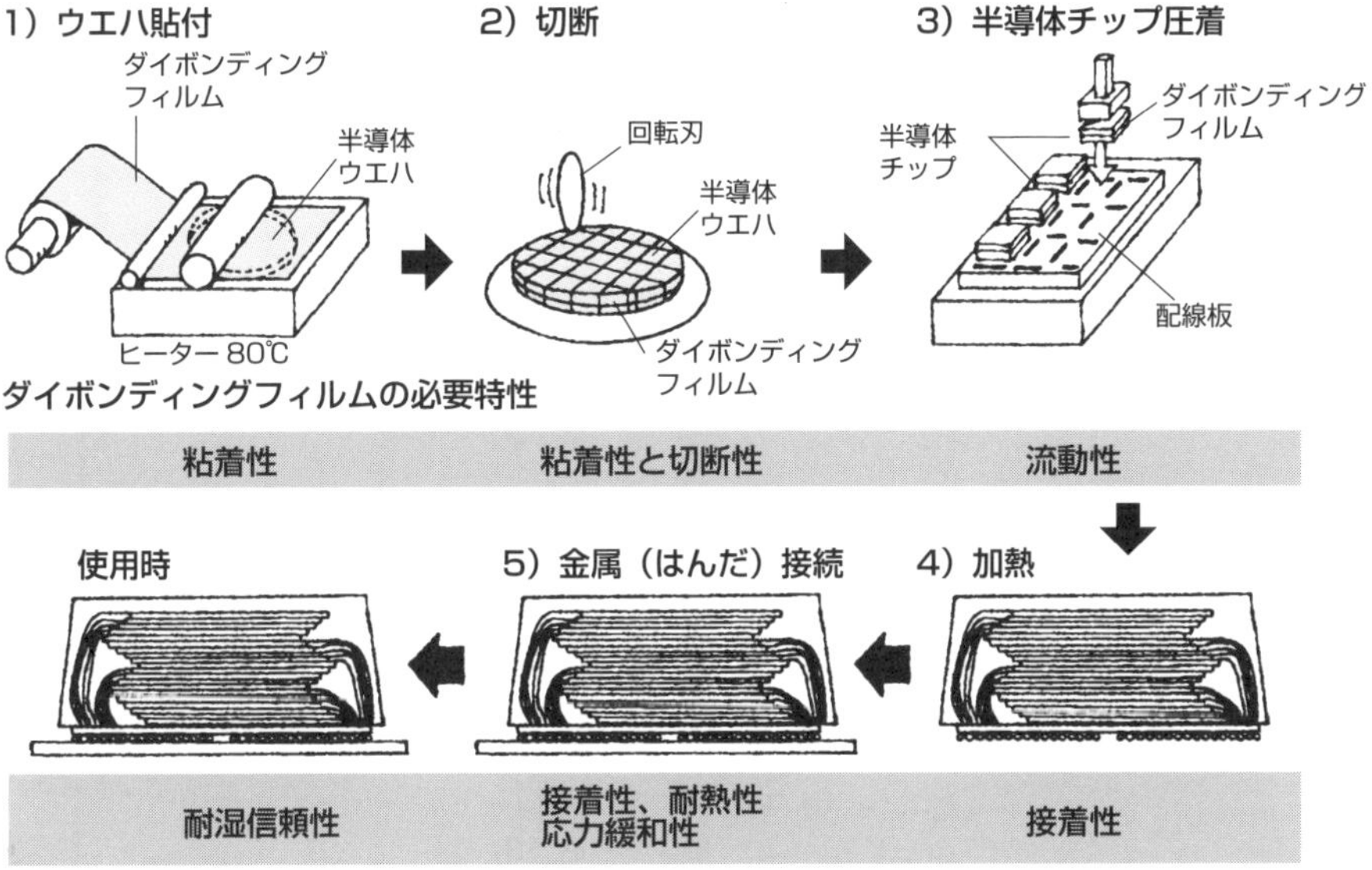

〔出典：稲田禎一; エレクトロニクス実装学会誌　Vol. 16 No.5, 347 (2013)〕

図2　FO-WLP(e-WLB)の製造プロセス

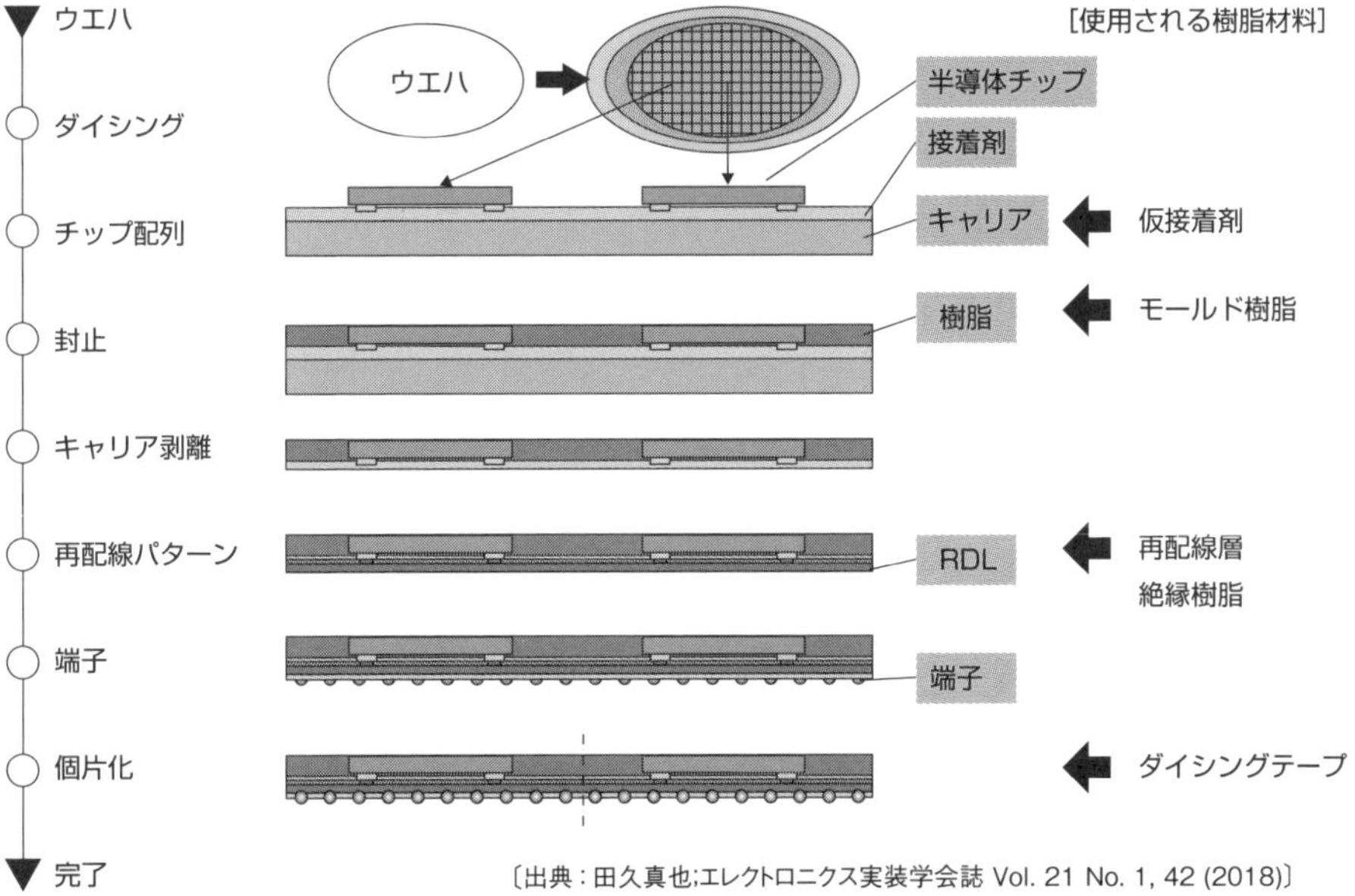

〔出典：田久真也;エレクトロニクス実装学会誌 Vol. 21 No. 1, 42 (2018)〕

35 感光性樹脂材料

微細なSiPのパターン形成に使用

システムインパッケージ（SiP）用の微細配線基板では、従来の半導体用の感光性樹脂材料を使用して解像度を向上し、微細なパターンを形成します。ビルドアップ基板やプリント配線板でも微細化対応で感光性材料開発が進展しています。

①回路パターン形成レジスト：半導体リソグラフィ用のフォトレジストを使用し、微細配線形成します。フォトレジストにはポジ型とネガ型があり、特徴を**表1**に示します。ポジ型は露光時に光が当たった部分が、ネガ型は光が当たらなかった部分が、現像で溶解しレジスト形成されます。代表的ポジ型レジストはノボラック樹脂を主体とし、感光剤であるNQDが分解して生成したインデンカルボン酸が、現像液であるアルカリ水溶液でノボラック樹脂の溶解性を促進するものです。現像液での膨潤がなくパターン精度が良いことが特徴です。さらに解像度が向上した「化学増幅型」も開発されました。

ネガ型は現像で膨潤するので、その後の収縮でポジ型より精度が低下します。すでにビルドアップ基板ではドライフィルムとして大量使用されていますが、微細化のため、成分や使用条件の改善で精度向上が計られています。**図1**はこのようなレジストによりセミアディティブプロセスで銅回路形成した例です。

②層間絶縁層：ビルドアップ基板では、熱硬化性樹脂であるビルドアップフィルムを層間絶縁膜として用い、レーザでビア穴を加工するプロセスが標準的です。システムインパッケージ用基板では、ビア穴径を10㎛程度まで小さくし（**図2**）、レーザ加工でのビア底のダメージをなくし、また層間厚も薄くてよいため感光性樹脂を用います。すでに解説していますように、ウエハレベルパッケージで既に一般的な材料として使われています。プロセスは、デスミア＋無電解銅めっきではなく、スパッタでシード層形成し、セミアディティブ法でパターン形成します。

要点BOX

●パターン形成レジストはポジ型とネガ型がある
●回路パターン形成用レジストと層間絶縁層

表1　フォトレジストの種類

<table>
<tr><th colspan="2"></th><th>ポジ型</th><th>ネガ型</th></tr>
<tr><td colspan="2">露光
紫外光
(g線またはi線)</td><td colspan="2">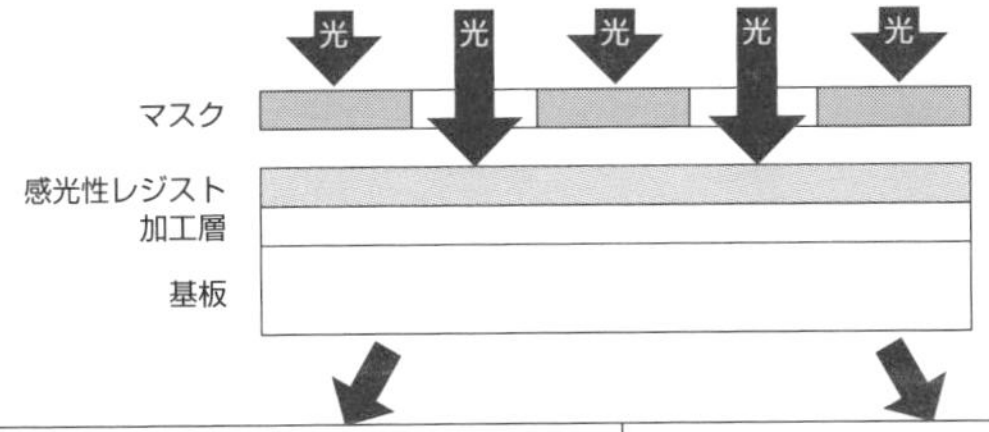</td></tr>
<tr><td colspan="2">現像
アルカリ水溶液
(TMAH など)</td><td>光が当たった部分が溶解
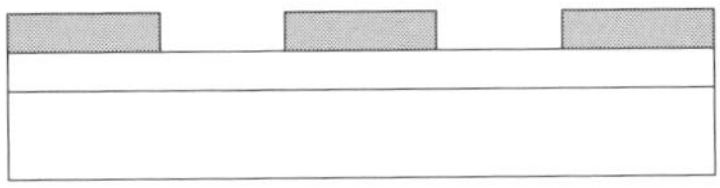</td><td>光が当たらなかった部分が溶解
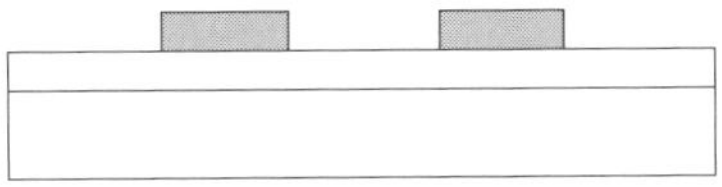</td></tr>
<tr><td rowspan="4">代表的構成と特徴</td><td>樹脂</td><td>ノボラック樹脂</td><td>アクリル系共重合樹脂
多感応アクリラートモノマ</td></tr>
<tr><td>光反応開始剤</td><td>1,2-ナフトキノンジアジドスルホン酸エステル(NQD)(感光剤)</td><td>ベンゾイン誘導体　(光重合開始剤)</td></tr>
<tr><td>光反応</td><td>NQD が分解し生成したインデンカルボン酸がアルカリ水溶液に溶解し、ノボラック樹脂の溶解性促進</td><td>光重合開始剤の光分解によって生じたラジカルがモノマを攻撃し、ラジカル重合。ポリマを包み込んで不溶化</td></tr>
<tr><td>特徴</td><td>現像液中での膨潤がなく、使用中に環境の影響を受け難いため微細加工に最適</td><td>解像度でポジ型に劣るが、強度、密着性、耐薬品性、膜厚、感度およびコストで優れる</td></tr>
<tr><td colspan="2">主用途</td><td>半導体の微細加工
スピンコーティングで塗布</td><td>プリント配線板やビルドアップ基板加工用のドライフィルムレジスト
ラミネートでコーティング</td></tr>
</table>

図1　セミアディティブ法で作製した銅めっき回路形状

感光性フィルム：厚さ7μm使用、剥離後のパターン：L/S = 2.0/2.0 μm

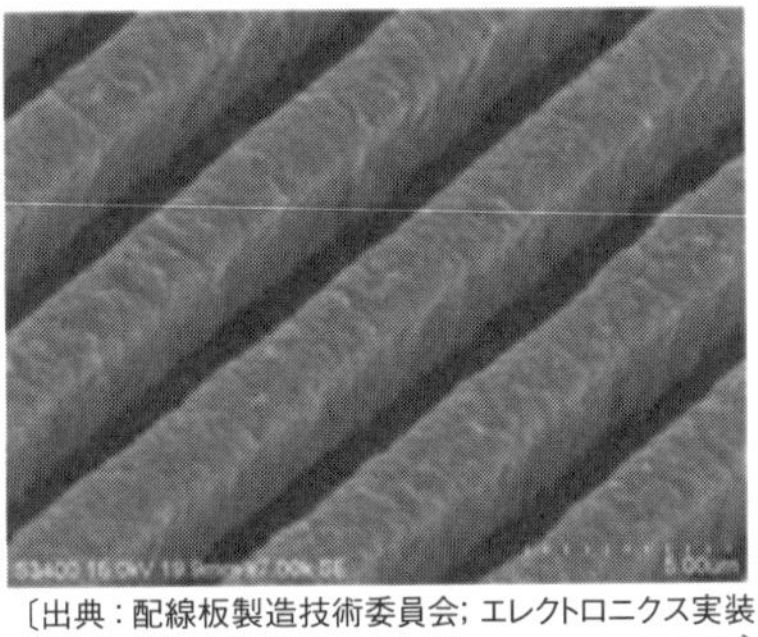

〔出典：配線板製造技術委員会; エレクトロニクス実装学会誌　Vol. 21 No.1, 14 (2018)〕

図2　現像型層間絶縁材料に形成したビア穴(6μm厚、径10μm)

絶縁材料：ポリイミド(PI)、PBO(ポリベンゾオキサゾール)など

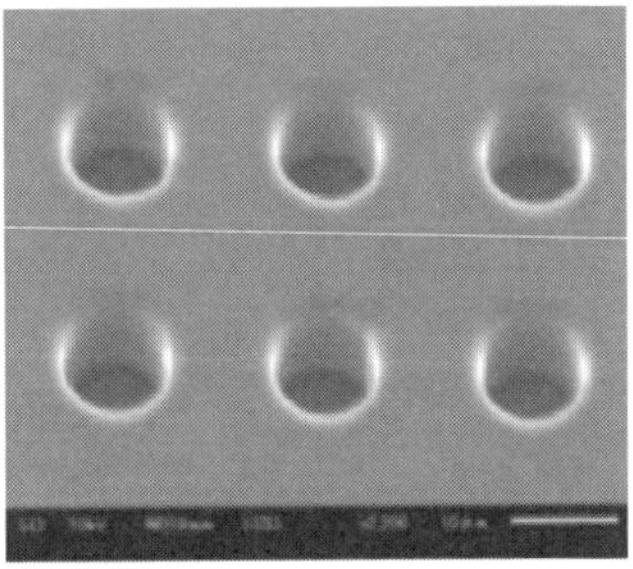

〔出典：稲垣昇司,エレクトロニクス実装学会誌 Vol. 21 No.3, 202 (2018)〕

36 パッケージ設計と協調設計

パッケージ方法・仕様・モジュール化を設計初期段階から検討

テクノロジーの高度化により、パッケージ設計は年々難しくなっています。またシステム全体におけるパッケージ設計者の役割も大きく変化しつつあり、設計初期段階における最適化が重要となっています。これらの最適化検討には、反射やクロストークなどの信号品質（SI）、電源の安定供給（PI）、放射ノイズの低減（EMI）、さらには熱・応力によるパッケージの冷却や反りなど多くの課題に配慮する必要があります。またパッケージはLSIの実装方法として、ワイヤボンディング実装、フリップチップ実装、三次元積層などさまざまな方法があり、基板設計仕様、電気特性、組立性、信頼性、コストに影響します。さらにパッケージ仕様がプリント配線板の層構成、基板製造コストにも影響します。

ここ数年で半導体パッケージ基板に複数のLSIを実装することが増えています。これは信号を高速にやり取りするCPUとメモリのようなデバイスをより近くに配置することにより、機器の性能を向上させる目的です。複数のLSIを実装する半導体パッケージ基板は、SiP（システム・イン・パッケージ）やモジュール基板と呼ばれています。このようなパッケージ設計を実現するには、LSI設計者、パッケージ設計者およびプリント配線板設計者による協調設計が重要です（**図1**）。そのためには、システム設計者を含めて早い段階から会話をして意識レベルを合わせること、会話に参加する設計者は必要なスキルを多く備えていること（**図2**）が重要です。

図3は複数のLSIを実装したモジュール化の検討例です。図3(a)は、CPUとメモリが別のパッケージであった場合の配置図で、信号伝達の距離が50㎜と長く信号遅延と反射によるノイズが目立ちます。

これを図3(b)のようにモジュール化することで距離は10㎜以下となり、伝送特性が改善し、実装面積は1/4になりました。

要点BOX

- パッケージ設計にはそれぞれの設計担当者による協調設計が必要
- 検討することで特性が大幅改善することもある

図1　パッケージ設計／プリント配線板設計の協調設計

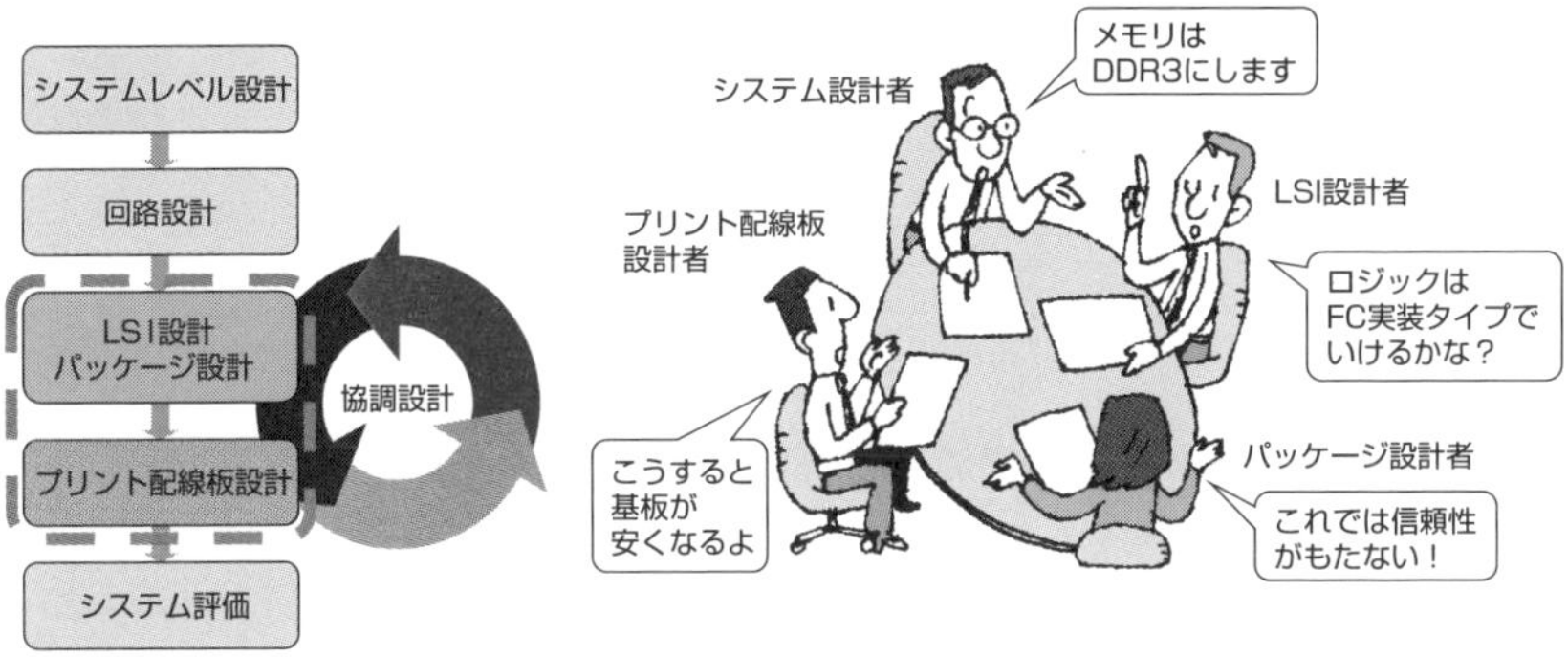

協調設計を実現するためには、早い段階で同じテーブルについて会話をし、意識レベルを合わせることが重要です。また、LSI／パッケージ／プリント配線板のデータを1つのツールで見れるCAD環境が好ましく、三次元表示できることでより実物の構造を理解しやすくなります。

図2　プリント配線板設計者／パッケージ設計者の役割り

設計者は、与えられた条件を満たすモノづくり用のデータを作成することが仕事ですが、多くのスキルを身につけ、より良いアウトプットができることが良い設計の条件です。

図3　複数のLSIを実装したモジュール化の検討例

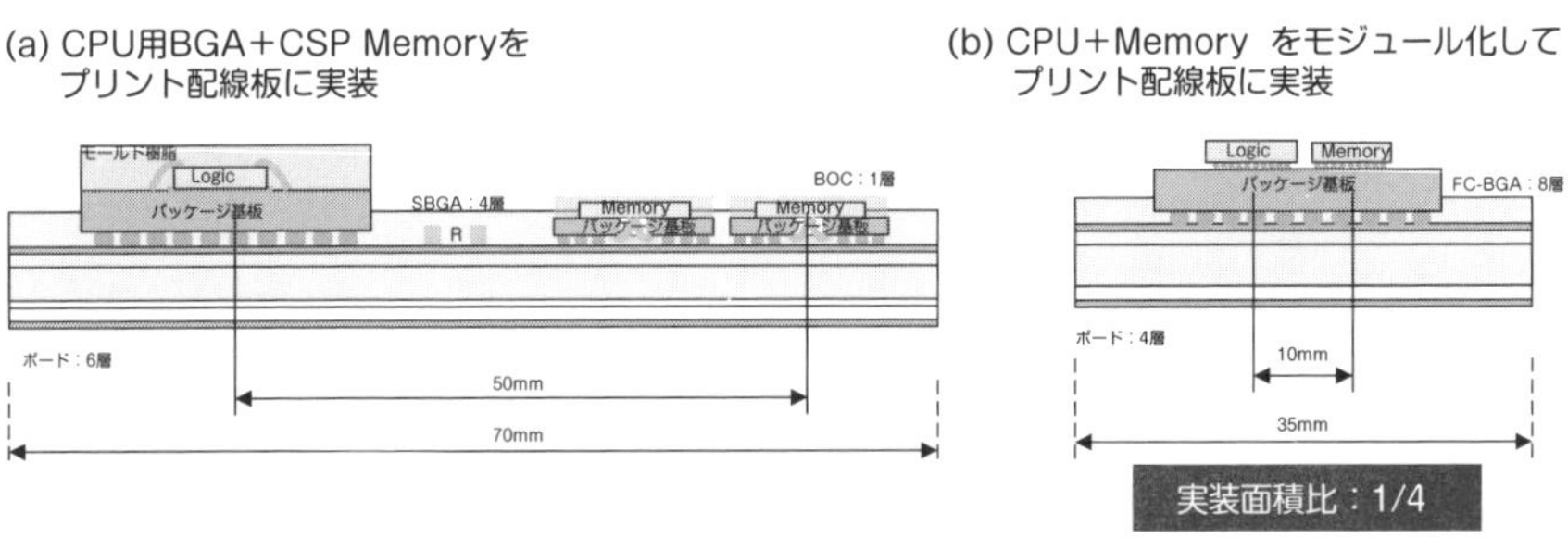

複数のLSIを1つのモジュールに実装することで、基板層数の削減、実装面積の削減が可能となり、電気特性の向上だけでなく、システム全体のコスト削減にも効果があります。

37 伝送特性への影響因子

材料と基板設計が大きく影響

次々と新しいインターフェイス規格が発表され、基板内を伝送する信号は年々高速化が進んでいます。従来は32ビットなどのパラレルバス方式で伝送していたものが、差動伝送線路方式（**図1**）を使った高速・シリアルバスへと移行しています。1本の信号線で1つの信号を伝える方式をシングルエンド伝送方式、2本の信号線を使って逆位相の信号を与えて1つの信号を伝える方式を差動伝送方式と呼びます。差動伝送は低振幅で高速化することができ、外来ノイズに強いという特徴を備えています。

図2は信号を正確に伝送するための条件をまとめたもので、大きく分類すると「材料」と「基板設計」になります。基板設計の知識・技術で改善が期待できる項目が多くあります。信号の周波数が50MHzを超えたあたりからは特性インピーダンス整合を行い、反射、遅延、スキュー、クロストークを考慮した設計を心がけます。信号の周波数が500MHzを超えたあたりからは、導体損失による信号の減衰に考慮した設計が必要となります。具体的には、配線長を短くしたり、配線幅を太くしたり、表皮効果による損失に考慮します。損失とは、穴の空いたパイプに水を流すようなもの（**図3**ⓐ）です。この特性を現す指標として、Sパラメータ（図3ⓑ）が使われ、電磁界解析ツールでその特性のシミュレーション、評価・改善案検討を行います。

一般的に1GHzを超えると抵抗損失より誘電損失の影響が大きくなります。この場合、損失を小さくするためには配線長を短くしたり、ビアスタブによる反射の影響をなくしたり、比誘電率や誘電正接の小さい基板材料を選択します。基板材料の変更は、基板の材料コストや信頼性に影響するため、基板設計による改善でどうしても目標に達成できない場合の、最後の選択肢として考えるのが望ましいです。

要点BOX

- 基板内の信号伝送の高速化でノイズに強い差動伝送線路方式が使われている
- 基板設計の改善で伝送損失の低減をめざす

図1　差動伝送線路方式

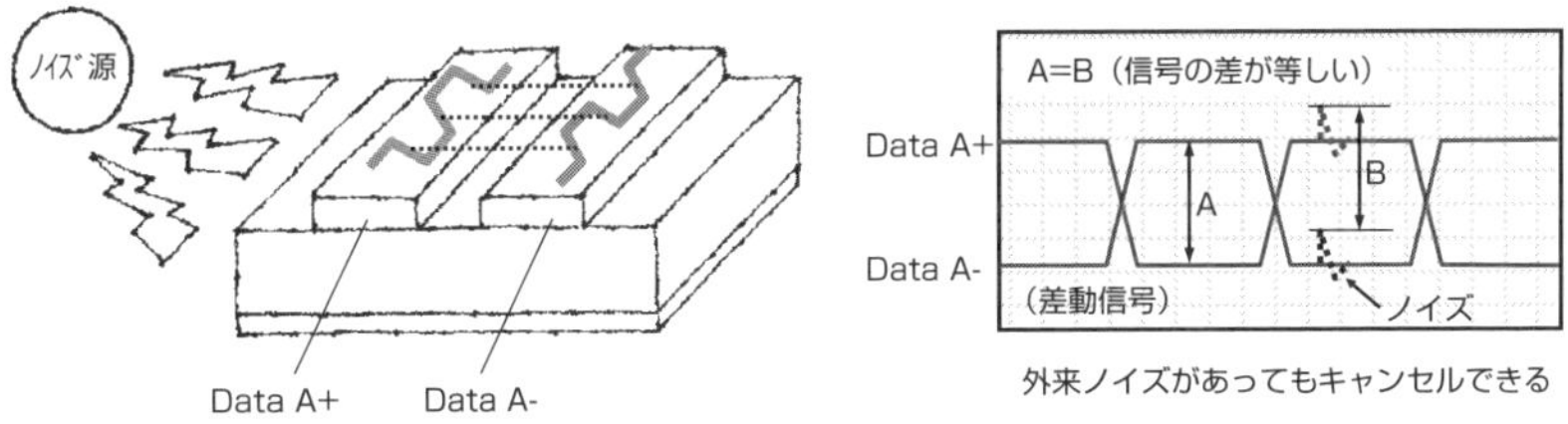

外来ノイズがあってもキャンセルできる

図2　信号を正確に伝送するための条件

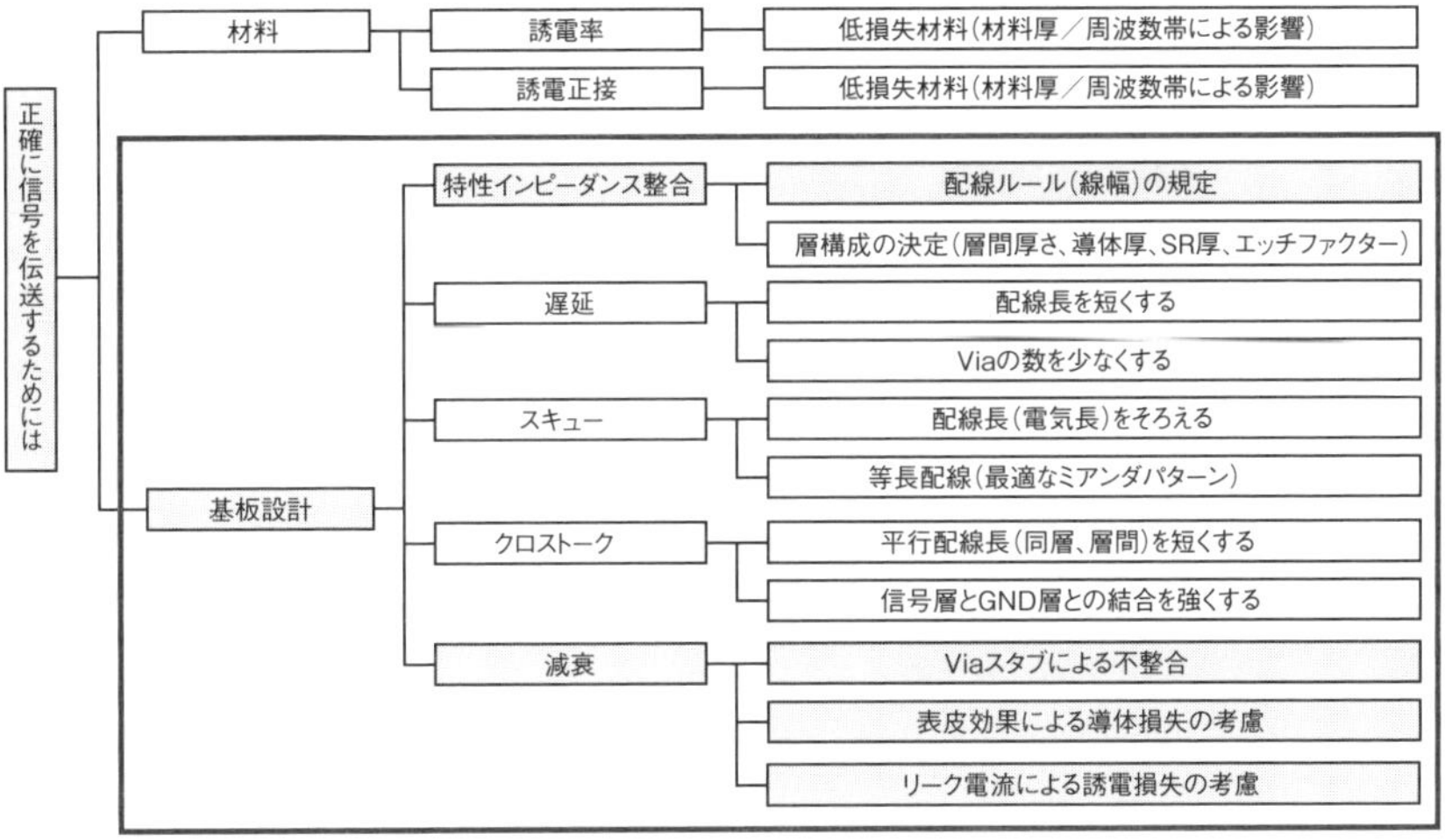

プリント配線板の設計技術で対応可能な項目

図3　Sパラメータ

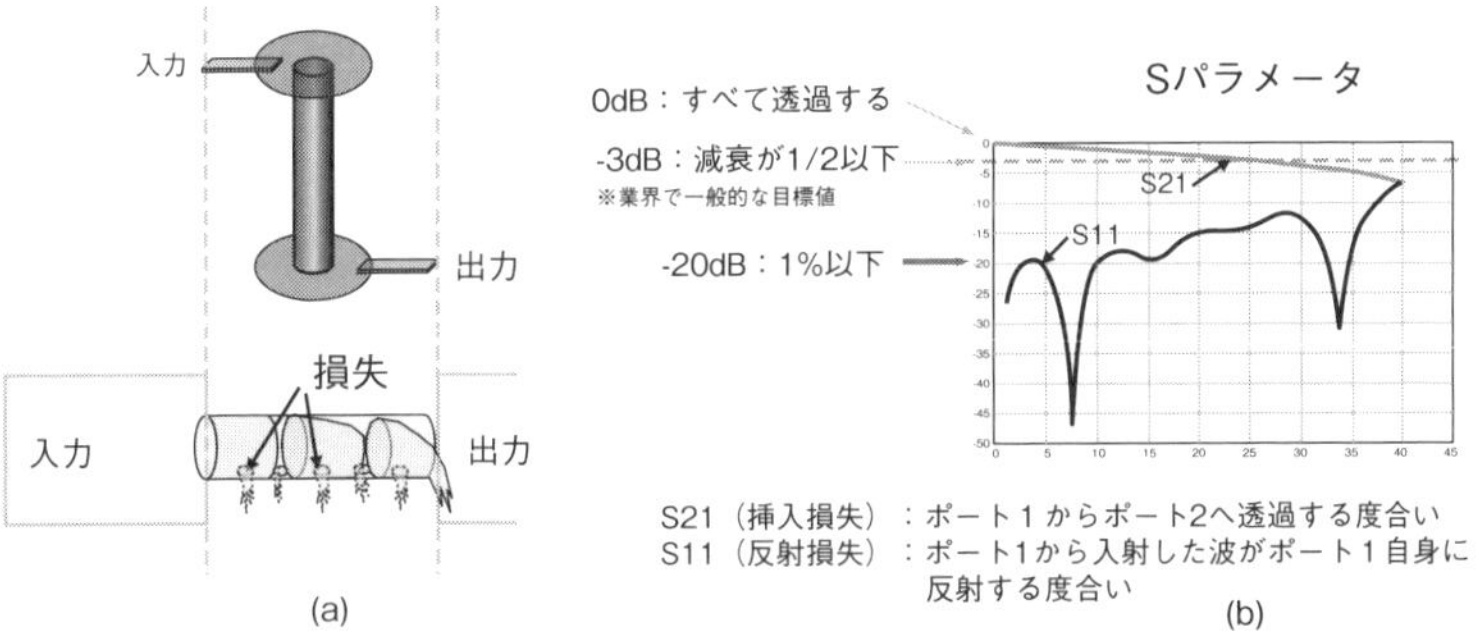

S21（挿入損失）：ポート１からポート2へ透過する度合い
S11（反射損失）：ポート1から入射した波がポート１自身に反射する度合い
(b)

Sパラメータとは、信号線路に入力したエネルギーの反射や透過を示したものです。損失が大きい場合、穴のあいたパイプに水を流すようなイメージとなります。

38 基板設計のツール

CAD／CAMツールと基板設計

図1は一般的なパッケージ基板／プリント配線板の設計工程フローです。基板設計者は、基板外形図、回路図、部品リスト、個別要求仕様書、さまざまな設計基準書を入力情報として、製造仕様を加味して仕様検討を行い、要求仕様を満足するように部品配置・配線を行い、基板製造や部品実装に必要な各種データを出力します。

基板設計用CADツールとしては、回路図入力ツール、レイアウト設計ツール、製造設計ツールが該当します(図2)。同じEDAベンダーのツールを使えば、相互にデータのやり取りが可能ですが、異なる場合にはせっかく入力した情報が欠落してしまうことがあるため、ツール選定は慎重に行う必要があります。なお、設計を始めるには使用する電子部品の情報を入力したCADライブラリが必要です。このライブラリを部門間、全社、または協力会社間で共有し、効率的な設計環境を構築する必要があります。また近年では基板設計と並行して、CAEを使ったシミュレーションを行うことが多くなっているため、CAEツールとのデータインターフェイス(図3)が重要です。単なる形状のみを渡すだけでなく、CADで設定したパラメータ値を欠落させないことで、CAEツールでの作業効率が上がります。

基板設計が完了したら、最後はCAMと呼ばれる製造設計ツールにデータが渡されます。ここでは基板製造に必要なパネルへの面付作業、線幅補正、寸法補正などを行います。製造設計は基板製造会社に所属するため、基板設計会社とは別の会社で実施することが多く、CAD／CAMでツールが異なることがあります。この場合、基板設計データを図柄表現フォーマットであるガーバーと呼ばれるデータで渡します。この場合、接続情報などが欠落してしまうので、最近では、ODB++やIPC2581(DPMX)といった新しいフォーマットが注目されています。

要点BOX

- ●基板設計には専用のCADツールがある
- ●基板設計と並行してCAEによるシミュレーションが行われる

図1　一般的なパッケージ基板／プリント配線板の設計工程フロー

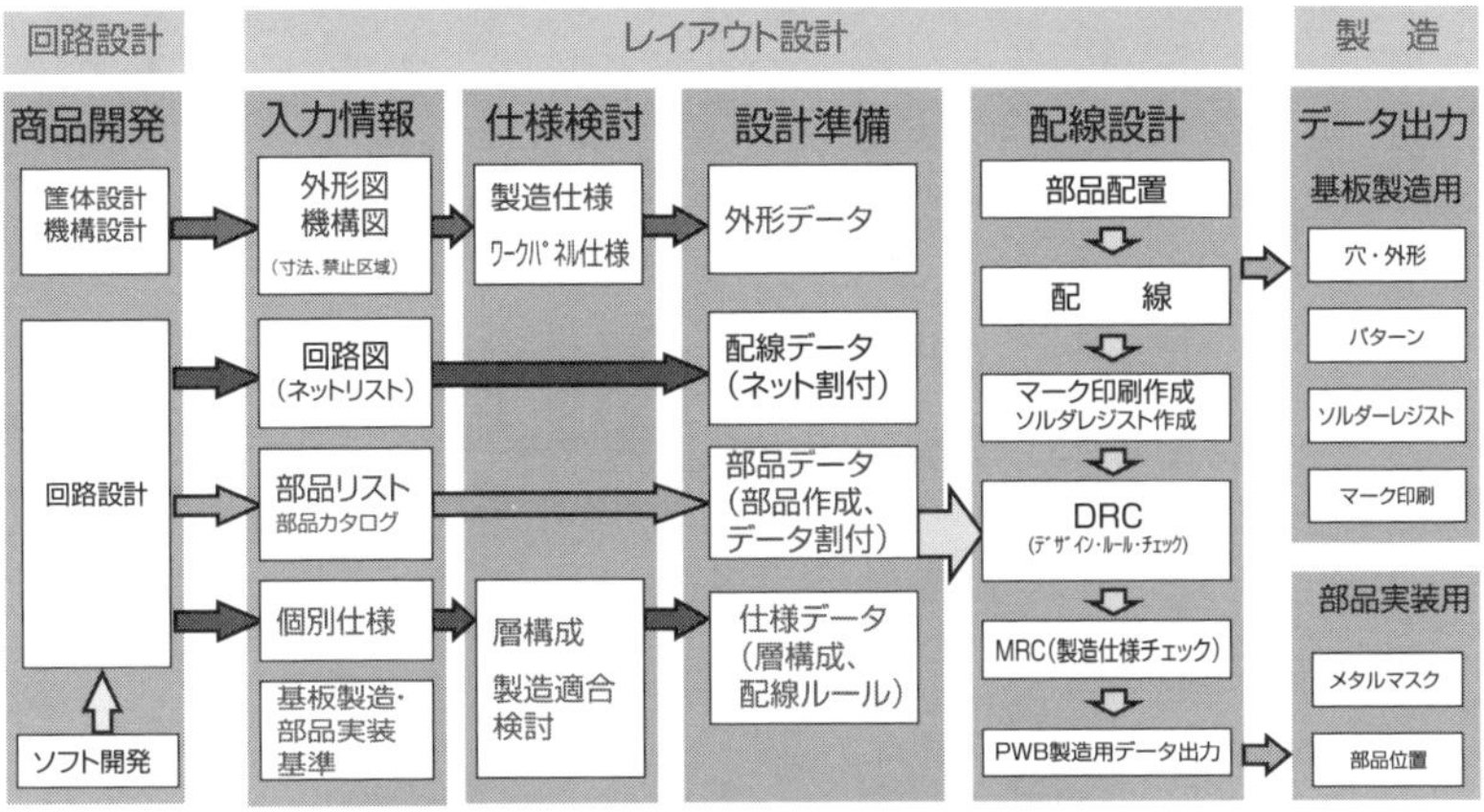

図2　基板設計用CADツール

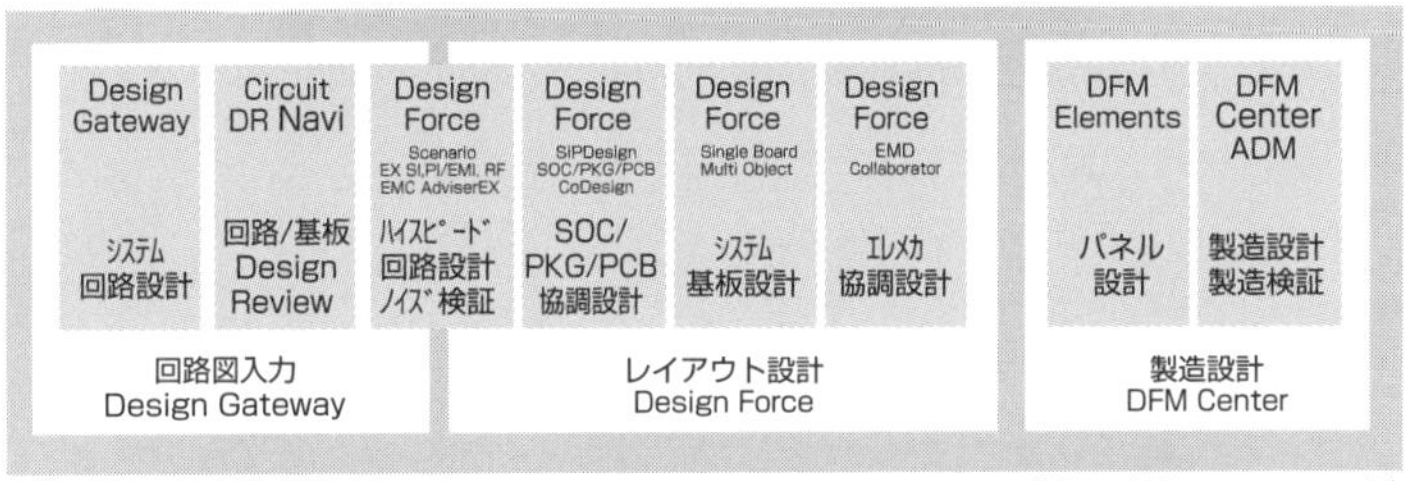

CR-8000 Series　　(株)図研提供　CR-8000の例)

図3　CADとCAEのインターフェイス

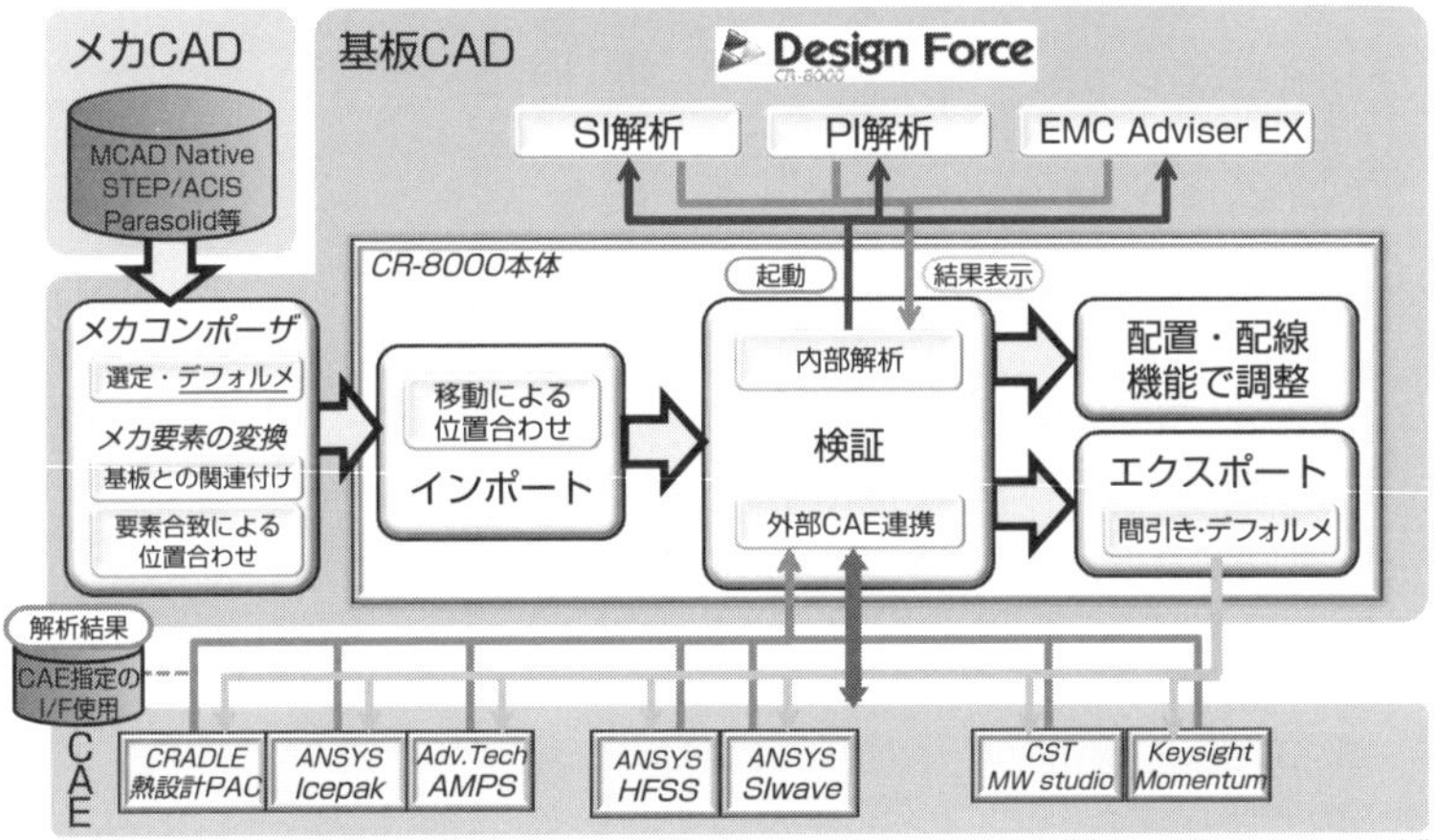

(株)図研提供　CR-8000 の例)

39 電気特性シミュレーション

CAEツールで設計段階での電気特性を検証

パッケージ基板は、搭載するLSIとプリント配線板とをつなぐ重要な部品であるため、電気特性を悪化させない設計をすることが重要です。具体的には、反射の少ない信号線、放射ノイズを出さない・外来ノイズの影響を受けて誤動作しにくい信号線、安定した電源／グランドのベタ面です。近年これらの設計・検証をするひとつの手段として、シミュレーションを実施することが多くなっています。

シミュレーションとは、基板製造する前の段階で、実際にオシロスコープを使って信号波形を観測したような結果を得るものです。CAEと呼ばれる専用のツールと、**図1**(a)に示した入力情報、具体的には基板設計データ、IBISモデルと呼ばれるLSIの電気特性を記述した電気特性モデル、材料特性、制約条件などが必要です。図1(b)で得られた信号波形では、オーバーシュート、アンダーシュート、リンギングと呼ばれる反射の影響を確認します。さらにLSIの要求のスペック、またはインターフェイス規格などで定められたスペックを満たしているかを確認し、機器が問題なく動作するかを確認します。もし問題があれば、回路部品の追加・定数変更、基板の配置・配線による配線長の見直し、場合によっては基板層構成やデバイスの見直しなどを行います。また図1(c)のように電源のインピーダンス解析を行い、電源／グランドのベタ面が十分な線幅で設計されているか、部分的なボトルネックがないかなどを確認します。**図2**(a)はパッケージ基板において、電源バイパスキャパシタの配置位置による電源インピーダンスの解析用モデルで、図2(b)はその結果です。グラフからわかるように、バイパスキャパシタはLSIの近くに配置するのが良い結果となります。設計において多くの項目はトレードオフの関係にあり、要求仕様、電気特性、材料や製造性などコストも考慮して対策をすることが重要です。

要点BOX

- ●基板製造の前にCAEツールで設計検証を行う
- ●問題があればコストも考慮して設計を見直す

図1　電気特性シミュレーション

シミュレーションに必要な入力情報をもとに、システムが問題なく動作する条件を確認します。基板設計に関する様々な条件を考慮して、トレードオフを考慮しながら最適な結果を見つけます。

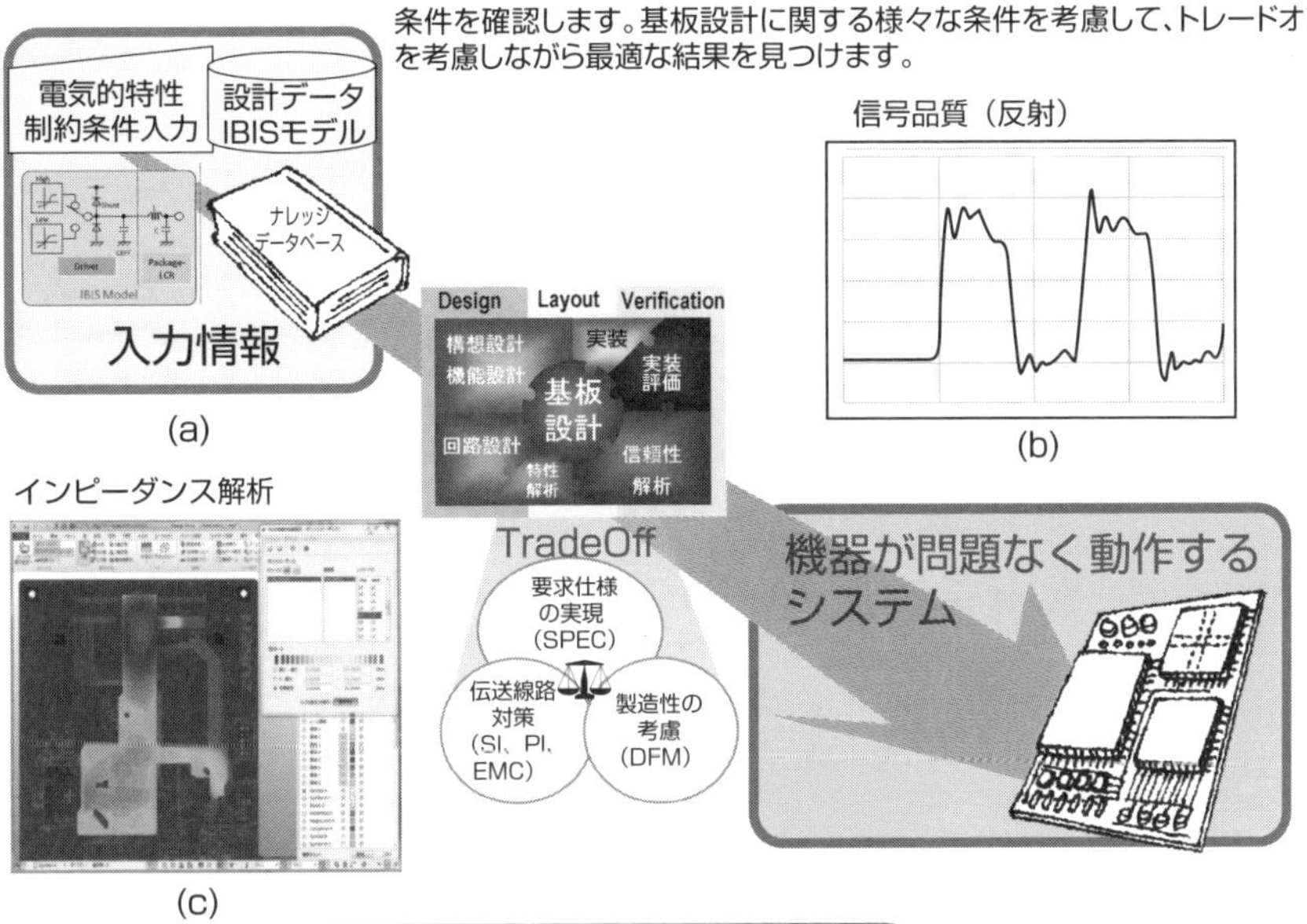

図2　電源インピーダンス解析の例

バイパスキャパシタの配置位置を、プリント配線板の裏面(A)、パッケージ基板の裏面(B)、パッケージ基板内蔵(C)と比較した結果の簡略図

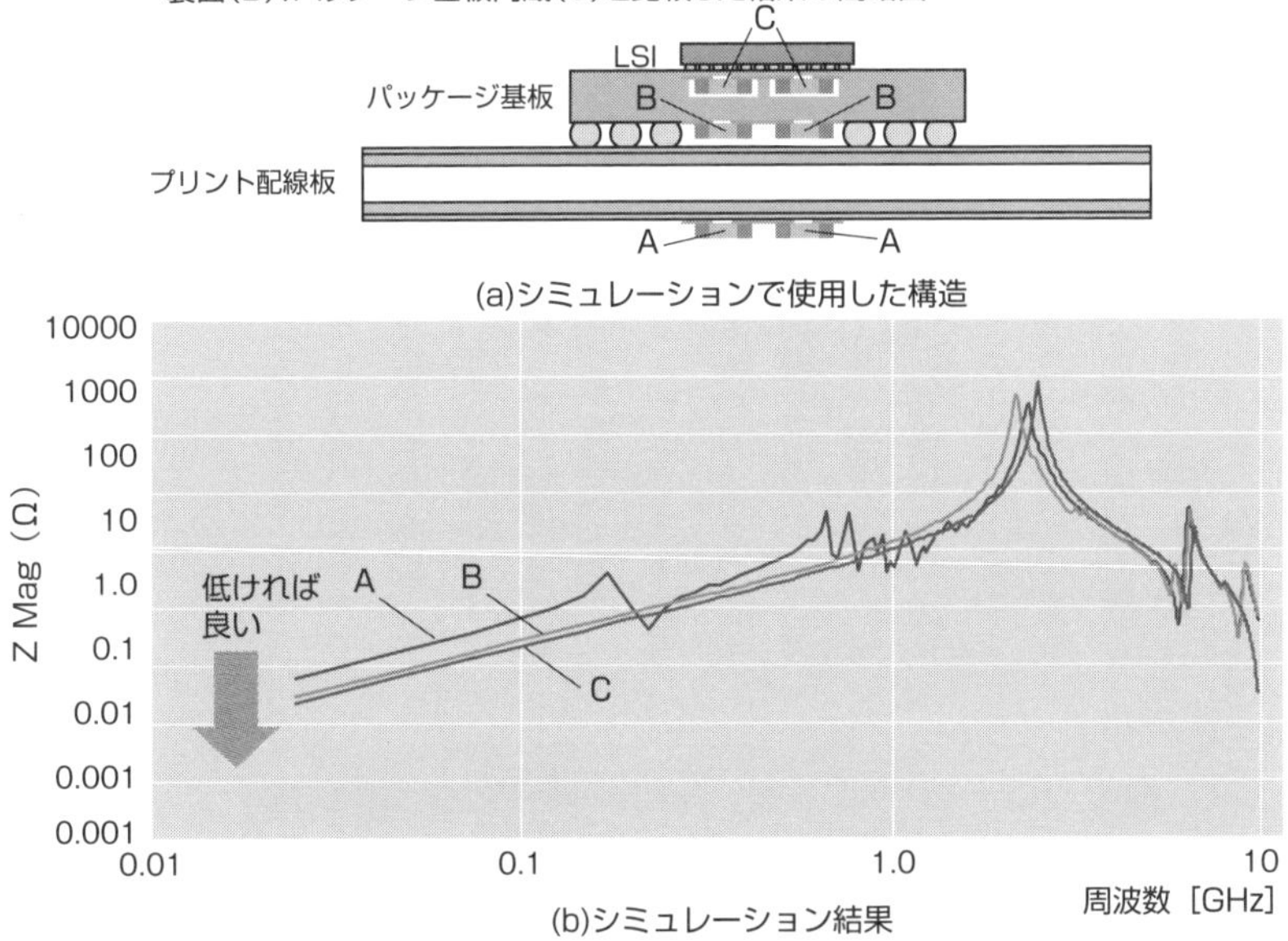

(a)シミュレーションで使用した構造

(b)シミュレーション結果

40 機械・物理系シミュレーション

熱や反り・はんだボールストレスなどを解析するメカニカルCAE

パッケージ基板は、LSIを搭載する精密な部品であるため、基板の反りによる実装不良、LSIの発熱による誤動作、基板の長期信頼性など、設計時に配慮すべき課題が多くあります。これらの課題を解決するためには、過去の経験やノウハウも重要ですがそれだけでは判断が難しいため、多くの場合シミュレーションの結果を参考に設計します。

機械・物理系シミュレーションには、メカニカルCAEと呼ばれるツールと、**図1**(a)に示した入力情報、具体的には構造データ、物理的な特性を示す縦弾性係数(ヤング率)・ポアソン比・熱膨張係数、制約条件などが必要です。図1(b)は熱解析の結果で、LSIが所定の動作条件で駆動した時の発熱による温度分布を知ることができます。この結果とLSIの動作温度範囲を比較し、マージンが少ないようであれば基板の設計を変更するとか、ヒートシンクを取り付けるなどの放熱対策を実施します。図1(c)は基板の反り解析、図1(d)は、はんだボールへのストレス解析の結果です。搭載するLSIの大きさや厚さ、接着材やモールド樹脂、基板配線の表裏非対称性などで反りが起こり、ストレスが大きくなります。シミュレーションの結果を参考に、材料や厚さ、基板配線の形状などを最適化することが重要です。

シミュレーションには高速なコンピュータを使用しますが、それでも膨大な時間がかかります。この場合、結果に対する影響が小さい部分をみつけ、モデルの簡易化を行うことが有効です。**図2**(a)は、はんだボールの球形を円柱や八角柱に簡易化した例、図2(b)は配線の形状を直線近似した例です。このように簡易化することで解析時間を数十分の一にすることができるため、多くの条件で比較検討が可能となります。シミュレーションは設計の方向性を見つけるものなので、精度も重要ですが、多くの条件の中から最適な設計条件を見つけることが重要です。

要点BOX

- ●反りによる実装不良、長期信頼性のチェックなどの確認もシミュレーションで行う
- ●モデルの簡易化で解析時間を短縮できる

図1 機械・物理系シミュレーション

シミュレーションに必要な入力情報をもとに、信頼性の高いシステム構造かを確認します。モノづくりに関する様々な条件とトレードオフを考慮して最適な結果を見つけます。

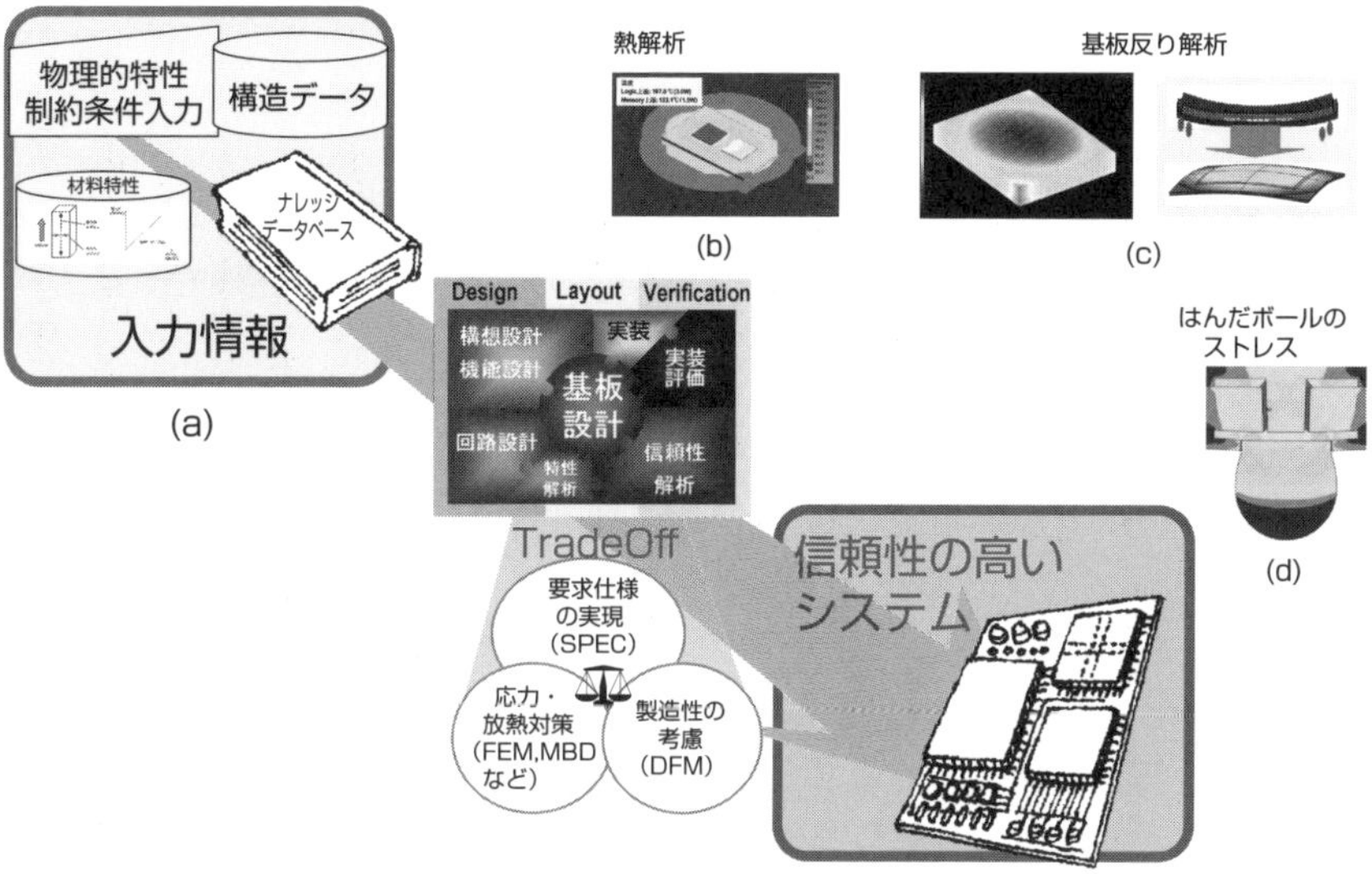

図2 シミュレーションモデルの簡易化の例

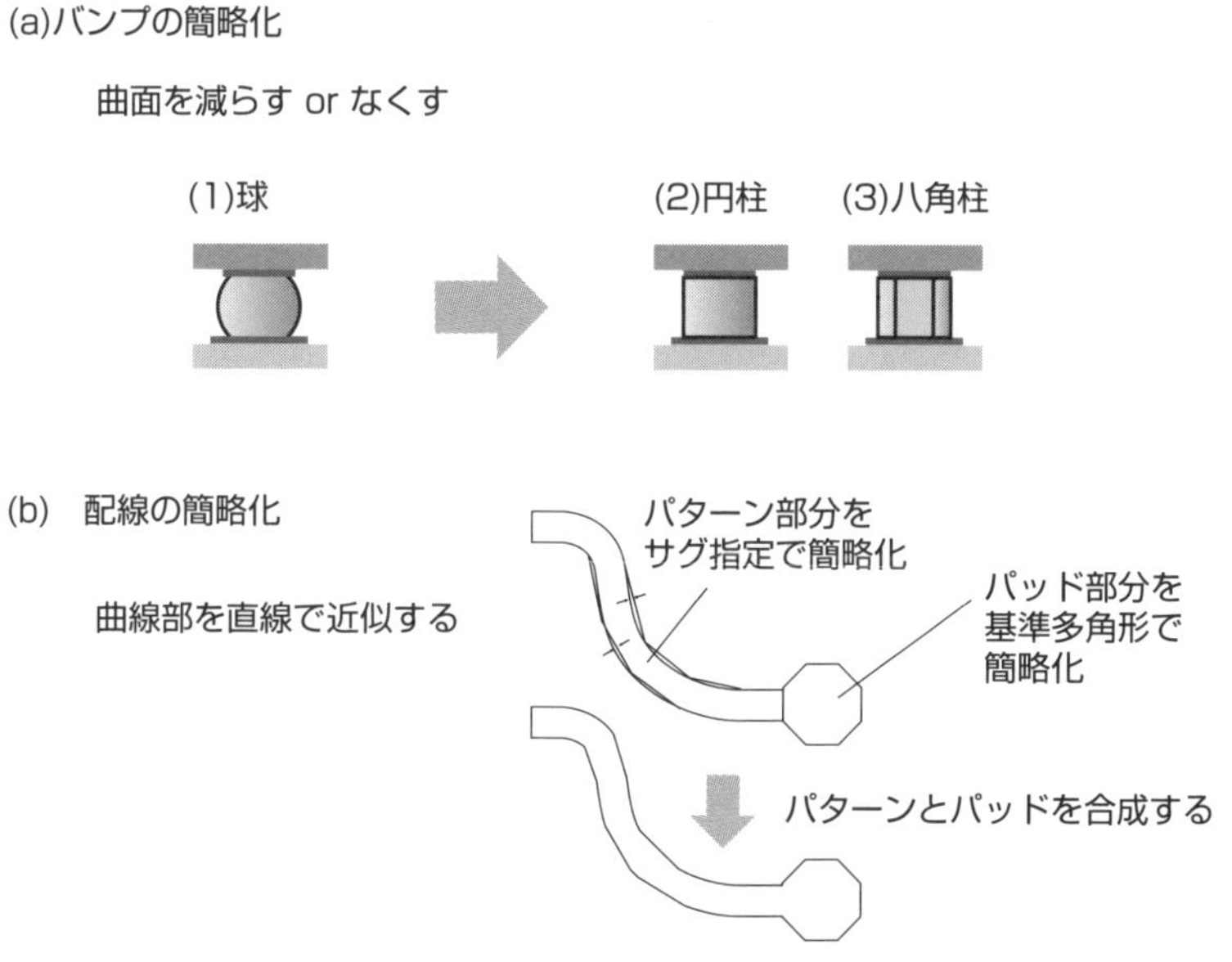

Column

記憶媒体の進化

　市販されているほとんどの電子機器には、プリント配線板が使われています。その多くは電源基板として使われている片面板かもしれません。昭和時代の電子機器、特にテレビやラジオは「調子が悪いと叩いて直す」そんなシーンを見かけたことがあるかもしれません。街の電気屋さんは、故障した電子機器の蓋を開けて、回路図を参考に基板を修理していた時代もありました。

　筆者も子供の頃からいわゆる機械モノが好きで、家庭で買った電子機器はまず蓋を開けて中を眺めていた記憶があります。また、当時は故障して廃棄するいわゆる粗大ごみの修理をしたり、欲しい部品、例えば真空管やスピーカーの永久磁石などを取り外したり、木製の筐体は中身を取り出して本棚に改造したりしていました。そんな経験からか、今でも壊れた電子機器は必ず分解して修理しようとしてみたり、再利用できそうな部材は取り外して保管していたり、家の中には一般的にはごみに近いものがたくさんあります。

　写真は、自宅にまだ保管してあるここ30年くらいで使われていた主要な電子記憶媒体です。下は今ではみかけない５・２５インチのハードディスクドライブ（以下、HDD）、中央左は今でも現役の３・５インチHDD、上は２・５インチHDD、他には１・８インチHDD、PCカード型HDD、１・０インチマイクロドライブ、幻の１・３インチHDDや世界最小の東芝製0・85インチHDDも記念に保有しています。右上はマイクロSDカードで、平成初期のHDDと比較すると容量は１００倍、体積が３０００分の１くらいであり、単位体積あたりの記憶容量は30万倍くらいと技術の進化に驚きます。このように、電子機器を分解・観察することで実装技術の変化や技術的な工夫を目で見て感じることができるので、分解してみることをお勧めします。

　ファブレス会社による設計、EMSによる製造という役割分担が進んでいる現在、製造工程や実物を見られないエンジニアが増えています。機会があれば製造工程の見学をし、設計基準がどのような理由でできたのか、なぜそうなっているのかを知ることで、より効率の良い設計ができるようになるかも知れません。

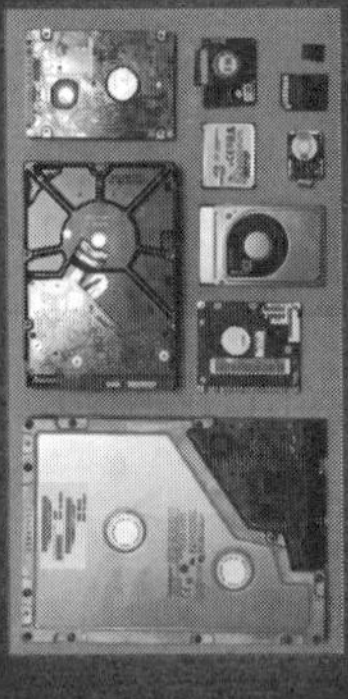

第6章

革新する実装基板製造技術

41 プリント配線板の製造法総括①

多層基板のめっきスルーホール法

プリント配線板は導体と絶縁体からなる単純なものですが、それを作るプロセスは意外に複雑です。最近、使用が多くなっている多層プリント配線板を中心に説明します。

プリント配線板は面方向に導体配線を行い、層間をビアで接続します。面の導体は銅で作製します。ビアは銅めっきや導電ペーストで作られますが、多くの場合めっきを用いています。

図1はめっきスルーホール法でのプリント配線板の断面です。導体配線は内外層の面方向に形成し、その間を接続するビアは板に穴をあけ、めっきにより行います。この方法では穴は板を貫通するものになり、接続が不要な部分にもめっきが析出します。

多層プリント配線板を作る製造プロセスを図2に示しました。製造用のデータやマスクを準備するために、システムにより部品の配置や配線設計を行い、製造用のデータ等を作成します。

プリント配線板の出発材料は銅張積層板で、はじめに内層の作製を行い、これを接着シートであるプリプレグと編成をし、加熱加圧を行って一体化、内部に配線を持った積層体とします。内層の配線と接続するために穴をあけ、穴壁にめっきを行います。この時、めっき後に外層パターンを作製しますので、面上のめっきを同時に行います。はじめに絶縁体表面の導通化をするために無電解銅めっきを行い、次いで必要な厚さの電解銅めっきを行います。このめっき法にはパネルめっき法とパターンめっき法があります。めっき後外層の導体パターンを作製し、プリント配線板としての接続が完成します。この後、導体を保護し、必要な部分にはんだを付けるために、ソルダーレジストを形成し、外形加工、洗浄、検査を経て完成品となり、部品実装工程へ供給されます。

要点BOX

- ●多層プリント配線板では主にめっきスルーホール法が使われている
- ●めっきスルーホールでは接続不要なスタブができる

図1　めっきスルーホールプリント配線板の構造

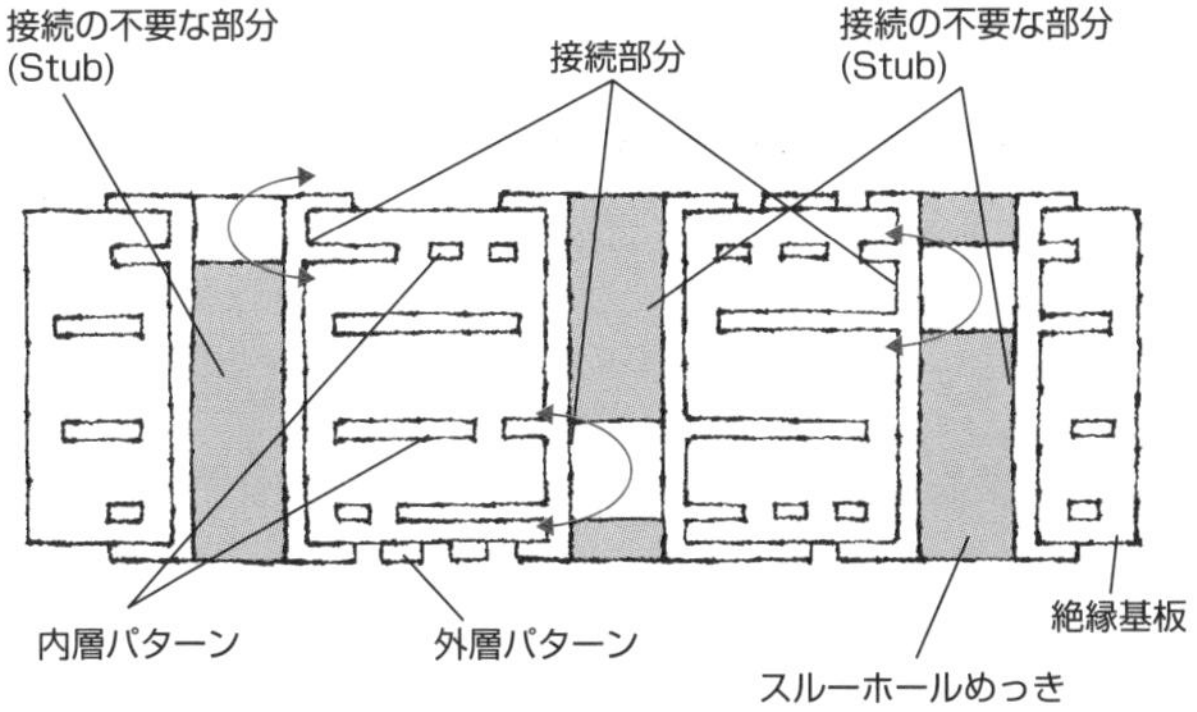
接続の不要な部分
(Stub)
接続部分
接続の不要な部分
(Stub)
内層パターン
外層パターン
絶縁基板
スルーホールめっき

図2　めっきスルーホールプリント配線板の製造プロセス

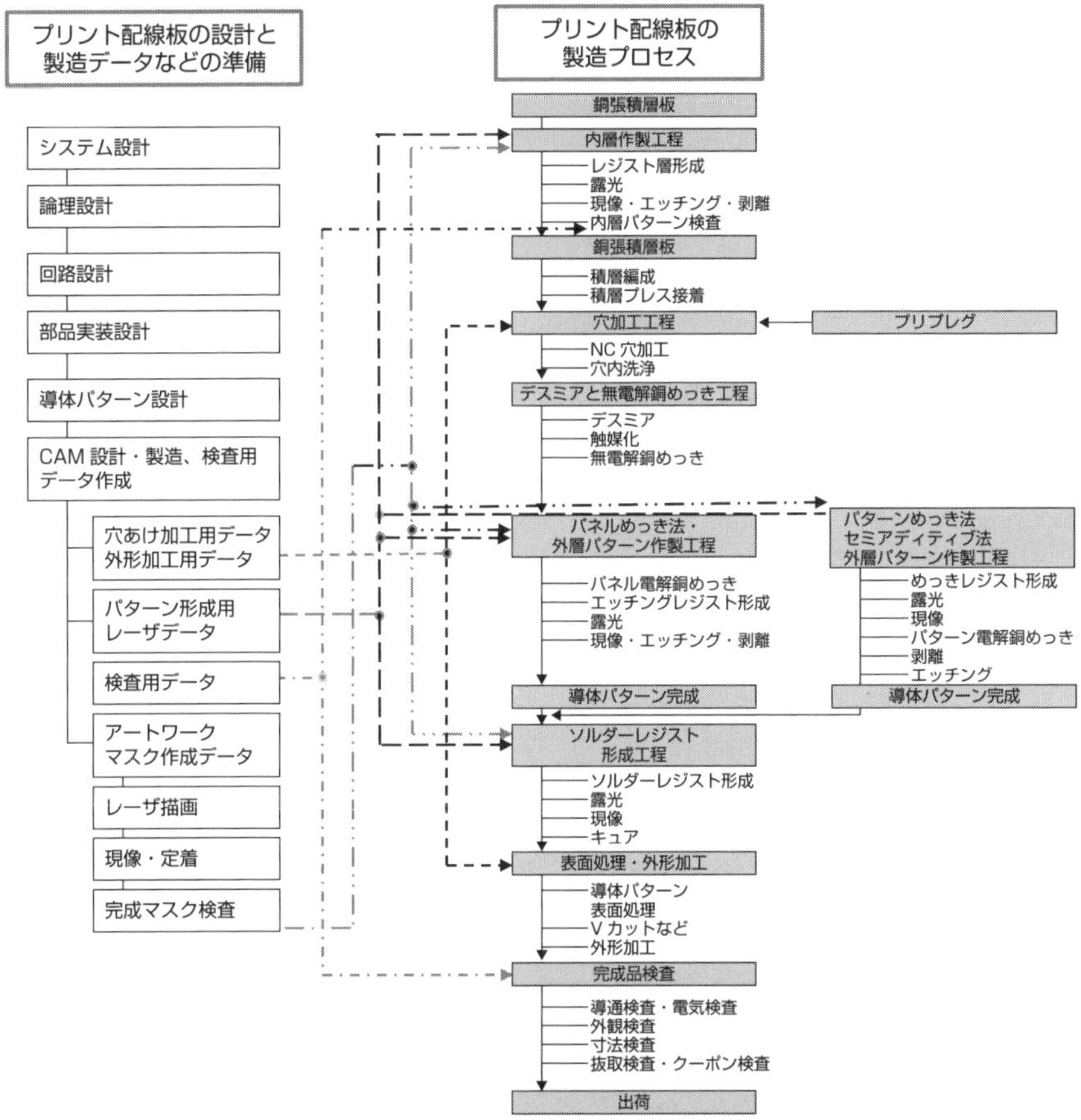
プリント配線板の設計と製造データなどの準備
システム設計
論理設計
回路設計
部品実装設計
導体パターン設計
CAM 設計・製造、検査用データ作成
穴あけ加工用データ
外形加工用データ
パターン形成用
レーザデータ
検査用データ
アートワーク
マスク作成データ
レーザ描画
現像・定着
完成マスク検査
プリント配線板の製造プロセス
銅張積層板
内層作製工程
レジスト層形成
露光
現像・エッチング・剥離
内層パターン検査
銅張積層板
積層編成
積層プレス接着
穴加工工程
プリプレグ
NC 穴加工
穴内洗浄
デスミアと無電解銅めっき工程
デスミア
触媒化
無電解銅めっき
パネルめっき法・
外層パターン作製工程
パネル電解銅めっき
エッチングレジスト形成
露光
現像・エッチング・剥離
導体パターン完成
パターンめっき法
セミアディティブ法
外層パターン作製工程
めっきレジスト形成
露光
現像
パターン電解銅めっき
剥離
エッチング
導体パターン完成
ソルダーレジスト
形成工程
ソルダーレジスト形成
露光
現像
キュア
表面処理・外形加工
導体パターン
表面処理
V カットなど
外形加工
完成品検査
導通検査・電気検査
外観検査
寸法検査
抜取検査・クーポン検査
出荷

42 プリント配線板の製造法総括②

ビルドアッププロセス

多層プリント配線板をビルドアップ法で作製するには、コア基板上に絶縁層と導体層を順に積み、多層化します。その断面の模式図を**図1**に示しました。**図2**にビルドアップ多層プリント配線板の断面写真を示しました。

図3にビルドアップ法による多層プリント配線板のプロセスを示しました。ここで用いる絶縁材料は、液状またはフィルム状のものを、めっきスルーホール法で作製されたコア基板にコーティングまたは熱圧着させます。場合によって、薄葉状の銅張積層板、あるいは接着材料と銅箔を組合せることもあります。

この絶縁層に下層の導体パターンと接続する穴をあけます。この穴をビアと言います。導体層が比較的薄いので微小径の穴でよく、赤外線、または紫外線レーザを用います。この穴壁を含め無電解銅めっきでシード層を形成、さらに電解銅めっきで必要な厚さの導体を形成します。その後、導体パターンを形成し、プリント配線板の配線が完成します。

ここまでの工程はめっきスルーホールプロセスの外層作製工程と同じで、絶縁層をこの上に適用することで内層になります。めっきとパターン作製の方法には、同じようにパターンめっき法とパネルめっき法があります。ビルドアッププロセスでも、コア基板作製の基本はめっきスルーホール法になります。

ビルドアップ法は微小径の穴で接続する微細パターンを作製できるので、絶縁樹脂を高度化してベアチップを搭載するパッケージ基板、インターポーザと言われる基板として利用されています。しかし、ファイン化に当たって、プロセス条件、材料、装置、製造環境などの開発や整備が必要でした。そのため、１９９０年頃より注目されたものの、約10年かかって実用化の域になり、多くの方面で適用されるようになりました。現在でも多くのバリエーションがあり、変化しています。

要点BOX
- ●コア基板に絶縁・導体層を順次積層
- ●多くのパッケージ基板にビルドアップ法が使われる

図1　ビルドアッププロセスによる多層プリント配線板の模式図

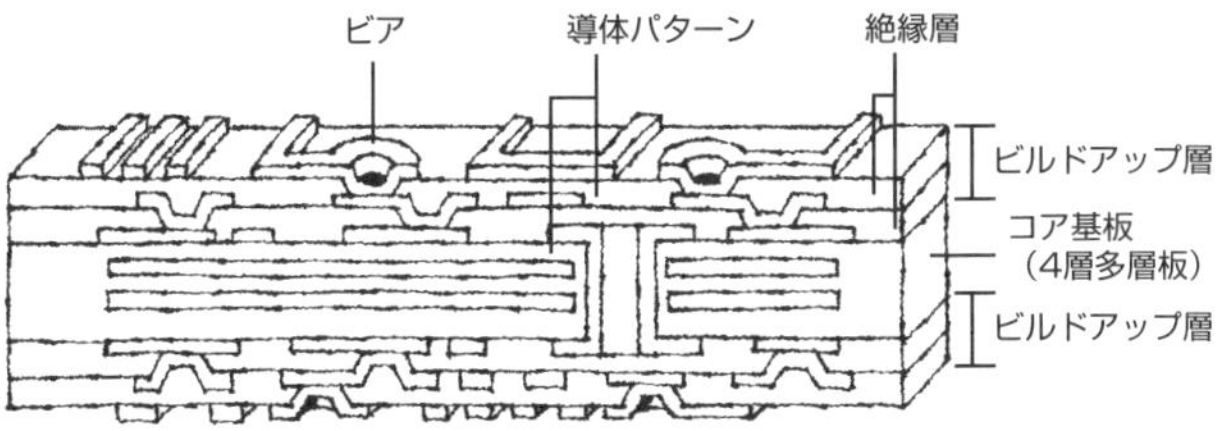

図2　ビルドアッププロセスによる多層プリント配線板の断面の例

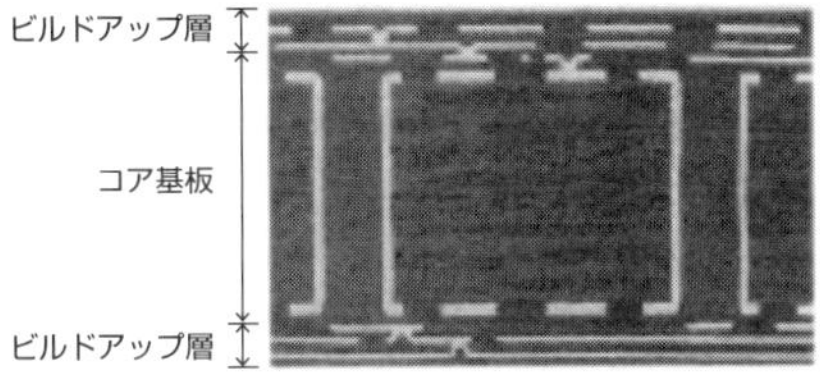

図3　ビルドアップ法による多層プリント配線板のプロセス

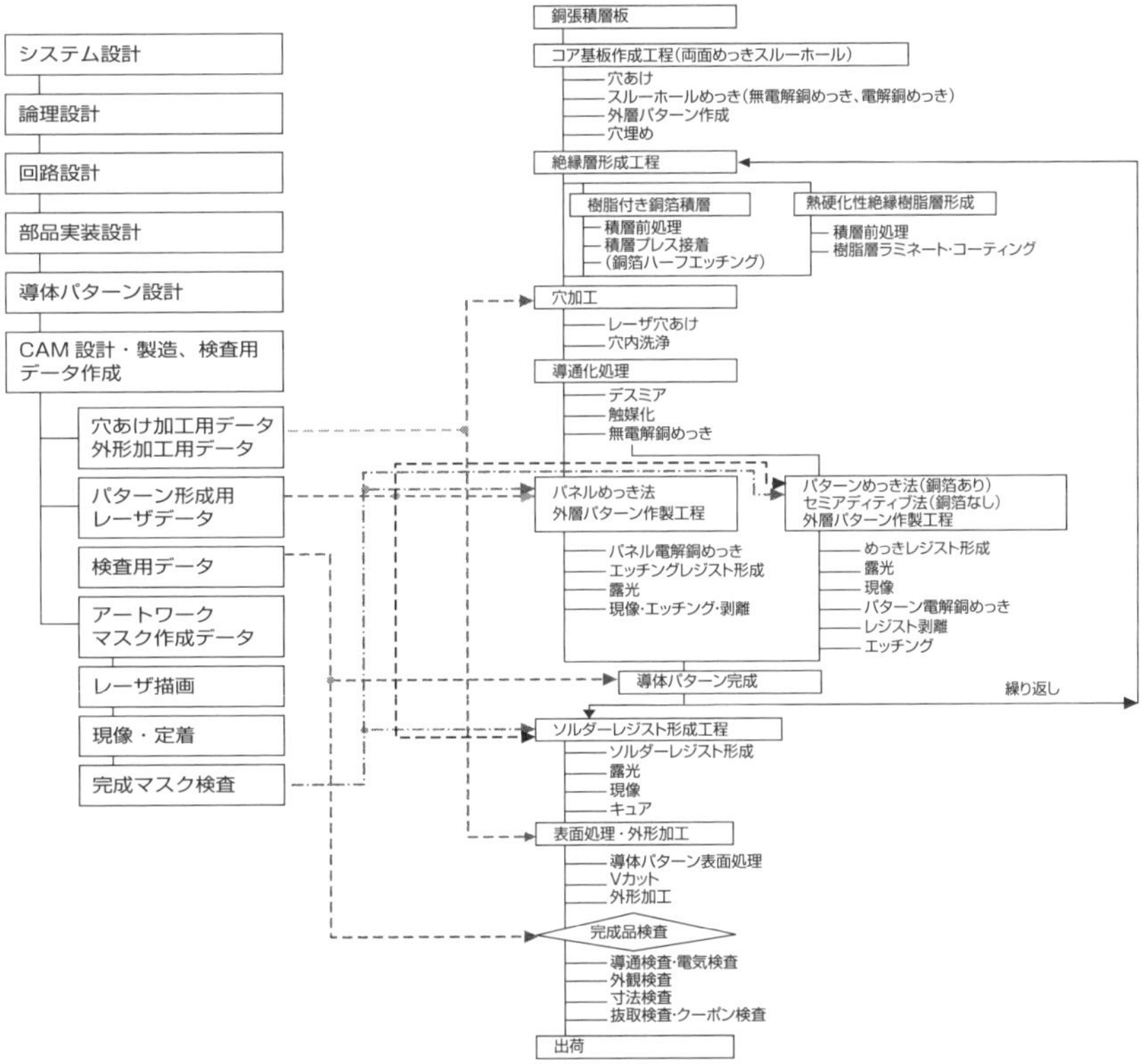

43 パネルめっき法とパターンめっき法

プリント配線板のパターン形成

めっき法によるプリント配線板の外層パターン形成にはパネルめっき法とパターンめっき法があり、ビア形成と連続した工程として行います。

図1はパネルめっき法のプロセスで、無電解銅めっきの終了後、パネル全面に電解銅めっきを行い、その後エッチングレジストパターンを形成、エッチングを行って回路パターンを作製します。**図2**は導体パターンのエッチング状況で、エッチングレジストはパネル表面に形成され、この開口部の銅がエッチングされていきます。このため、導体側面はエッチング過多の状況になり、寸法が不安定になります。このサイドエッチングはエッチング条件で異なり、パターンの変動が起こりやすくなります。最近はサイドエッチングの少ないエッチング法も開発されていますが、導体厚の薄いものにはこの方法が適用されています。

図3はパターンめっき法のプロセスです。無電解銅めっき層の形成後、めっき用ドライフィルムレジストでめっきパターンを形成し、レジストの開口部に露出したシード層上に電解銅めっきを行い、さらに金属レジストをめっきし、回路パターンを作製する方法です。**図4**は形成過程のめっきの状態ですが、レジストパターンで回路の導体幅が規定され、また、めっきレジストを剥離後に行うエッチングの厚さが小さいので、精度の良いパターン形成が可能となります。このパターンめっきプロセスでは、パネルめっきプロセスとレジスト形成工程の順序が逆になっています。

金属レジストはかつてSn-Pb共晶はんだでしたが、現在ではSnを用いています。その後、めっきレジスト剥離、エッチング、金属レジスト剥離となります。金属レジストは、アンモニアアルカリ性液による銅エッチングのレジストとなります。シード層の薄いものはクイックエッチングで除去します。

要点BOX

- ●プリント配線板の外層形成にはパネルめっき法とパターンめっき法がある
- ●めっき法によってパターン形成の順序が異なる

図1　パネルめっきプロセス

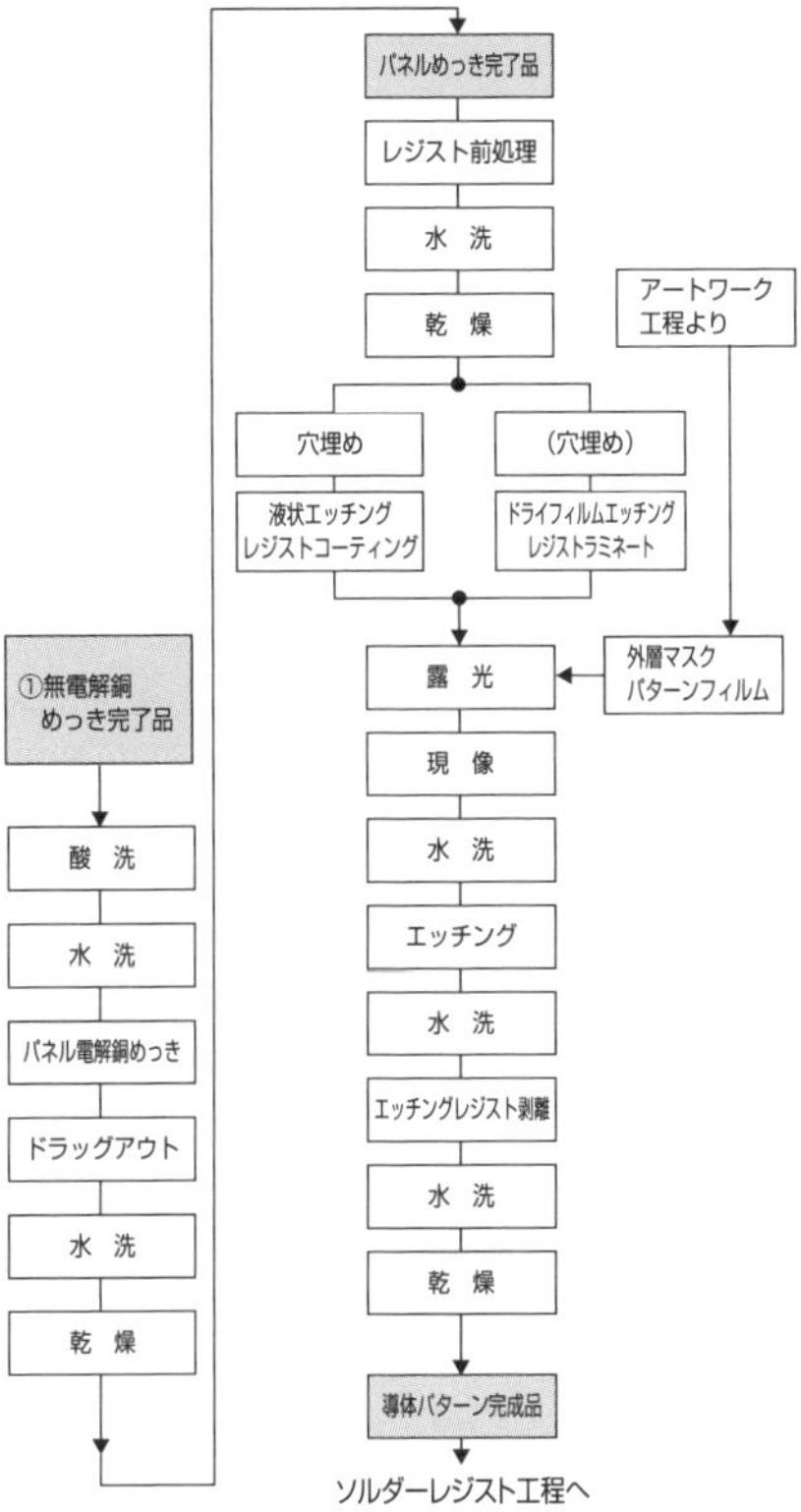

図3　パターンめっきプロセス（プリント配線板）

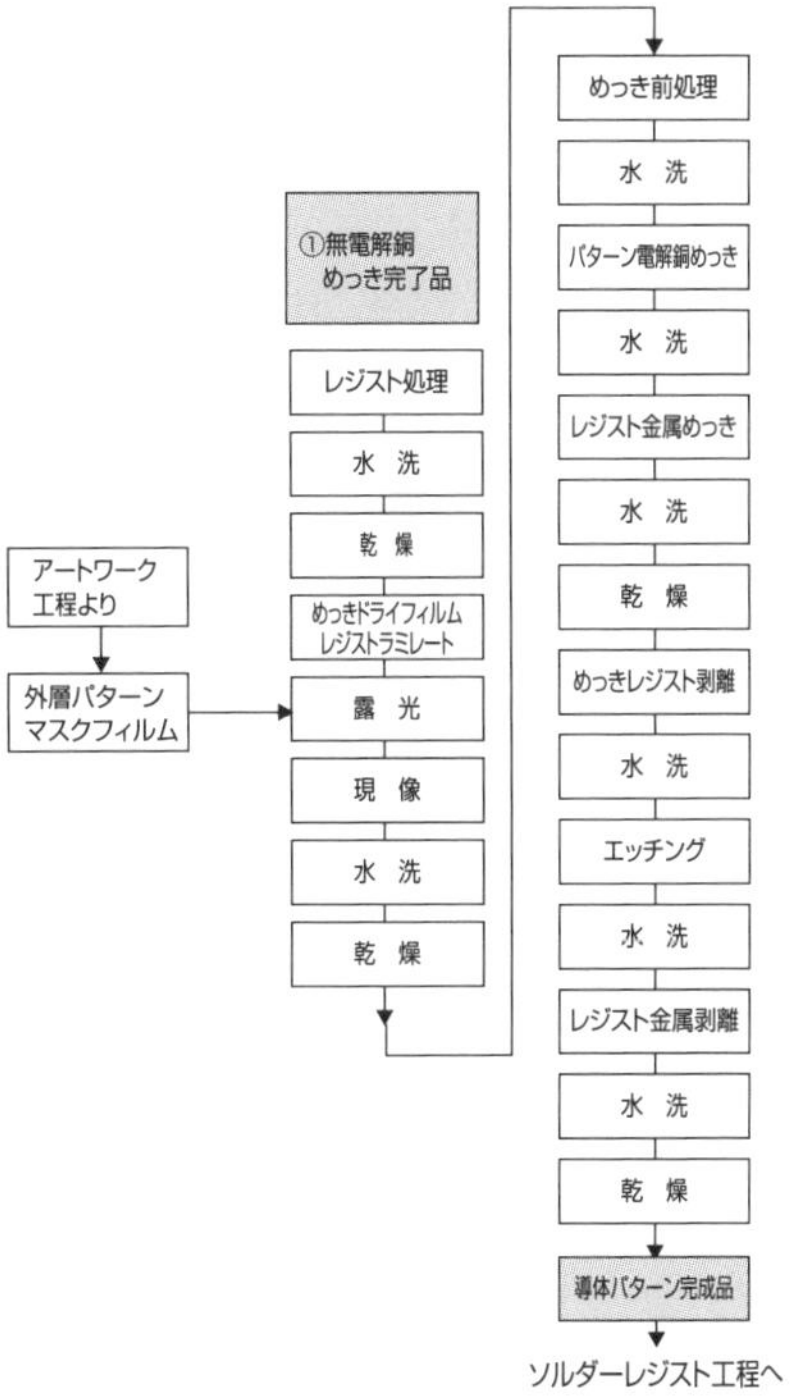

図2　パネルめっき法のエッチングの進行状況

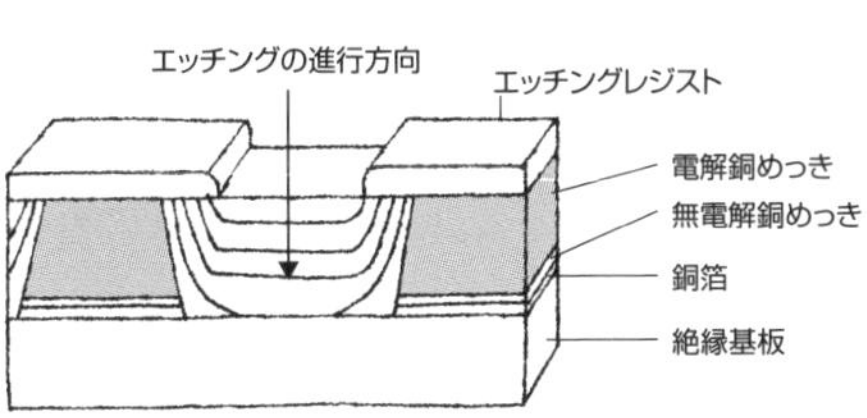

図4　パターンめっき法のめっきの成長状況

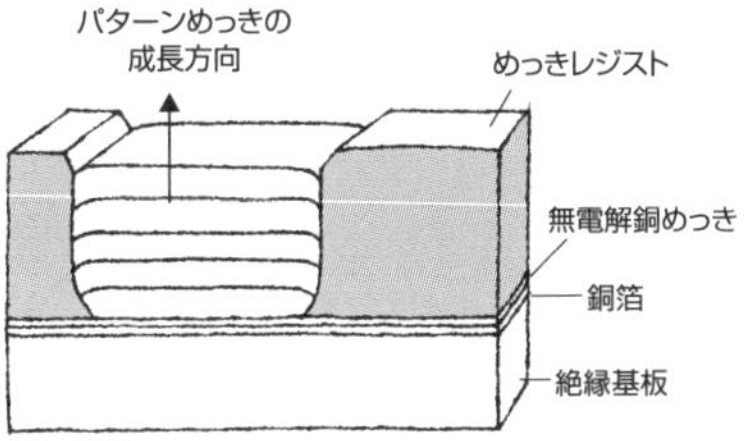

44 外層のめっきとパターン作製法の特徴

外層パターン形成のバリエーション

めっき法による外層パターン形成には前項の通り二つの方法があります。それをさらにシード層形成前の積層板の表面に銅箔があるものとないものに分類しました（**表1**）。前者は工程の最後に銅箔をエッチングして除去するサブトラクティブ法、銅箔の無いものはシード層のみのアディティブ法です。

めっき法ではパネル全面にめっきをするパネルめっき法、パターン部のみにめっきするパターンめっき法があり、表1ではこれらのバリエーションも含め比較して説明しました。

パネルめっきプロセスは無電解銅めっき後パネル全面にめっきを行い、その後、エッチングレジストで導体パターンをエッチングして形成します。パネルめっき後の銅が厚いのでサイドエッチングに細心の注意が必要です。

パターンめっき法は無電解銅めっき後レジスト工程と異なり、めっきはパターン部のみで、パターンはレジストの精度で制御されます。銅箔を薄くすると、精度が向上しますので、3㎛の銅箔を用いるMSAP法では精度が向上します。しかし、最近では3㎛の銅箔でも精度低下を懸念することがあります。

アディティブ法には銅箔がありません。シード層もないのがフルアディティブ法です。しかし、この方法は実用化が難しく、実際に使われている例はわずかです。完全なアディティブ法より外れますが、絶縁面に無電解銅めっきでシード層を作り、パターンめっき法で導体を形成する方法がセミアディティブ法です。シード層のエッチングをするので、「セミ」としています。この方法はサイドエッチングが小さく、高精度なファインパターンの形成に適しています。

セミアディティブ法は半導体パッケージ基板の製造で、**図1**のように再配線層形成に適用され、感光性絶縁層、スパッタシード層、高解像度露光機が用いられています。（16 19項を参照）

要点BOX

- 銅箔の除去が必要なサブトラクティブ法と銅箔がないアディティブ法がある
- SiPの製造でもセミアディティブ法が適用

表1　めっきスルーホール法・ビルドアップ法のめっき法と外層形成法

		サブトラクティブ法			アディティブ法	
方式		パネルめっき法	パターンめっき法(パネルめっきの省略もある)	MSAP法(パターンめっき)	セミアディティブ法	フルアディティブ法
材料		銅張積層板 プリプレグ	銅張積層板 プリプレグ	銅張積層板 プリプレグ	銅箔なし積層板 絶縁性フィルム	銅箔なし積層板
銅箔		あり	あり(できるだけ薄い銅箔)	あり、3μm銅箔使用	なし	なし
プロセスの特徴	シード層形成	無電解銅めっき <1μm	無電解銅めっき <1μm+パネルめっき	無電解銅めっき <1μm	無電解銅めっき <1μm	無電解銅めっき 20〜30μm
	電解銅めっきとその厚さ	必要とするパターン厚さ 通常 15〜35μm	パネル+パターンめっき合計で必要厚さまで (パネル分省略の場合もある) 15〜35μm	極薄銅箔+パターンめっき 合計で必要厚さまで 15〜35μm	無電解めっき+パターンめっき 必要厚さまで 15〜35μm	なし
	パターン形成法	エッチング用レジストで(銅箔+銅めっき)を溶解 エッチング後レジスト剥離	めっきレジスト(有機) →電解銅めっき →金属レジストめっき(Sn)など →有機レジスト剥離 →シード+パネル分の銅エッチング →金属レジスト剥離	めっきレジスト(有機) →電解銅めっき →有機レジスト剥離 →極薄銅箔の銅エッチング	めっきレジスト(有機) →電解銅めっき →有機レジスト剥離 →無電解銅めっきの銅エッチング	無電解銅めっき前に無電解銅めっき用レジスト(永久レジスト) 無電解銅めっきで終了 レジストは剥離せず
完成品の特徴	特長	パネル全面にめっきをするので厚さが均一になる。 めっき工程→パターン形成工程の連続構成可能	めっきレジストパターンで導体幅が規定されるため高精度			
			銅のエッチング量が少ない	銅のエッチング量をより少なくできる 従来のパターンめっき工程で製造可能	シ ド層の銅のエッチング量は特に少ない サイドエッチングが少なく、高精細なパターン形成可能	無電解銅めっきのみでパターン形成のエッチングがない
	欠点	導体のエッチングが表面レジストのみでサイドエッチングの制御が困難 銅のエッチング量が多い	銅エッチング量は比較的多い。銅箔エッチング分のパターン幅の縮小、 金属レジストの下でサイドエッチが多く発生	極薄銅箔エッチング分のパターンの縮小、多少のサイドエッチングが発生 極薄銅箔のコストが高い	銅のエッチング量は非常に少ない(無電解銅めっきのみ) 樹脂上の無電解銅めっきの密着性処理が必要	無電解銅めっきの析出に長時間が必要 無電解銅めっき液の維持管理のコストが高い 長時間の無電解銅めっきに耐えるレジストがない 析出銅の物性管理が困難。わずかの実用化のみ
ビルドアップ法への適用		薄葉銅張積層板とプリプレグの組み合わせで可能に プリプレグの厚さ、銅箔厚さで、ファインパターン化に限度がある 従来の多層プリント配線板の製造ラインの適用が可能	薄葉銅張積層板+プリプレグの組み合わせで可能に(多層プリント配線板) 銅箔、めっき厚をより薄くすることで、MSAP法と同等 従来の多層プリント配線板の製造ラインの適用が可能	適用可能(高密度多層プリント配線板)	微細配線に適用可能(FC-BGA等半導体パッケージ基板)(高密度高精細多層プリント配線板)	研究開発が行われているが、最近では実用化例は今のところない

図1　半導体パッケージ基板製造におけるパターンめっき(セミアディティブ)プロセスの適用

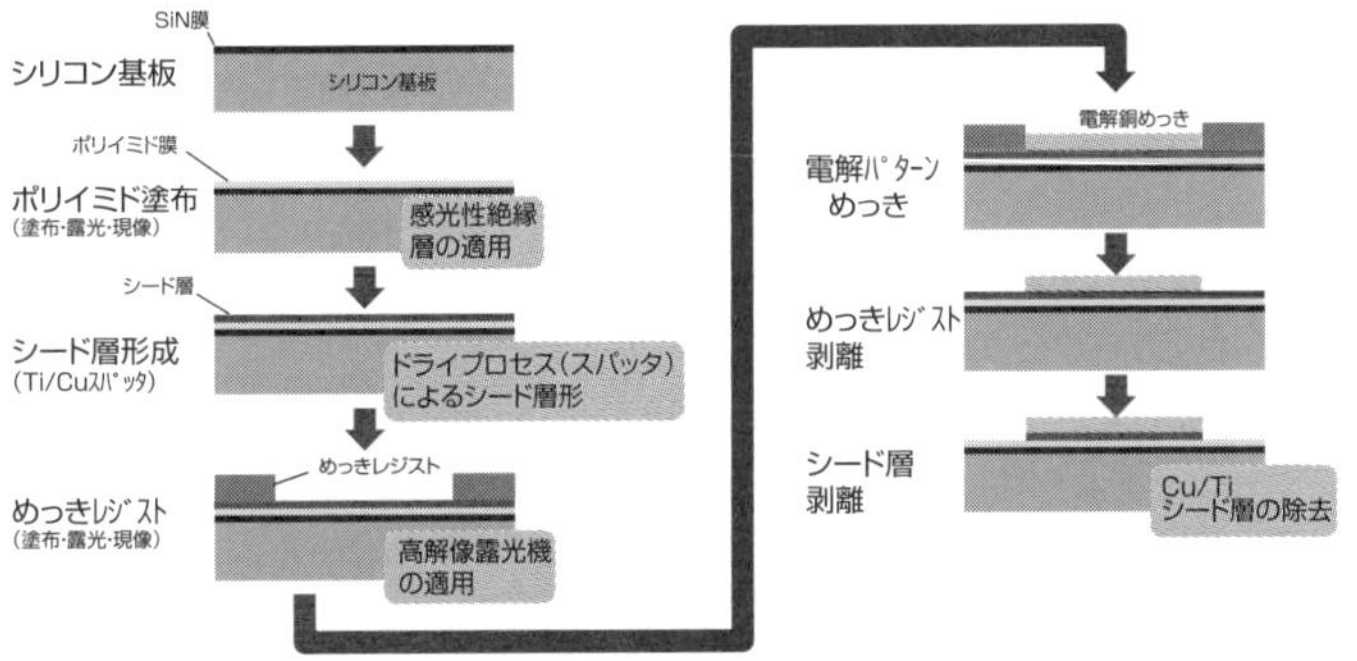

45 製造設計

基板製造用ツールと補正

基板製造をするには、図1に示すような穴あけ用データ、外形加工用データ、各層のパターン露光用データ、ソルダーレジスト用データ、マーク印刷用データなどが必要となります。これらは製造用のツールと呼ばれ、基板製造の各工程で使用されます。

基板は定尺と呼ばれる1×1m、または1×1・2mの材料を4分割または6分割などしたワークサイズ(図2)で製造工程を流します。製造工場、製造装置によって製造に用いるワークサイズが変わります。また、ワークサイズ内に製品基板を複数枚並べて露光用マスクを作製しますが、選択するワークサイズ、基板の配置方法により、単位面積当たりに製造できる基板の枚数が変わります(図3)。これを「取り数」と呼び、コストに大きく影響します。『外形があと1㎜小さければ「取り数」が増えてコストが低減できた』というような事例も多くあります。

基板製造にはいろいろな補正が必要です。それは基板を製造する際に熱プレスやウェットプロセスと呼ばれる水やエッチング液などの浴槽に基板を浸漬させる工程、乾燥させる工程があるためです。基板の寸法伸縮やゆがみが起こるため、仕上り時に設計値になるようにあらかじめ補正したデータ(図4ⓐ)で製造を開始する必要があります。また、エッチング工程では、エッチング液の当たり方などにより、パターンの仕上がり幅が変わるので、あらかじめその傾向に合わせて補正を行います。特に電気特性の影響を受けやすい「特性インピーダンス整合部」に関しては厳密に行い、パターン形成直後にインライン検査(図4ⓑ)を行います。なお、パターン幅はエッチングで幅の減少を見込み、太めに補正することが多いため、補正後に製造可能な間隙を保てるように考慮して設計する必要があります。なお、製造のばらつきが少なくなるように、基板の空きエリアにダミーパターンを入れることがあります(図4ⓒ)。

要点BOX

- ●ワークサイズと取り数がコストに影響する
- ●基板製造には、プロセスに適したいろいろな補正が必要

図1　製造に必要なデータ

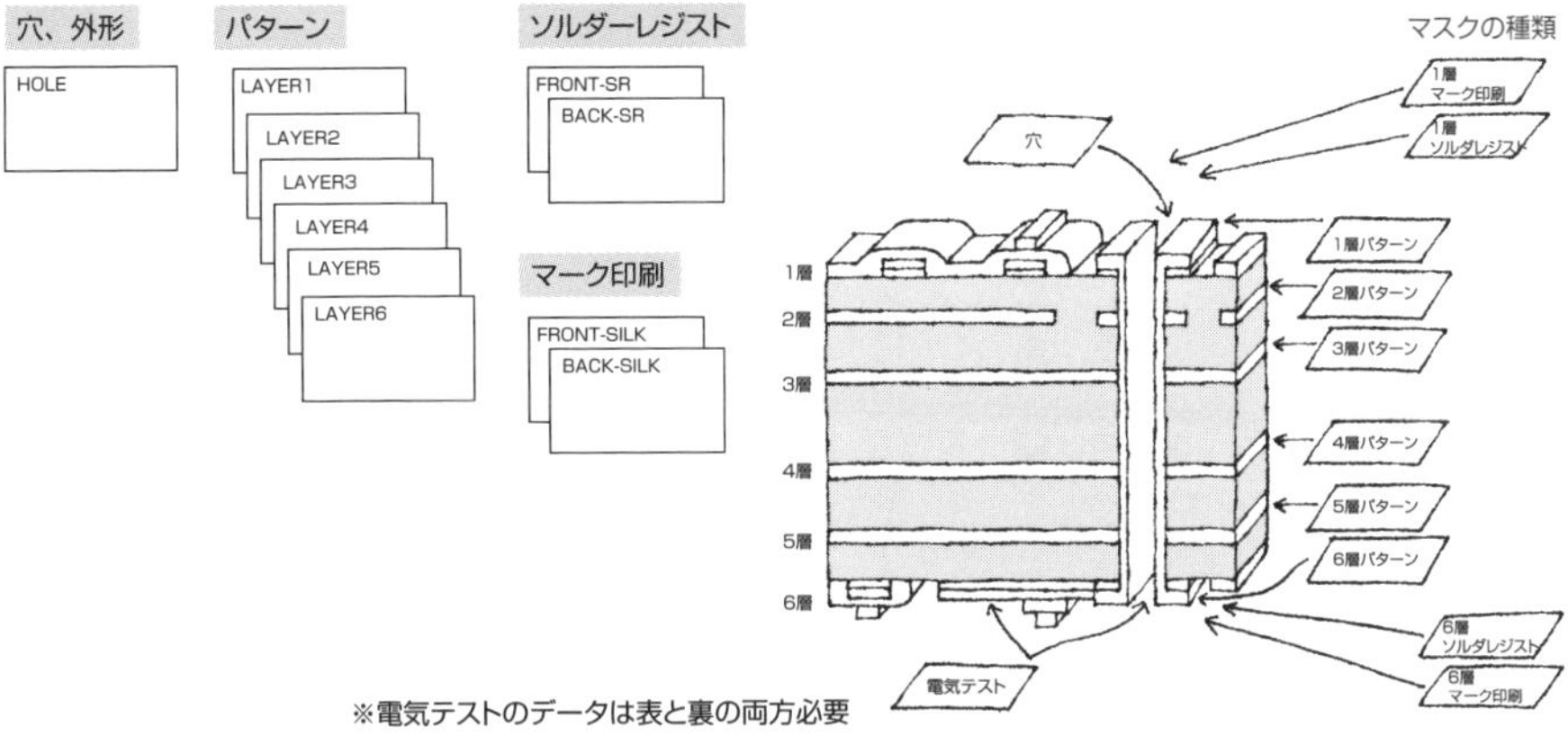

※電気テストのデータは表と裏の両方必要

図2　基材の定尺寸法とワークサイズ

定尺寸法	4分割	6分割	8分割	9分割
1020×1020mm	510×510mm	510×340mm	510×255mm	340×340mm
1220×1020mm	610×510mm	406×510mm	305×510mm	406×340mm

図3　ワークサイズを決定する例

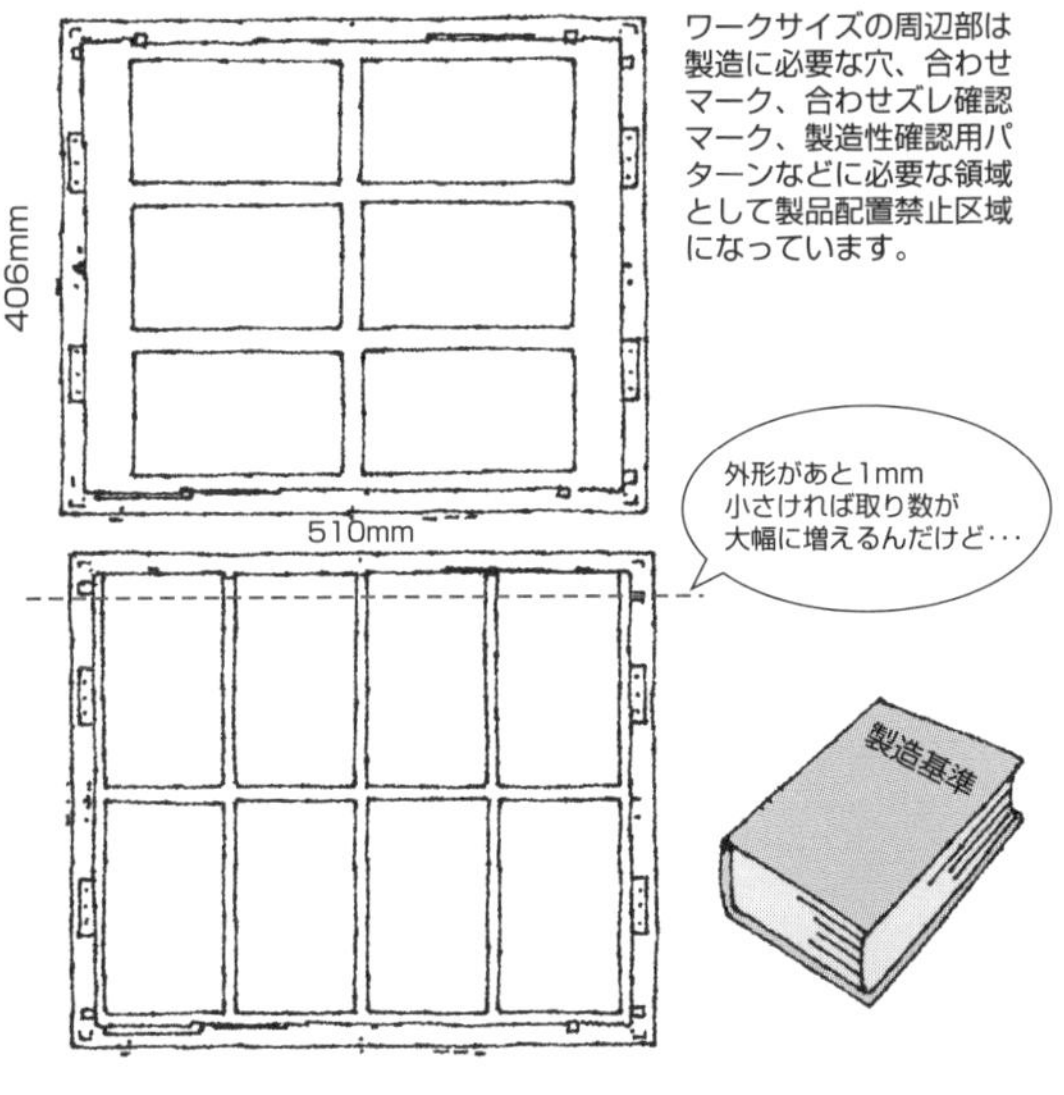

ワークサイズの周辺部は製造に必要な穴、合わせマーク、合わせズレ確認マーク、製造性確認用パターンなどに必要な領域として製品配置禁止区域になっています。

図4　基板製造のための補正

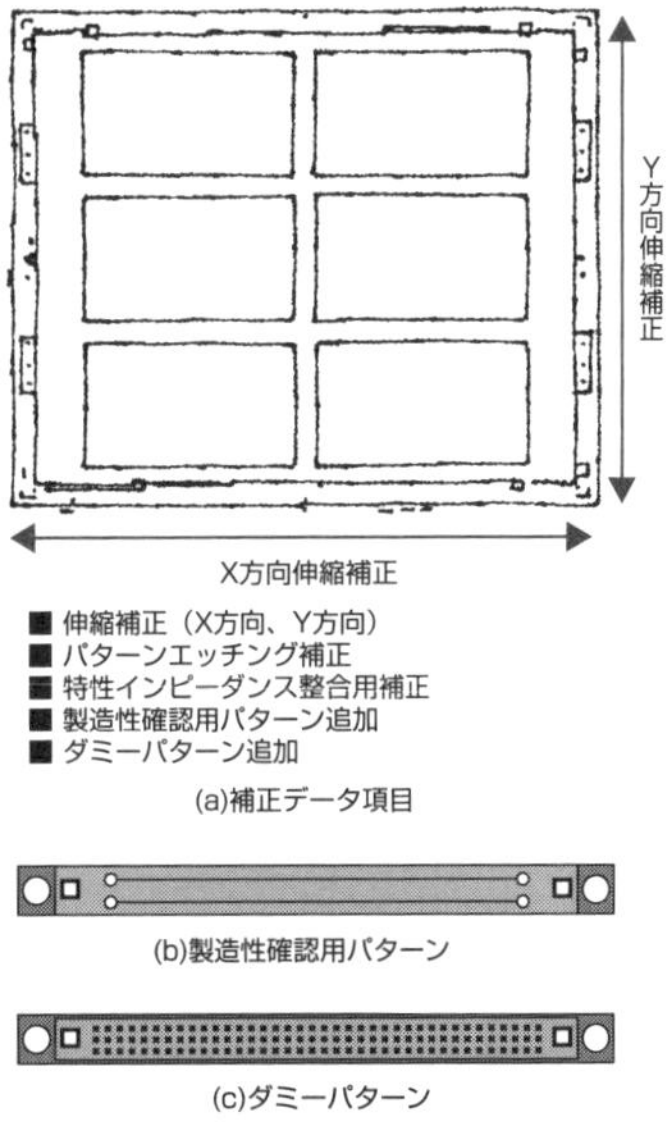

46 フォトマスクと露光

コンタクト露光とステッパ

半導体パッケージ基板では微細なパターンを感光性レジストで作製するため、高精度な露光機とフォトマスクを用います。フォトマスクはガラス基板にパターン化した金属クロム等の遮光層を設けたもので、半導体の製造でも使われます。

図1は、メーカーでのフォトマスクの製造プロセスです。**図2**はガラス基板に描画する工程です。ガラスブランクス（基板上に遮光性の薄膜を形成した材料）に感応性レジストを被覆し、設計データにより電子ビームで露光後、レジストを現像します。そして、遮光層をドライエッチングして画像パターン形成し、レジスト剥離、洗浄を行って完成します。

フォトマスクを使って基板に配線等のパターンを形成する代表的な露光方式には、コンタクト露光とステッパがあります。コンタクト露光（**図3**）は、基板上のレジストにフォトマスクを近接させて露光するため、フォトマスクと同等のパターンとなりますが、接触によりフォトマスクの寿命が短くなります。装置が簡単で、一括の大面積露光が可能です。ステッパ（**図4**）ではパターンを投影レンズによりフォトマスクのパターンを縮小して基板上のレジストに投影するため、非常に微細なパターンを形成できます。1回の露光部が小さくなり、基板上の部位を繰り返し移動して処理を行うので、処理時間が長くなります。パターンが微細で大型のシリコンインターポーザなどでは、ステッパの露光エリアで必要部全体をカバーできないため、**図5**のように分割した露光領域を重ね合わせるスティッチングという方式を用いることがあります。多層の回路基板の作製には、多数のフォトマスクを組合せて用いるので、それらの基板に対するアライメント（位置合わせ）の精度が非常に重要です。

要点BOX

- ●フォトマスクを使った露光方式にはコンタクト露光とステッパがある
- ●大形多層基板ではアライメントの精度が重要

図1 フォトマスクの作製プロセス

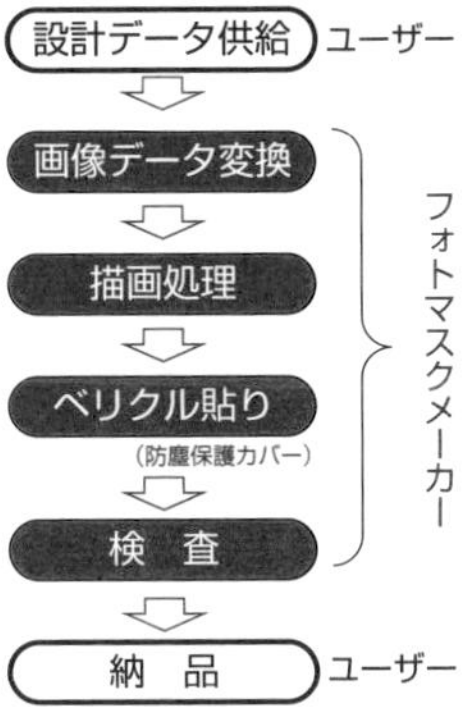

（資料提供：凸版印刷㈱）

図3 コンタクト露光方式

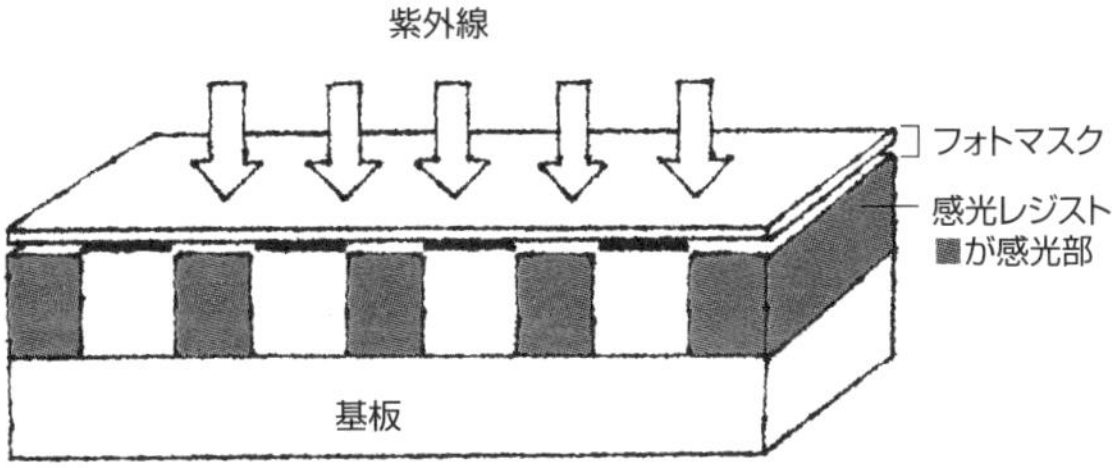

図2 フォトマスクの描画処理工程とFC-BGAパッケージ基板用フォトマスク

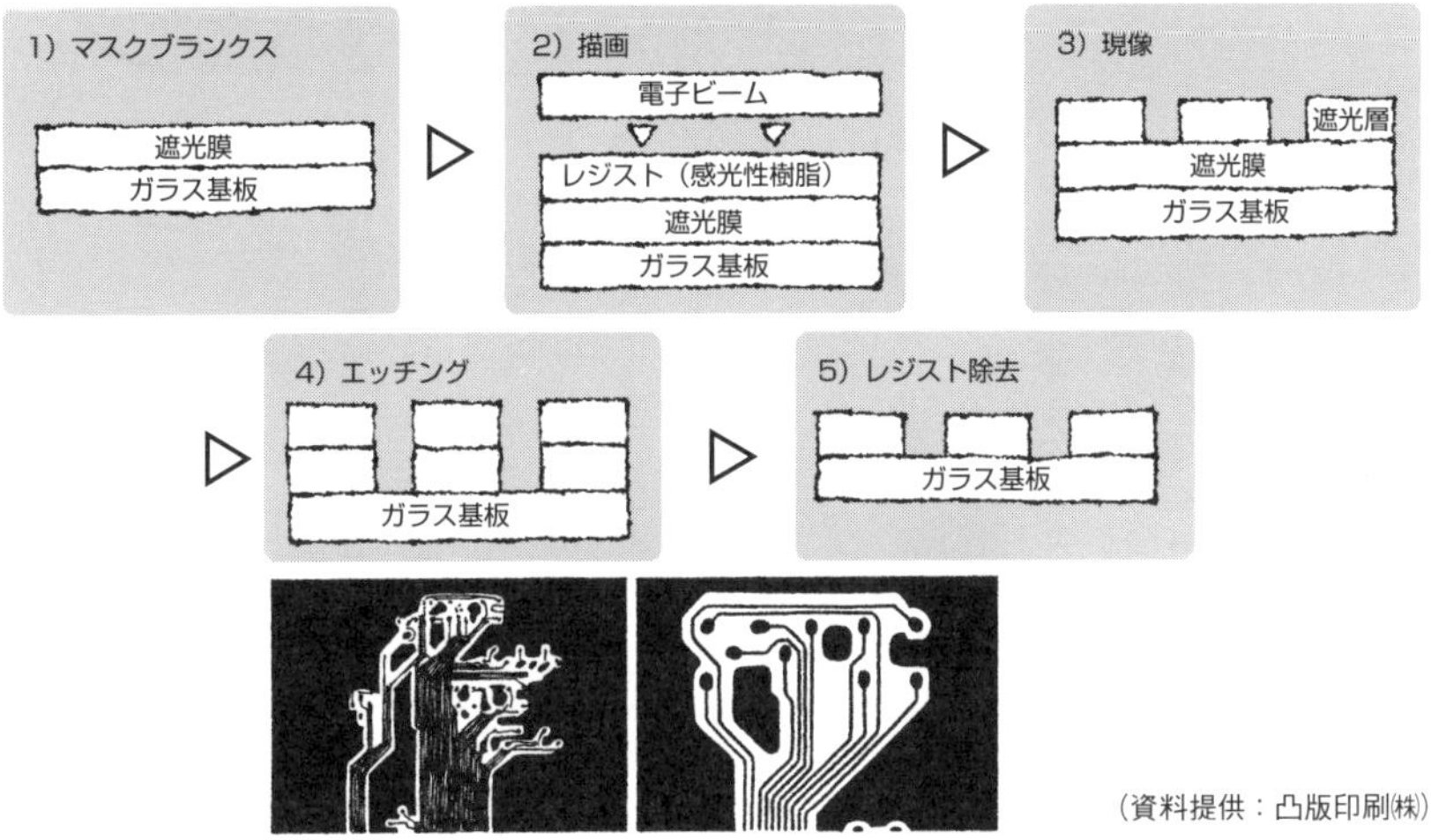

（資料提供：凸版印刷㈱）

図4 ステッパ露光方式

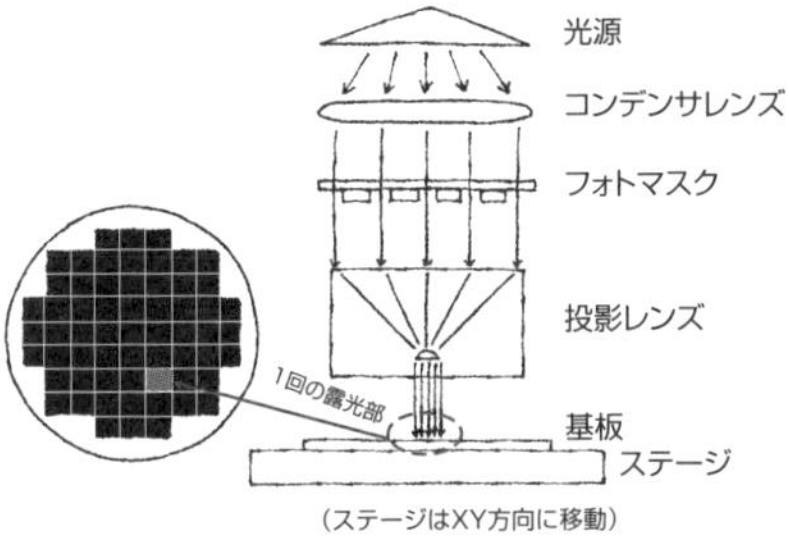

（ステージはXY方向に移動）

図5 スティッチング

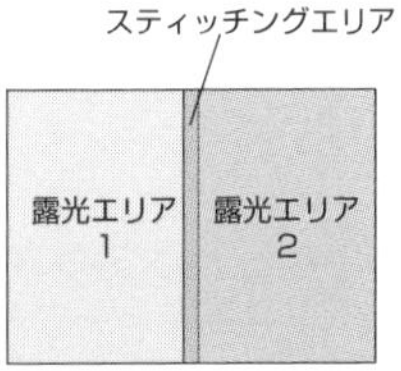

（各エリアは別々のフォトマスクを使用）

47 ダイレクトイメージング

直接レーザで露光してパターン形成する

フォトマスクを用いず、基板上に被覆した感光性レジストに直接レーザで露光してパターン形成するダイレクトイメージング（直接描画）方式が普及しています。プリント配線板の配線パターン形成では、少量多品種の製品を中心に主要な方式となっていますが、半導体パッケージ基板の微細パターン形成にも適用されてきています。**図1**は、レーザビームをレンズで集光、ビーム形状を整形して基板に露光する方式を図示したもので、レーザビームはデジタルミラーデバイス（DMD）でスキャンされます。また、レーザ波長は可視、またはUV領域のものが一般的に使われます。

ダイレクトイメージング方式の主な特徴を**表1**に挙げました。フォトマスクを用いず、CADのデジタルデータを入力すればパターン描画できるため、コストも削減できます。また、試作品など少量多品種のものに対応が容易です。大型の基板に対してもパネルを搭載できるサイズのステージとその精密動作機構を用意しておけば適用がしやすく、また位置ズレを随時計算で補正することも可能です。このような利点の一方で、露光は集光したレーザビームをスキャンして行うため、微細パターンであるほど時間がかかります。さらに、現時点で適用できる微細度は、ライン／スペース＝3/3μm程度と言われており、ステッパには劣ります。

ダイレクトイメージング方式では、フォトマスクがないので、描画パターンの補正を適宜行うことができます。**表2**に補正の方式を示します。特に樹脂基板では、温度変化や、吸湿、加工プロセスの進行により伸縮や変形が起こりやすく、パネルレベルで加工する大型のパネルでは、いっそう適用性が高いと考えられます。L/S＝2/2μm以下の微細度か、量産適用性やコストなど、用途に合う最適な露光機の選択を行う必要があります。

要点BOX

- ●フォトマスクを用いず直接レーザで露光するためコスト削減できる
- ●微細度優先かコスト優先かの検討が必要

図1　デジタルミラーデバイスによるスキャン露光方式

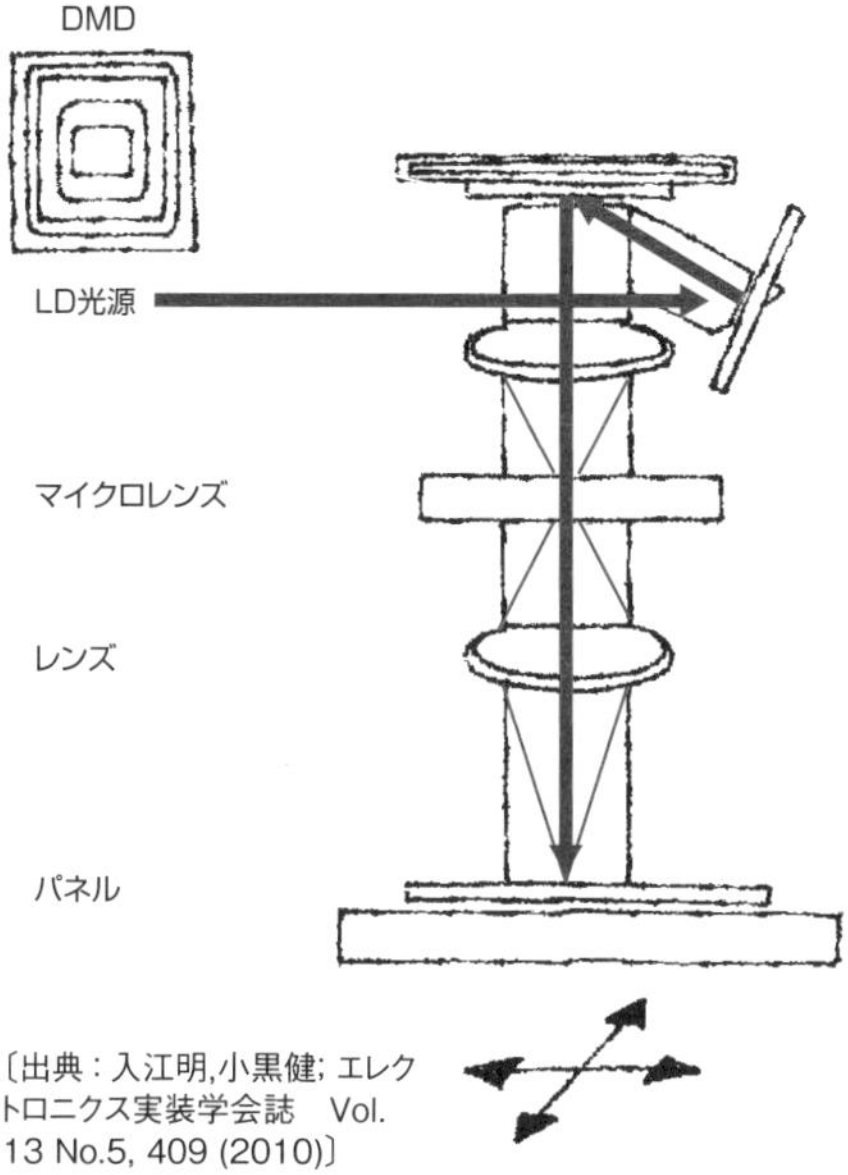

〔出典：入江明,小黒健; エレクトロニクス実装学会誌　Vol. 13 No.5, 409 (2010)〕

表1　ダイレクトイメージング（直接描画）の特徴

利点	欠点
●高価なフォトマスクが不要で、コスト削減。 ●CADデータを入力すればパターン描画できる。 ●少量品種に対応しやすい。 ●大型基板に対応可能 ●位置ズレ補正を計算で適宜実施できる。	●スキャンして露光するため、露光時間がかかる。（特に微細パターン） ●微細度はステッパより劣る。

表2　代表的な補正方式と特徴

方式	模式図	特徴
一括補正	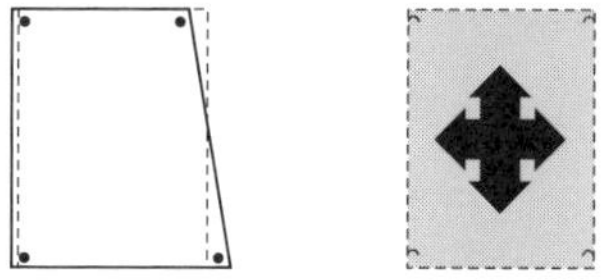	基板の伸縮に対し、全面で合わせ位置がどの場所においても最小誤差となるように均等補正を行う。
分割補正	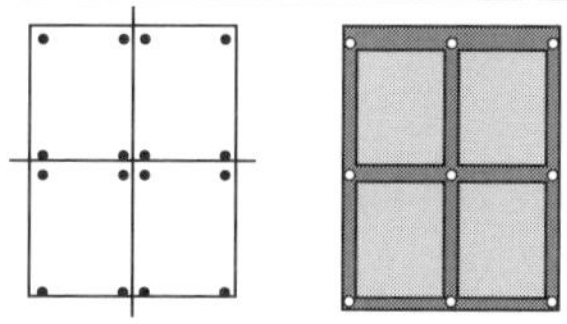	基板の変形に対しエリアを分割してそのエリアごとに補正を変えて実施。面付け基板に有効な方式であるが、アライメント認識に時間がかかる。
台形補正	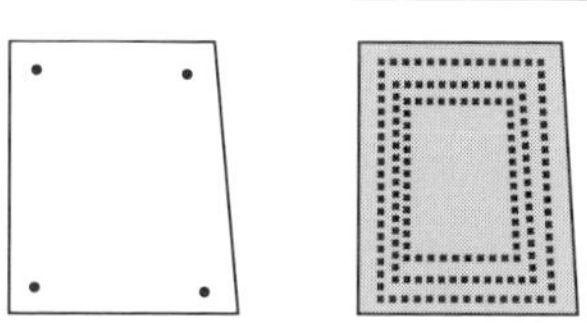	露光データを基板の変形に合わせて補正する。ファインパターンに適した補正と考えられる。

〔出典;入江明,小黒健; エレクトロニクス実装学会誌　Vol. 13 No.5,409 (2010)〕

48 多層基板の積層

積層プレスで起こり得る不良

多層プリント配線板を製造するには、内層配線に相当する両面基板のパターン形成を行ったあと、**図1**に示すようなイメージで積層プレスを行います。内層配線に不良を含んでいる状態で積層すると、基板全体が不良品となってしまうので、AOIと呼ばれる画像検査機を使って予め内層配線の検査を行います。例えば内層4層の各層に不良が5%含まれていた場合、基板全体の歩留まりは80%になってしまいます。

プレスによって積層された多層プリント配線板は、プレス後の厚さが基板総厚となり、プレス前の材料の厚さの積算値とは異なります(**図2**ⓐ)。積層する両面基板、プリプレグなどの材料そのものにも厚さの公差を持っているため、仕上がり厚さの予測は非常に困難です。ただし、製造会社では仕上がり厚さを予測するための補正式や経験値を持っています。その数値を正確に求めるためには、積層するプリプレグの上下層の銅箔がどのような状態か(図2ⓑ)を正確に知る必要があります。設計後であればCADを使って残銅率を求めることができますが、設計前は過去の経験値をもとに仮で設定します。また、層間厚さは信号線とグランド間の静電容量値に影響します。同様に特性インピーダンス値にも影響するため、高速な信号を扱う基板では重要なパラメータです。また、パターン形成は製造プロセスにより変わるため、工程を確認し、銅箔厚さ、めっき厚さ、配線の断面形状を知ることはとても大切なことです。

図3は製造のばらつきが特性インピーダンス値に与える影響度をグラフ化したものです。特性インピーダンスの公差が指定されている場合、製造の工程能力を考慮して層構成の決定をする必要があります。図3ⓐ、ⓑから、差動信号線路はシングルエンド線路よりも製造ファクターの影響を受けやすいことがわかります。

要点BOX

- **プリント配線板の特性はプレス後の仕上がり寸法で決まる**
- **層間厚さは静電容量や特性インピーダンス値に影響する**

図1　プリント配線板の積層プレス

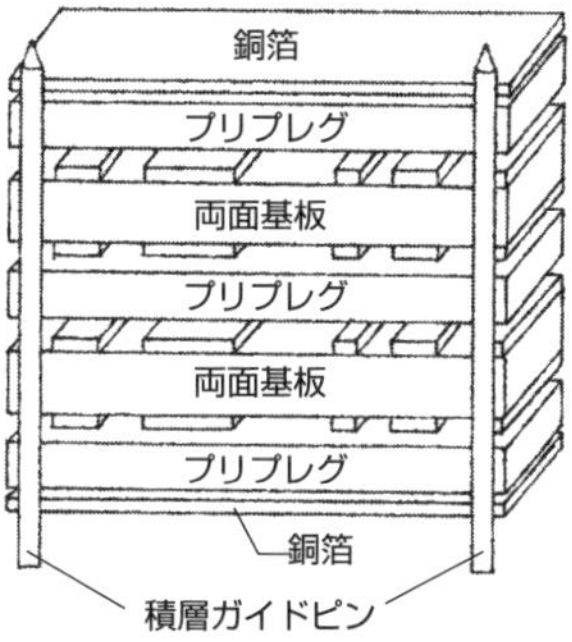

6層プリント配線板は、パターン形成された両面基板とプリプレグ、銅箔をピンラミネーション方式により積層し、プレスすることにより作ります。

図2　基板層構成と特性インピーダンス値

6層、1段ビルドアップ層構成

層	層構造	材料厚(μm)	仕上値(μm)
Lay1	Signal	12μm	50
	~~	pp70*1	60
Lay2	Signal	12μm	35
	~~	pp120*1	130
Lay3	Plane	35μm	35
		core1000	930
Lay4	Plane	35μm	35
	~~	pp120*1	130
Lay5	Signal	12μm	35
	~~	pp70*1	60
Lay6	Signal	12μm	50

(a)

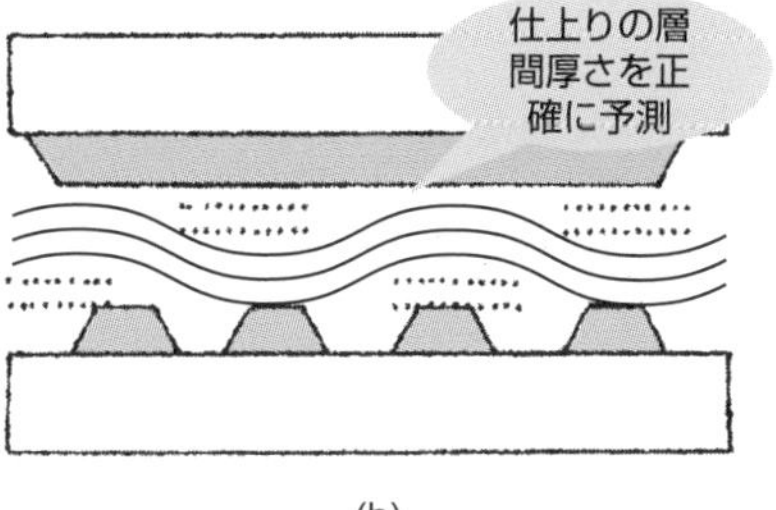

(b)

図3　製造公差が特性インピーダンス値に与える影響度

シミュレーションモデル

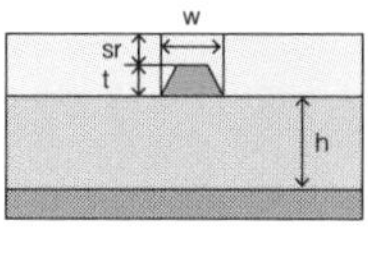

(a)シングルエンド線路

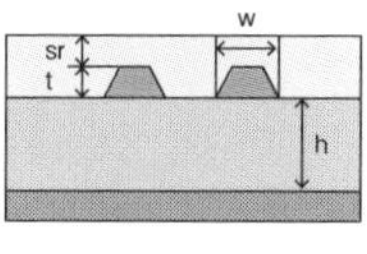

(b)差動信号線路

インピーダンス影響度確認

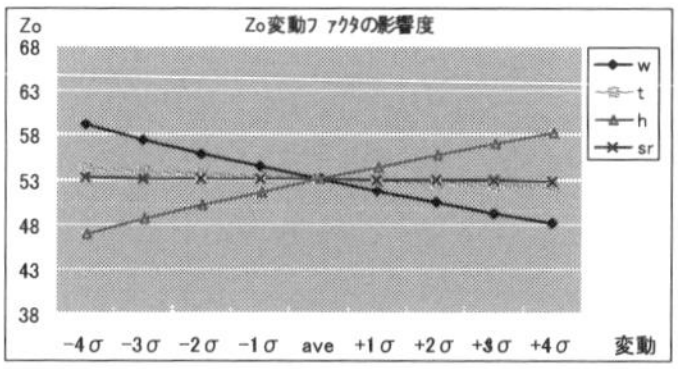

(a)シングルエンド線路

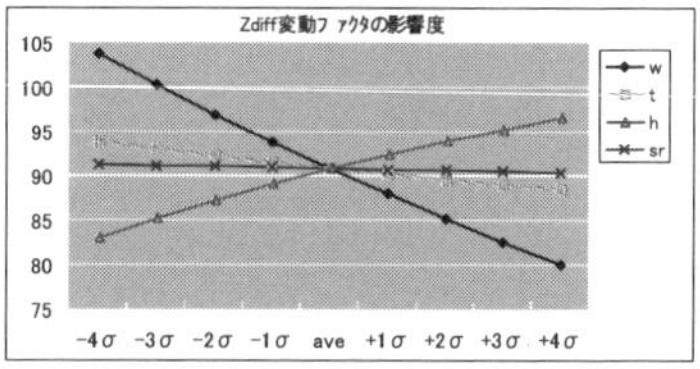

(b)差動信号線路

グラフはシミュレータでパラメータを変更した結果です。差動信号線路は、シングルエンド線路よりも製造ファクターの影響を受けやすいことがわかります。

49 全層IVH一括積層法

多層プリント配線板を製造するプロセスにおいて、ビア形成をめっき法に代わって導電性ペーストを用いる方法があります。この技術では、全層IVH(Interstitial Via Holes)を構成できますので、大幅な配線収容を要求される半導体テスト用プローブカード基板等に採用されています。多様な一括積層方式がありますが、ここではF-ALCS技術を説明します。

図1に一般的なIVH基板とF-ALCS技術でのプロセス比較を示します。一般的なIVH基板では、図のように内層の配線形成から始まり、大まかなプロセスは10工程になります。これに対しF-ALCS工法では、内層を構成する各層を中間層として並行して配線形成します。その後にレーザ穴あけを行い、導電ペーストを印刷してIVHとします。全ての層が完成した時点で、一括積層を行います。この方法では、全部の層を一括で積層することで、一体化とビア接続が同時に完了します。プロセス数は5工程と一般的なIVH基板に対して約50%削減できます。図2にそのプロセスを示しました。

また、このプロセスでのビア形成は、ペースト充填後の加熱で金属間結合が実現され、めっき銅に近い導通抵抗となる利点があります。めっき工程を導電ペースト印刷工程に置き換えたことにより、めっき液などの廃液処理が不要で、環境に配慮したプロセスが可能になります。図3に実基板製品の例、図4に製品の断面を示しました。今後の高密度多層配線板技術として期待されています。この方法では、一般的な基板材料にレーザ穴あけを行い、ここに導電ペーストを充填してビアを形成するため、IVHの微小化、配線の微細化等の要求に応じるには限度があります。より高密度化要求に対応するために、表裏の層にめっき法ビルドアップを組み合わせた製造プロセスも採用されています。

要点BOX
- ●F-ALCS技術はプロセスステップ数が少ない
- ●めっき液などの廃液処理がなく、環境にも配慮

図1　F−ALCS技術のプロセスと一般プロセス比較

一般IVH基板 プロセス10ステップ	F-ALCS基板 プロセス5ステップ
パターンニング（中間層）	パターンニング（中間層）
積　層	
穴あけ	レーザ穴あけ
めっき	ペースト印刷
穴埋め	
パターンニング（半完表面層）	
積　層	積　層
穴あけ	
めっき	
表面層形成・検査	表面層形成・検査

図2　F-ALCS技術のプロセス

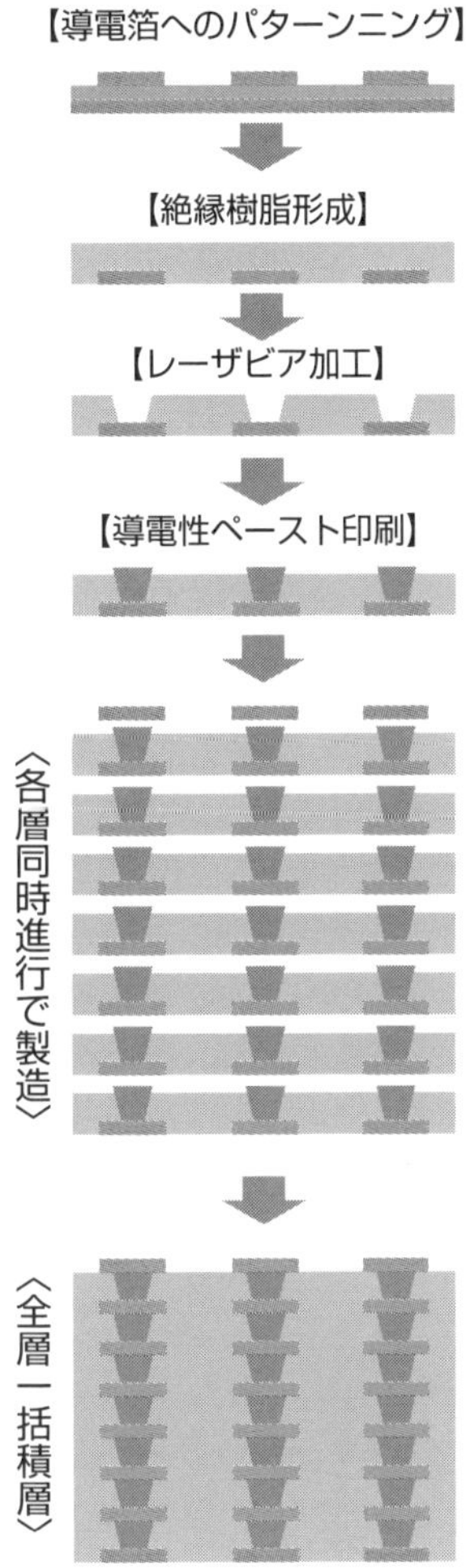

図3　F-ALCS技術適用74層プローブカード外観

（基板サイズ、φ520mm,
板厚:7.4mm ）
（ネット数: 信号
30,000ワイヤー）

〔富士通インターコネクトテクノロジーズ株式会社　提供〕

図4　F-ALCS技術適用基板の断面

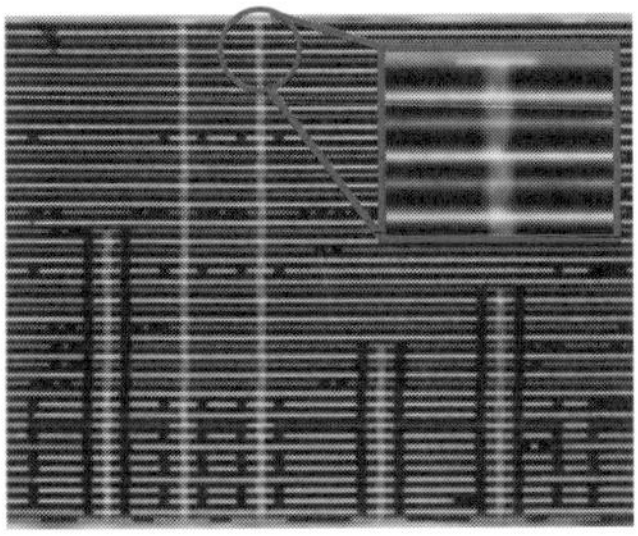

50 部品内蔵基板の製造プロセス

パッド接続方式とビア接続方式

部品内蔵基板（27 28項）の代表的な製造工法には、図1のように2種類あります。その製造プロセス（図2）と特徴について説明します。

①パッド接続方式

・プロセス：内蔵部品を搭載するベースに、従来の実装方式で能動部品や受動部品などを搭載し、ベースに設けたパッドに接続した後に、搭載部品ごと基板内部に埋め込む方式です。

・特徴：内蔵部品の搭載ベースへの接続が従来のはんだ実装などで行われるため、市販の汎用部品が内蔵可能で、プロセスも一般的で比較的低コストでの実装が可能となります。一方で、はんだ実装のための外部電極形成が必要です。製造プロセスとしては、基板製造にない部品実装プロセスが必要で、基板製造メーカーからの参入障壁は低くないと考えます。

②ビア接続方式

・プロセス：内蔵部品を搭載するベースに、能動部品や受動部品などの接続端子を外層側に向けて搭載して位置合わせして、内蔵部品搭載ベースに、ダイボンディングします。ベアチップや内蔵チップ部品の外部電極との接続には、銅めっきを用いるため、内蔵基板の内層と最短での接続が可能となります。また、チップ部品では、表裏に外部電極が形成されており、内蔵チップ部品の上下に端子接続が可能となります。

・特徴：内蔵部品の外部電極と基板の接続に銅めっきなどが使われるため、電極には相性の良い銅めっきが必要です。チップ部品の外部電極は、はんだが一般的であり、一般的でない銅電極での部品調達は、所要数が相当数ないとコスト高になります。一方で、銅めっきによるビア接続は、基板の製造プロセスに親和性があり、内蔵部品の搭載と位置合わせのプロセスは追加となりますが、基板製造メーカーの参入障壁は低いと考えられます。

要点BOX

●部品内蔵基板の製造工法には、大きく分けてパッド接続方式とビア接続方式がある
●ビア接続方式は基板プロセスと親和性がある

図1　部品内蔵基板の構造

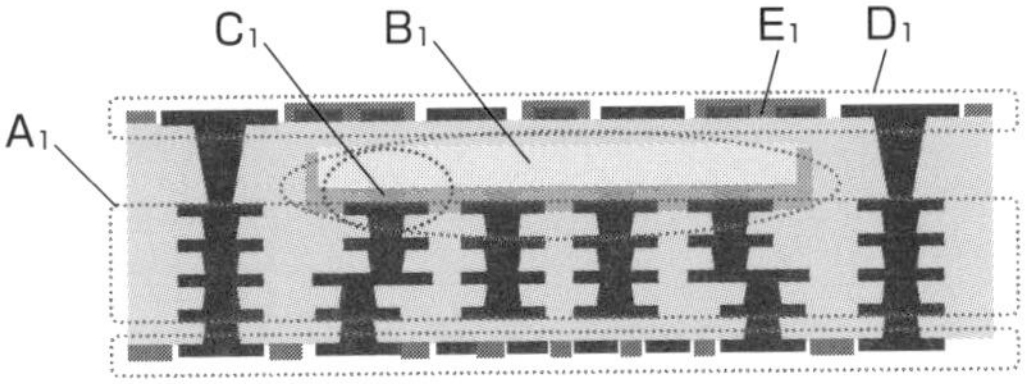

①パッド接続方式

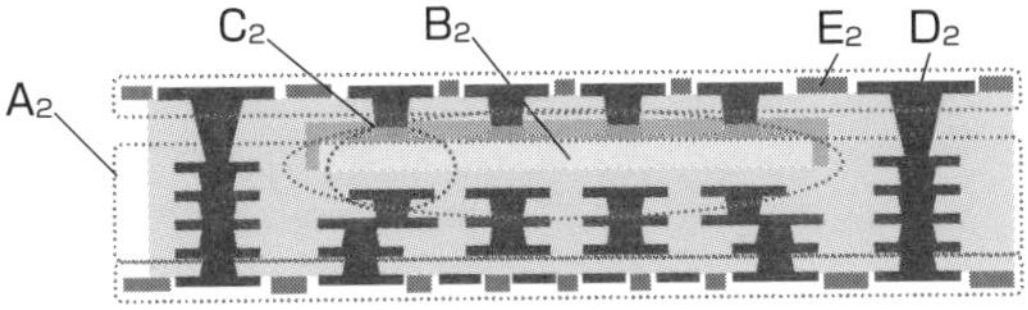

②ビア接続方式

記号	項　目
A_1、A_2	内蔵部品搭載ベース
B_1、B_2	内蔵能動部品
C_1	パッド接続方式
C_2	ビア接続方式
D_1、D_2	表層パターン
E	ソルダーレジスト

〔JPCA-UB01(2017)　電子回路基板規格 第3版より〕

図2　部品内蔵基板の構造と製造プロセス

工程	項目	構造図		確認事項
		パッド接続方式	ビア接続方式	
1	ベース			断線・短絡検査
2	搭載		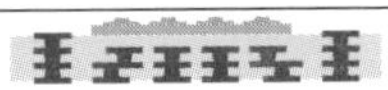	位置精度
3	パッド接続		—	接続・導通
4	埋込み（積層）	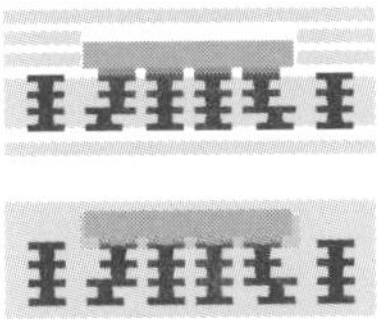	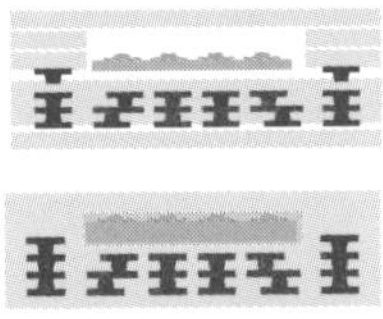	マイクロボイド 板厚 平坦性（へいたん性）
5	ビア穴あけ	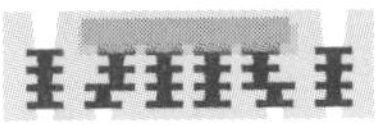		穴位置精度 部品端子位置精度 耐薬品影響
6	ビア接続	—	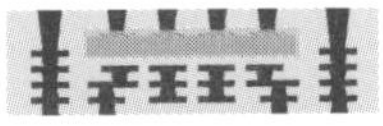	銅めっき厚さ 導電性ペースト厚さ マイクロボイド
7	回路形成 （多層化を含む）			断線・短絡検査
8	表面処理 （ソルダーマスクなど）	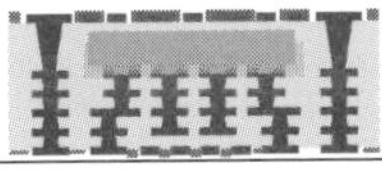		外観検査

〔JPCA-UB01(2017)　電子回路基板規格 第3版より〕

51 デスミア・無電解銅めっき

ビルドアップ樹脂の表面粗化と導電化

ビルドアップ基板の製造プロセスでは、図1のようにコア基板にビルドアップ樹脂をラミネートし、レーザでビア形成、回路形成する工程を繰り返します。ビア内のクリーニング（穴底の銅パターンとの導通を確保）とビルドアップ樹脂表面粗化による回路密着性向上のため、デスミア処理が行われます。デスミアは、元々は多層プリント配線板のドリル加工でスルーホール内に発生したスミアを除去する工程であり、今もこの用途で多く使われています。図2は、デスミアの工程を示しています。デスミア液は強酸化性のアルカリ性過マンガン酸塩溶液です。前段で樹脂を膨潤し、デスミアで酸化、その後、表面に生成したMnO_2分を還元除去します。

ビルドアップ基板のセミアディティブプロセスでは、デスミア後に無電解銅めっき（膜厚1㎛以下）を行い、表面を導電化します。無電解銅めっき液は、表1のホルマリン還元タイプが一般的です。無電解銅めっきの析出には、基板表面に触媒付与が必要であり、そのために表2の前処理工程を順次行います。触媒の種類を表3に示していますが、スルーホールめっきではPd／Snコロイド触媒が主流でしたが、ビルドアッププロセスではアルカリイオンタイプが使用されます。また、最近はAgナノコロイドタイプも提案されています。これらは、エッチングでCuパターン形成した後の樹脂上、およびビア底の触媒残留量がPd／Snコロイドより少ない利点があります。

環境面から無電解銅めっき液の還元剤をグリオキシル酸塩、次亜リン酸塩に代替した液も存在していますが、普及は限定的となっています。

微細配線基板では、感光性層間絶縁樹脂にあけたビア内のクリーニングにプラズマデスミアを使用し、スパッタで導電化することが多いですが、今後は、ニーズ、コストによりドライ・ウェットプロセスの組合せも考えられます。

要点BOX

- デスミア処理でビルドアップ残渣除去と樹脂表面を粗化し密着性を向上する
- デスミア後に無電解銅めっきを行う

図1　ビルドアップ工法とデスミア処理後のビルドアップ樹脂表面

1.コア基板の準備

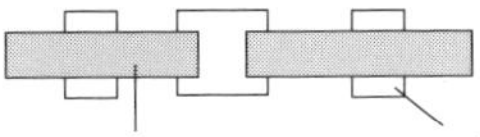

2.ビルドアップ樹脂のラミネート

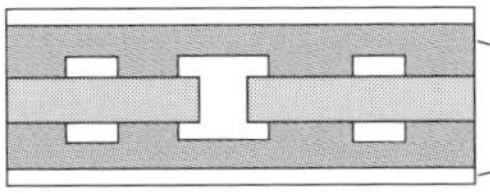

3.PETフィルムの剥離

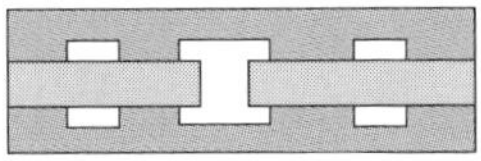

4.CO_2 または UV-YAGレーザによるビア形成

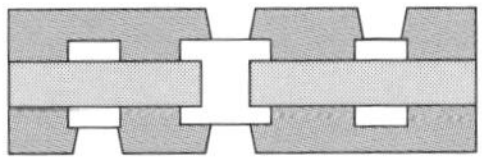

5.デスミア、セミアディティブプロセスによるパターン形成

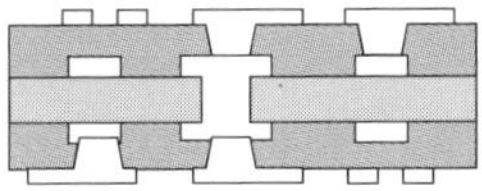

6.上記2−5の繰り返しによる多層化

標準タイプビルドアップ樹脂(ABF-GX13)

樹脂により粗化の状態は異なる

〔出典;真子玄迅,表面技術,Vol.65,No.8, 349 (2014)　を翻訳〕

図2　過マンガン酸塩デスミア処理プロセス

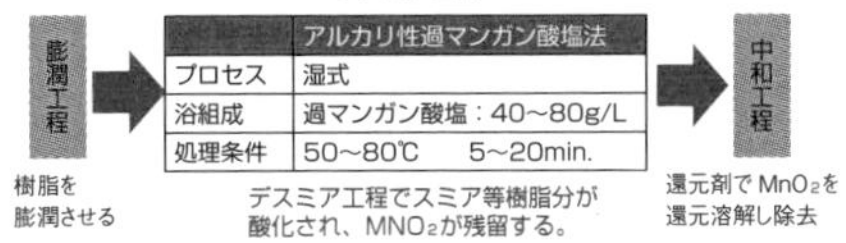

［反応］

1）$MnO_4^- + OH^- + \text{樹脂} \longrightarrow MnO_2 + H_2O + CO_2$

2）$MnO_4^- + OH^- + \text{樹脂} \longrightarrow MnO_4^{2-} + H_2O + CO_2$

3）$3MnO_4^{2-} + 2H_2O \longrightarrow MnO_2 + 2MnO_4^- + 4OH^-$

4）$2MnO_4^- + 2OH^- \longrightarrow 2MnO_4^{2-} + H_2O + \frac{1}{2}O_2$

表1　ホルマリンタイプ無電解銅めっき液の例

無電解銅めっき反応

$Cu^{2+} + 2HCHO + 4OH^- \rightarrow Cu + 2HCOO^- + H_2 + 2H_2O$

浴の種類	1	2	3
硫酸銅	10g/ℓ	10g/ℓ	3.5g/ℓ
ロッシェル塩	40g/ℓ	50g/ℓ	34g/ℓ
水酸化ナトリウム	pH12.5	10g/ℓ	7.0g/ℓ
炭酸ナトリウム	—	—	3.0g/ℓ
ホルムアルデヒド	13g/ℓ	10mℓ/ℓ	13mℓ/ℓ
チオ尿素	0.1〜2mg/ℓ	—	
浴温	20℃	室温	室温

〔出典: 縄舟 秀美,エ レク トロニ クス実装学会誌 Vol.1 No.2, 134 (1998)〕

表2　無電解銅めっき前処理工程

工程	役割
クリーナ・コンディショナ	脱脂,濡れ性向上 触媒吸着のため表面の帯電状態改善
ソフトエッチ　　順序	銅表面のエッチング(酸化層除去、粗化)
プレディップ	キャタリスト液の希薄水持込による分解防止
キャタリスト	めっき開始のための触媒付与
アクセラレータ または　還元	Pd/Snコロイド：余分なSn 除去し活性化 Pd イオン：還元剤でPd^{2+}をPd^0に還元
無電解銅めっき ↓	触媒付与された部分にCuを析出

表3　無電解銅めっき触媒の種類

触媒タイプ	特徴
Pd/Snコロイド	Pd^{2+}をSn^{2+}で還元し製造したPd/Snコロイドを含有する酸性溶液に基板を浸漬。 吸着したコロイドの余分なSn 分をアクセラレータで除去し活性化。 従来よりスルーホールめっきで普及
Pdイオン	Pd^{2+}と錯体を含むアルカリ性溶液に基板を浸漬。吸着したイオンは、還元工程でPd^0に還元され触媒として機能。 ビルドアップ基板の導電化では主流
Agナノコロイド	Agナノ粒子コロイドを含む溶液に基板を浸漬。最近開発

52 電解銅めっき

回路パターンを形成する主要工程

銅からなる回路パターンは、主に電解銅めっきで形成されます。電解銅めっき槽の模式図を図1に、構成要素を**表1**にまとめています。電解銅めっきは、単純には**表2**のめっき液中の銅イオンを電気化学的に基板上の導電部に析出させるものですが、回路基板の導体の品質はこの工程に大きく影響されています。高密度実装基板では、その品質要求レベルが従来のプリント配線板よりも高くなっているため、装置やめっき条件をさらに詳細に検討して設定する必要があります。また、製造ライン全体としては、装置も大型でプロセス時間も長く、ビルドアップ基板では複数回繰返すため、生産性やコストにも電解銅めっきの運用の仕方が大きく影響します。

高密度実装基板における電解銅めっき品質課題として、異物の巻き込み、およびめっき膜厚分布の最適化が従来よりも重要になっています。

異物は、めっき液中の可溶性アノードから脱落したスラッジ(不溶解物)由来のものが多く、そこでアノードを不溶性に変える動きが増えてきました。アノードタイプによる長所、短所を表3に示します。不溶性では異物の影響を減らす一方で、銅イオン補給や添加剤消耗増大のための工夫を行います。

高密度実装基板では、めっき膜厚ばらつきに起因する導体抵抗やパッドの高さばらつき、基板の反りが、電気特性、実装性などに影響します。めっき膜厚ばらつきの代表例を**図2**に示します。このようなばらつきは、電流密度が部位によって偏差が大きくなったものです。Aでは小さくするため主に図1のように遮蔽板を適用します。また、**表2**の「高銅濃度浴」と「ハイスロー浴」を使い分けることがあります。硫酸濃度が高く電気伝導度の高い「ハイスロー浴」は**図2**B、Cの影響を小さくします。銅イオン濃度が高く、銅イオン拡散速度大の「高銅濃度浴」はDの影響を小さくできます。

要点BOX

●高密度実装ではめっき膜厚分布の最適化が重要

図1 電解銅めっき槽の模式図と構造の概略

（両面，縦型めっき方式、不溶性アノードの場合）

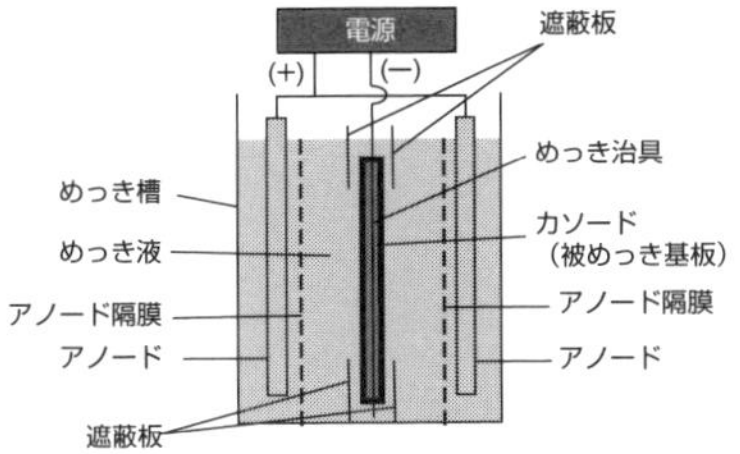

図2 電解めっきにおける膜厚不均一析出が起こる典型例

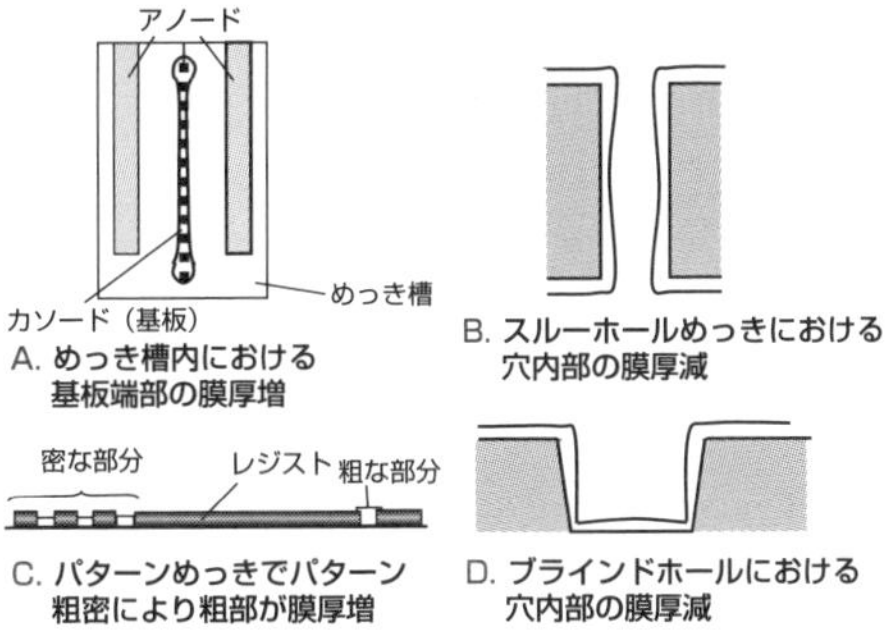

A. めっき槽内における
基板端部の膜厚増
B. スルーホールめっきにおける
穴内部の膜厚減

C. パターンめっきでパターン
粗密により粗部が膜厚増
D. ブラインドホールにおける
穴内部の膜厚減

表1 電解銅めっき設備の主な構成要素

構成要素	内容	備考
めっき槽	めっき液を貯え、構成要素を保持	縦型（図1）:基板を液面に対し垂直方向から投入 水平型:基板を液面に対し水平方向に設置（例 19項図1）
めっき液	表2に記載	
アノード	可溶性:金属銅を酸化しイオンとして溶解 不溶性:酸素発生を行う	可溶性:通常含リン銅 不溶性:Ti基材/Pt被覆　または　Ti基材/IrO_2被覆
治具	基板を保持し給電	片面めっきの場合は、裏面に液が触れないよう被覆
電源	通常は直流電源 パルス、PR電源を使う場合もある	定格電圧･電流（安定出力上限）は、槽全体の電流･電圧を見積り、適正に設定
その他	遮蔽板:アノード／カソード（基板）間に設置し、基板上の銅膜厚分布を均一化する アノード隔膜:不溶性アノード近傍に設置し、添加剤の消耗を抑制 液循環系:ポンプ、フィルター等 揺動系:基板（治具）のロッキング、連続的移送　など 補給系:添加剤を連続補給。不溶性アノードの場合は、酸化銅を溶解し補給。 めっき時間:電流密度1A/dm^2の場合、0.22μm/分　として狙いの膜厚から設定。	

表2 酸性硫酸銅めっき浴の代表的組成と条件

項目	単位	高銅濃度浴 ブラインドビア用	ハイスロー浴 パターンめっき、高アスペクト比スルーホール用
硫酸銅（Cu^{2+}）	g/L	200〜230 (50〜80)	60〜100 (15〜25)
硫酸	g/L	40〜60	170〜220
塩素	ppm	20〜100	20〜100
添加剤		適量	
温度	℃	15〜30	
ｶｿｰﾄﾞ電流密度	A/dm^2	0.2〜6	
ｱﾉｰﾄﾞ電流密度	A/dm^2	0.1〜3	

よくわかるプリント配線板のできるまで 表10.1を編集

表3 アノードの 特徴

アノード	長所	短所
可溶性	●銅イオンの補給が不要	●アノードの形状、面積が変化 ●スラッジ（不溶解物）が若干発生するためアノードバッグを使用
不溶性	●アノードの形状、面積が不変 ●スラッジの発生なし	●酸化銅を溶解することで銅イオンを補給 ●添加剤の消耗が大。抑制するため、アノード隔膜を設置

53 フィルドビアめっき

フィルドビア技術による スタックドビア構造

　高密度実装基板では、層間接続のためのビア穴を直上に積み上げた「スタックドビア」構造が作られます。これにより、層間接続のためのパターンのスペースを小さくできます。これは、層に形成したビア穴内を電解銅めっきで埋め込み(フィルドビア)、表面を平坦にし、そして、その直上に上層を形成することで可能となります。**図1**は、ビルドアップ基板、**図2**は、ファンアウトパッケージの再配線層におけるスタックドビア構造です。フィルドビア技術は、**図3**のように、プリント配線板の領域でも使用されています。図3右は、スルーホールが銅めっきでフィリングされたものです。

　このフィルドビアは、電解銅めっきの有機添加剤の効果により実現されます。**表1**は、少し古い特許の代表的な電解銅めっきの添加剤を記したものですが、現在でもほとんど同様に、抑制剤、促進剤、そしてレベラーという構成となっています。これらは、発明された頃は電解銅めっき皮膜を光沢化し、機械的物性を改善する目的で使用されていましたが、半導体のダマシンプロセス(21項図3)の開発においてフィリングのため改良され、その後展開されました。**図4**はフィルドビアめっきのメカニズムをめっき時間の経過で示しています。電解の進行と液の流動の作用により、ビア穴内に促進効果の物質(Cu(Ⅰ)錯体と考えられる)が蓄積し、一方、穴外では抑制剤が供給されるため、穴内の析出速度が穴外よりも高くなります。なお、効果をさらに増強するためのレベラーの開発が現在も行われています。フィルドビアめっきでは、添加剤の成分濃度管理が一層重要で、CVS(Cyclic Voltammetric Stripping)法という電気化学手法が適用されています。

　パターンめっきとフィルドビアを同時に行うセミアディティブプロセスでは、めっき液は前項表2のハイスロー浴と高銅濃度浴の中間の組成を使います。

要点BOX

- ●層間接続でビア穴を直上に積み上げるスタックドビア構造
- ●ビア穴を電解銅めっきの添加剤効果で埋め込む

図1　10層スタックドビア(開発中)

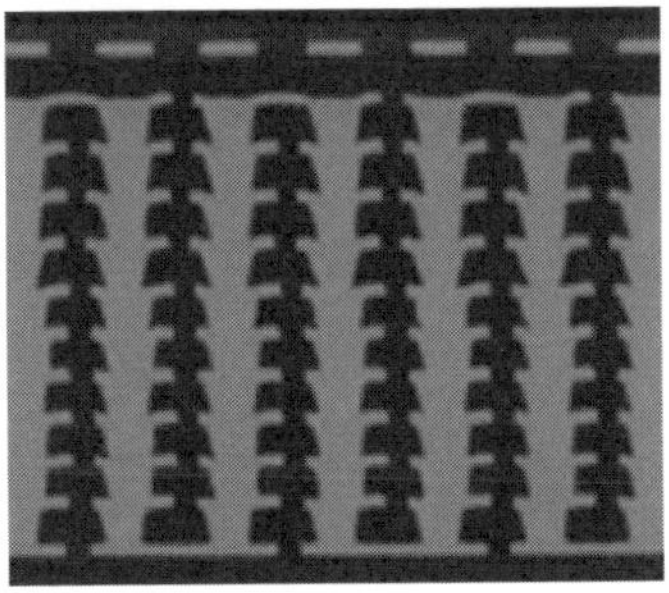

(写真提供　凸版印刷(株))

図2　ファンアウトパッケージの再配線層におけるスタックドビア構造

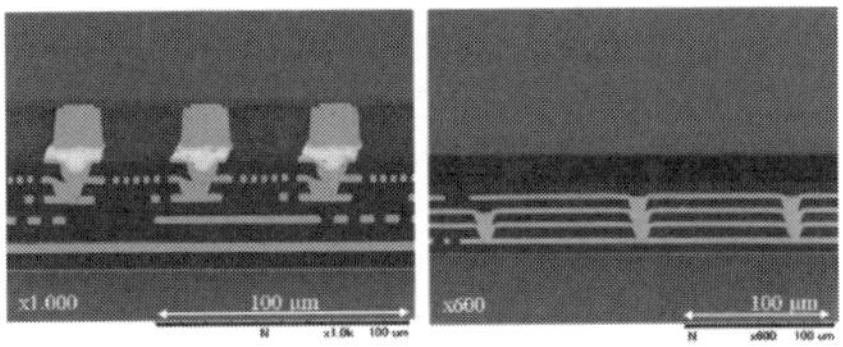

〔出典:野中敏央; エレクトロニクス実装学会誌　Vol. 22 No.5, 380 (2019)〕

図3　ビアフィリングとスルーホールフィリングの例

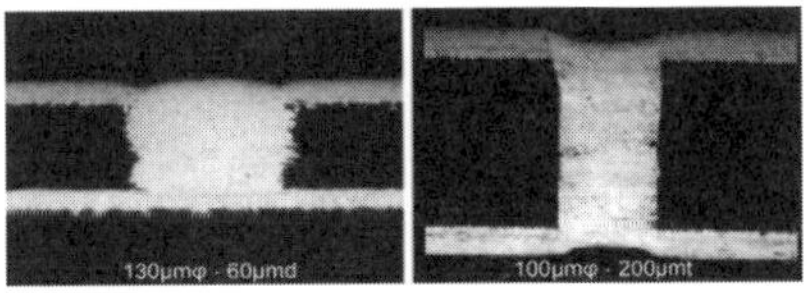

〔出典: 江田哲朗,萩原秀樹,君塚亮一,表面技術 Vol. 62 No.8, 382 (2011)〕

図4　フィルドビアのメカニズム

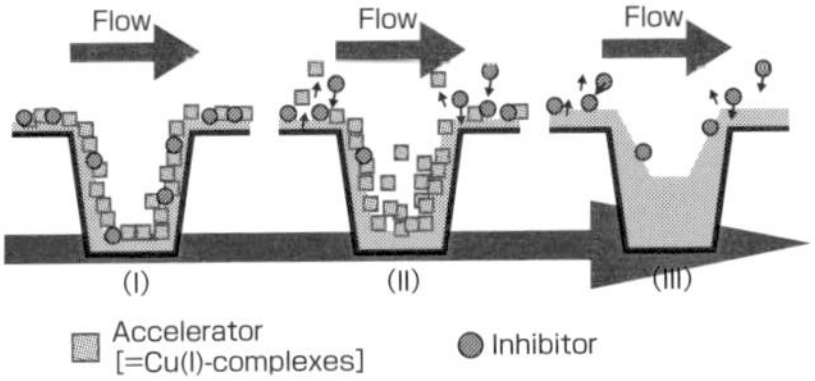

〔出典:大久保利一,表面技術　Vol. 59 No.12, 857 (2008)〕

表1　代表的な電気銅めっき液添加剤(特公昭62-20278より)

添加剤構成	成分	
抑制剤	界面活性剤	浴可溶性ポリエーテル化合物 (ポリエチレングリコール、ポリプロピレングリコール　など)
促進剤	イオウ化合物	浴可溶性有機二価硫黄化合物 $XR_1-(S)_nR_2SO_3H$または　$XR_1-(S)_nR_2PO_3H$ R : アルキレン基,X ; H,SO_3HまたはPO_3H R_1、R_2=C_3H_6、n=2、X=SO_3Na とした場合の bis(sodiumsulfopropyl)disulfide (SPS) が一般的
レベラー	窒素化合物	第三アルキルアミンとポリエピクロルヒドリンとの浴可溶付加物 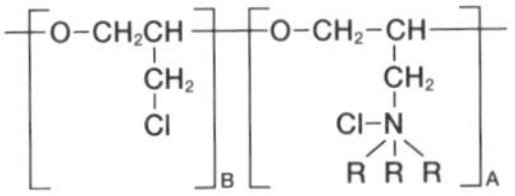 ポリエチレンイミンとアルキル化剤との浴可溶性反応生成物

フィルドビアめっきでは、添加剤構成をベースにして、各社が物質、濃度、めっき条件を改良

54 実装形態と表面処理①

SiP基板と半導体チップ、ビルドアップ基板との実装

半導体チップからプリント配線板まで、その間にシステムインパッケージ基板、インターポーザなどを挟みそれぞれの端子を接続して実装が行われます。この実装の方法は、それぞれのメーカーや外部の専門事業者（OSAT：Outsourced Semiconductor Assembly and Test）で決められ、それに合うように実装のための端子構造や表面処理が各基板に施されます。その代表的な実装形態と表面処理を**表1**にまとめました。ただここに示しているのは、一般的なものであり、各メーカーは独自の技術、要求仕様、それぞれの生産性、コスト等を勘案して、様々な実装方法を創出していますので、数多くのバリエーションがあります。システムインパッケージ基板では半導体およびビルドアップ基板との実装が行われます。半導体チップとの実装は、はんだボールを用いてマスリフローを行う方式と、加熱時圧着するTCB法があります。後者の方が高精度で微細端子ピッチ（40μm程度）への適用性は高く、また局部加熱のため基板全体の反りが軽減できます。接合の例を**図1**に示しました。ただ、TCB法は、局部加熱の特殊装置が必要で生産性が劣るので、対象によりマスリフロー法との使い分けが必要です。また、通常はチップ接合後にアンダーフィルがチップ／基板間に封入されますが、基板上にアンダーフィル樹脂を先入れした後にチップを加熱圧着して、樹脂硬化と接合を同時に行う方式もあります。

プリント配線板、ビルドアップ基板では、通常実装面にソルダーレジストがコーティングされ、その開口部にはんだで部品が実装されます。**表2**は、ソルダーレジストの種類を示しています。昨今は、開口部の精度を向上するため、全面コーティング、感光性のものが主流ですが、一方で、工程の大幅簡略化のため、インクジェット方式が導入され、対応するレジスト材料が出てきています。

要点BOX

- ●SiP基板は半導体とビルドアップ基板との間に実装される
- ●半導体の実装はマスリフロー法とTCB法がある

表1　代表的な各階層の実装形態と表面処理

実装の対象	主実装法	アンダーフィル	表面処理	SR(ソルダーレジスト)
半導体	フリップチップ(はんだ) ・マスリフロー方式 ・TCB方式	あり	銅ポスト　はんだバンプ UBM	なし
システムイン パッケージ基板			銅ポスト　はんだバンプ 金めっき	なし
	フリップチップ(はんだ) ・マスリフローが主	あり	銅(OSP)　Snめっき 金めっき	場合による
ビルドアップ基板・ モジュール			銅(OSP)　Snめっき 金めっき	あり
	はんだリフロー(表面実装)	なし	銅(OSP)　Snめっき 金めっき	あり
プリント配線板			銅(OSP)　Snめっき 金めっき	あり

TCB:Thermal Compression Bonding　ボンディングツール上で加熱、圧接して半導体／基板の端子接合
UBM: Under Bump Metal　半導体の電極上にはんだバンプ接合のための金属層を設ける
OSP: Organic Solderability Preservatives　はんだ濡れ性維持のための銅表面酸化防止効果を有する有機物質

図1　TCB法によるフリップチップ実装後断面構造

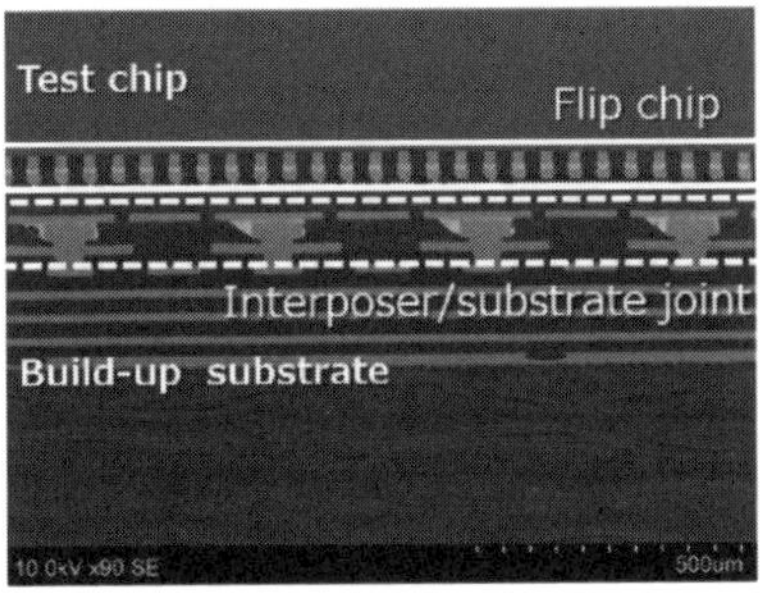

〔出典:大井淳,清水規良,小山利徳; エレクトロニクス実装学会誌
Vol. 22 No.5, 367 (2019)〕

表2　ソルダーレジストの種類

用途	種類	形態	膜形成方法	後処理
パターン印刷	液状	熱硬化型	スクリーン印刷	⇒熱硬化
		UV硬化型		⇒UV硬化、熱硬化
		インクジェット型	インクジェット	⇒UV仮硬化⇒熱硬化
全面 コーティング	液状	感光性	スクリーン印刷、スプレーコート、カーテンコート、ローラーコートによる全面塗布	⇒露光⇒現像⇒硬化
	ドライフィルム		真空ラミネート	

55 実装形態と表面処理②

表面処理の種類と目的

前項の表1に実装階層の各面の表面形態を示していましたが、ここでは、チップ、インターポーザ等の表面処理について若干詳しく見ていきます。表1に主な表面処理法をまとめます。ワイヤボンディングなどのはんだ以外の実装方式もありますが、実装方式で最も主なものははんだを用いるものなので、以降は主にはんだを用いた実装について記します。

表面処理の目的は端子の表面にはんだが①被覆（濡れ）、②接合し、③使用環境で接合の劣化が起こりにくくすることです。いくつかの表面処理方法が使い分けられますが、その観点は、耐熱性（何回のリフローでのはんだ濡れ性低下）、接合性（外力や経時変化で接合が破断しにくい）、および表面処理工程の簡易さ、コスト、実績などです。

実績ある表面処理としては、OSP、置換スズめっき、無電解Ni／Au（またはNi／Pd／Au）めっきが挙げられます。次にこれらの詳細を示します。

OSP（図1）は、銅と選択的に化学反応するイミダゾール系化合物を銅表面に沈着させ、0.nμm程度の有機化合物皮膜を形成して銅表面の酸化を防ぎ、はんだ濡れを促進するものです。工程が短く低コストです。

置換スズめっき（図2）は、銅の表面に2μm以下の厚さのスズを置換析出させるものです。表面のスズがはんだに濡れて、接合ができます。

無電解Ni／Auめっきは銅上に無電解Niめっき、その上に置換Auめっきを行うもので、Auがはんだに濡れ、Niが銅の表面拡散バリアになるので耐熱性に優れます。他よりも工程は長く、コストは高くなります。接合性を重視する場合は、Niめっき上に無電解Pdめっきを行い、Ni／Pd／Auめっきとします。

半導体には、ウエハの状態で電解めっきにより銅ポストやはんだバンプが設けられます。UBMは一般的に無電解Ni／Auめっき工程で形成します。

要点BOX

- 表面処理の主な目的ははんだ接合とそれによる劣化防止
- OSP、置換スズめっき、無電解Ni/Pd/Auめっき

表1　実装用表面処理の種類

部材	目的		表面処理方式
	用途	実装方式	
半導体チップ	チップ／インターポーザ実装	マスリフロー	Cuポスト上に 電解Sn(またははんだ) 電解Ni/Au OSP+はんだ UBM(無電解Ni置換Au) 電解めっきAuバンプ 電解めっきはんだバンプ　など
		TCB Thermal Compression Bonding	
インターポーザ	チップ／インターポーザ実装	フリップチップ (Au-Au,ACF)	無電解Ni/置換Au 無電解Ni/Pd/置換Au　など
		フリップチップ (はんだ)	無電解Ni/置換Au 無電解Ni/Pd/置換Au OSP+はんだバンプ(プリコート) 置換Sn　など 接続用Cu突起電極形成の場合もあり
		ワイヤボンディング	電解Ni/Au 無電解Ni/Pd/置換Au 無電解Ni/還元Au(厚付)　など
	基板への実装	はんだリフロー	無電解Ni/置換Au 無電解Ni/Pd/置換Au 電解Ni/Au 置換Sn OSP　など
ファンアウトパッケージ	チップ接合	パッケージ内でチップの端子に直接配線形成	
	基板への実装	はんだリフロー	無電解Ni/置換Au 無電解Ni/Pd/置換Au 電解Ni/Au 置換Sn OSP　など

図1　OSP(Organic Solderability Preservative)の化合物と工程

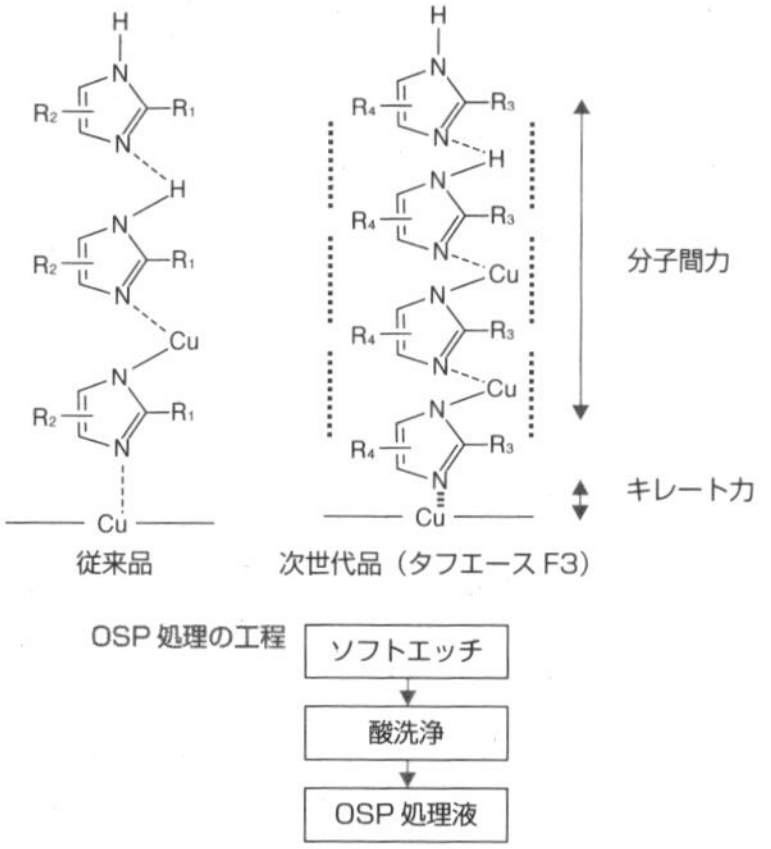

有機化合物が銅と選択的に化学反応する特性を応用。銅と有機化合物が錯体を形成し、これが銅表面に沈着する。
この反応が進み、0.n μm程度の有機皮膜を形成。これが酸素の透過を抑制して銅表面を酸化から守る。

〔出典: 栗田陽輔,横江一彦,平尾浩彦,表面技術 Vol. 62 No.9, 429 (2011)〕

図2　置換スズめっき

スズイオン	0.15～0.40$molL^{-1}$
酸	1.00～2.00$molL^{-1}$
酸化防止剤	0.50～1.00$molL^{-1}$
イオウ系錯化剤	1.00～2.50$molL^{-1}$
界面活性剤	適量
pH	1以下
めっき温度	50～65℃

反応1) $2Cu + S^{2-} \rightarrow Cu_2S + 2e^-$
反応2) $Sn^{2+} + 2e^- \rightarrow Sn$

（Sはイオウ錯化剤）

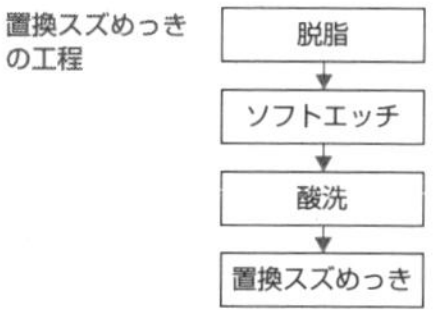

Cuがイオウ系錯化剤と1価の錯イオンを形成して溶解。電子を得てSnが析出する。通常<2μmで使用。

〔出典: 山村岳司,表面技術 Vol. 66 No.10, 443 (2015)〕

Column

AIでの“おもてなし”はどこまで

先日、出張で新幹線移動していたおりに、車内販売員が通り掛かり、「暖かいコーヒーはいかがですか?」と尋ねられました。この声に誘われて、思わずカップ・コーヒーを一杯頼みました。すると「お熱いので、お気をつけてお受け取り下さい。」また、「お使いください。」と、紙ナプキンと飲み終わりのカップ用に小さな袋を渡されました。販売員の心のこもった〝おもてなし〟の気持ちがこのような言葉に繋がったのだと感じました。人の心に余裕がなくなっていると言われる世の中で、じんわりと心温まる瞬間でした。

最近では、フロントに人員を配置せずロボットにホテルの受け付けをさせるという「ホテルグループ」が店舗を増やしていると聞きます。フロントなどの担当をするロボットにAIを搭載しているかは不明ですが、人の代わりの受付ロボットにどこまでのおもてなしができるのだろうかと考えました。AIエッジコンピューティングと言って、全てのモノがインターネットに繋がり、そして、全てのモノにAI機能が搭載される時代になっています。受付ロボットのカメラは、ただ撮影するだけでなく、人物の表情からその人の心情なども理解できるのでしょうか。

JRの駅ホームに自販機の目の前の人を認識して、その人の年代や性別により、お勧めの飲み物を変えて目立たせて表示するという、最新の飲料自動販売機が設置されています。販売機前の来客について、どこまで正確に状況を認識して好みを予測できたのでしょうか。実際に稼働した情報から、結果としての購入飲料を学習し、推測アルゴリズムを更新していれば、的中率が益々向上していると思われます。

総務省の2018年人口推計によると、日本の総人口は8年連続で減少しており、人口構成は、15歳~65歳が60%で、65歳以上は28%で高齢者の割合が年々増加しています。今後は、益々人口減少と高齢化が進むことが予測されています。今後は、高齢者も様々な商業で就労継続が必要となってきます。しかし、農林水産業など身体機能に依存する作業が多いと人材確保が難しくなります。このため身体機能を補完するため、ボディーアシストスーツなど開発が鋭意進められています。使うほどに利用者の癖や習慣を覚えていき、賢くなっていくような、人を補完する心のこもった「おもてなし」ロボットと共存する世の中になって欲しいと思います。

第7章

検査と品質保証

56 検査と品質保証項目

検査工程と検査技術

基板の製造後、品質保証の検査を行い、良品を出荷します。プリント配線板では、**図1**のような検査が行われます。根本は、回路のオープン（断線）ショート（短絡）を調べる「布線検査」、電気的特性を調べる「電気的検査」、基板の表面状態を調べる「外観検査」、および回路パターンやレジスト開口などが設計通りにできているかを調べる「寸法検査」です。テストクーポンを用いた「破壊検査」も行われます。出荷時に保証する項目を**表1**に挙げています。一連の検査はこれらの項目のうち、事前に取り決められたものについてデータを取得して良品であることを保証します。検査にもコストが掛かるため、対象基板の特徴（大量生産品か、要求品質レベルなど）により、保証項目は取捨選択し、製造前に決められます。このような基本的検査は、半導体パッケージ基板など各種基板の製造でも同様に行われています。

従来は、基板メーカーから出荷された良品基板に、実装メーカーで部品が実装されましたが、昨今は部品内蔵基板やシステムインパッケージ等の進展で、基板製造と実装の境界があいまいになり、また、基板上に実装されたチップのはんだ接合部など表面から見えない部分の検査も必要となっています。そのため、新たな検査の体系、手法が生まれてきています。

表2に、最近の実装基板の主な検査技術を示しています。ファンクションテスト、インサーキットテスト（ICT）、バウンダリスキャンテストは、電気信号を用いて検査する手法です。外観検査（AOI）とX線検査（AXI）は画像処理を用いた検査技術で、X線CT技術も進歩しています。テスト容易化設計（DFT）は検査を行いやすくするため、事前に基板設計の段階で検査のための仕掛け（例えば、本来の機能やコストに影響のない回路や端子）を導入しておく技術で、全ての検査に関連します。以下の項では、これらの検査の詳細について説明します。

要点BOX

- ●検査における保証項目は製造前に決められる
- ●検査を行いやすくするテスト容易化設計が大切
- ●検査は出荷品の品質を保証することである

図1　プリント配線板の検査工程

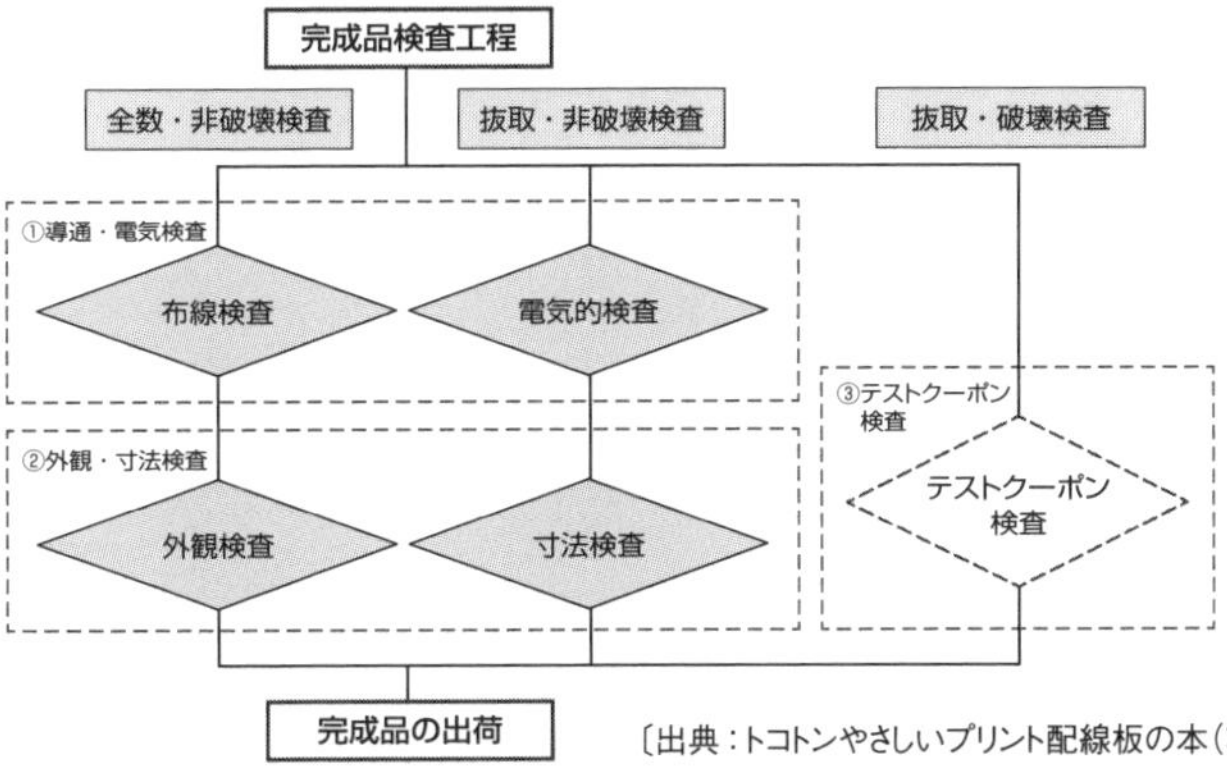

〔出典：トコトンやさしいプリント配線板の本（第2版）P131〕

表1　プリント配線板における保証すべき項目

分類		保証すべき項目
①電気特性		導体抵抗、絶縁抵抗、耐電圧など 特性インピーダンス、高周波特性、クロストーク、電磁シールド性　など
②寸法		導体幅、導体間隙、アニュラリング幅、穴径、外形寸法、反り・ねじれ 基板厚さ、穴と外層パターンの位置精度、穴と内層パターンの位置精度 ソルダーレジストパターン寸法、ソルダーレジストパターンの位置精度　など
③パターンの欠陥		断線、パターン欠け、パターン細り、ピンホール、疵 ショート、パターン太り、銅残り、突起　など
④めっき・エッチングの欠陥		めっき密着性、めっきボイド、めっきクラック、めっき剥がれ、ステップめっき 穴詰まり、めっき変色、汚れ、めっき厚、エッチバック　など
⑤絶縁基板の欠陥		基板のボイド・剥がれ、ミーズリング、打痕、変色、欠け　など
⑥ソルダーレジスト欠陥		ピンホール、むら、剥がれ、クラック　など
⑦機械的特性・実装特性		はんだ耐熱性、はんだ付け性、はんだ厚さ、曲げ強度、反り・ねじれ、ピール強度　　など
⑧信頼性	接続性	スルーホールめっきの接続信頼性 導体パターンとめっきとの接続信頼性 導体の接続信頼性 プリント配線板パッド／部品ピン間のはんだなど接続材の接続信頼性 プリントコンタクトの接続信頼性
	絶縁性	導体パターン間の絶縁信頼性 層間の絶縁信頼性 導体パターンと接続めっき間の絶縁信頼性 めっき間の絶縁信頼性

表2　実装基板の検査技術

検査技術		概要	設計技術
電気信号を用いる	ファンクションテスト(FT)	機能検査　実装後基板の動作を検査	テスト容易化設計 (Design For Testability ：DFT)
	インサーキットテスト(ICT)	実装後基板上の部品動作の検査	
	バウンダリスキャンテスト(BS、JTAG)	部品のはんだ付けを電気的にテスト	
画像処理を用いる	外観検査(AOI)	光学的外観検査	
	X線検査(AXI)	X線を用いて内部を可視化	
	X線CT検査	スキャンしたX線画像を処理し内部構造を得る	

57 電気的検査

インサーキットテスト、ファンクションテスト、バウンダリスキャンテスト

部品搭載前のプリント配線板では、布線検査（SOT：Short Open Test：**図1**）により、ネット（部品端子間の信号を接続するための導体パターンとビアの配線）間に断線（オープン）や短絡（ショート）がないか検査します。ネットの始点と終点の端子にプローブを当て、電気信号で検査します。

部品実装後の基板、および部品内蔵基板では、実装部品の誤りや故障、および接続性の検知が必要であり、そのためにインサーキットテスト（ICT）が行われます。これは、**図2**のように基板上のネットの始点、終点にプローブを当てて電気信号を計測して検査結果を得るものです。しかし、微小なBGA等の端子にプローブを当てる領域の確保が難しくなり、さらに部品内蔵基板では内層で完結するネットにはプローブが当てられないため、ICTで全てをカバーするのは困難になっています。

図3は、部品を実装した基板に、入力信号を印加し期待される信号が出力されるか否かの機能を判定するファンクションテスト（FT）です。しかし、部品内蔵基板では、表面に部品が未実装で電子回路として機能的に完結していないものや、さらに、半導体チップやアナログ部品が実装された基板では適用困難な場合が多く、限定的な使用となっています。

このような電気検査の課題を解決する方法の一つとしてバウンダリスキャン（BS）が考案され、国際規格（IEEE 1149.X、通称JTAG）となりました。これは、**図4**のようにBS回路が組込まれたLSI（多くの半導体ベンダーがすでに組込み）が実装あるいは、基板内に内蔵し、このBS回路を外部から操作します。BSセルが仮想的なプローブとして働き、該当ネットの導通、絶縁検査を論理的に行うもので、例えば、端子ピンのはんだ付けの良否などを判定することができます。特に部品内蔵基板の品質保証では必要不可欠なものになりつつあります。

要点BOX

- インサーキットテストでは、実装部品の不備や接続性の検知を行う
- BSは部品内蔵基板の品質保証に有効

図1　布線検査(Short-Open Test)

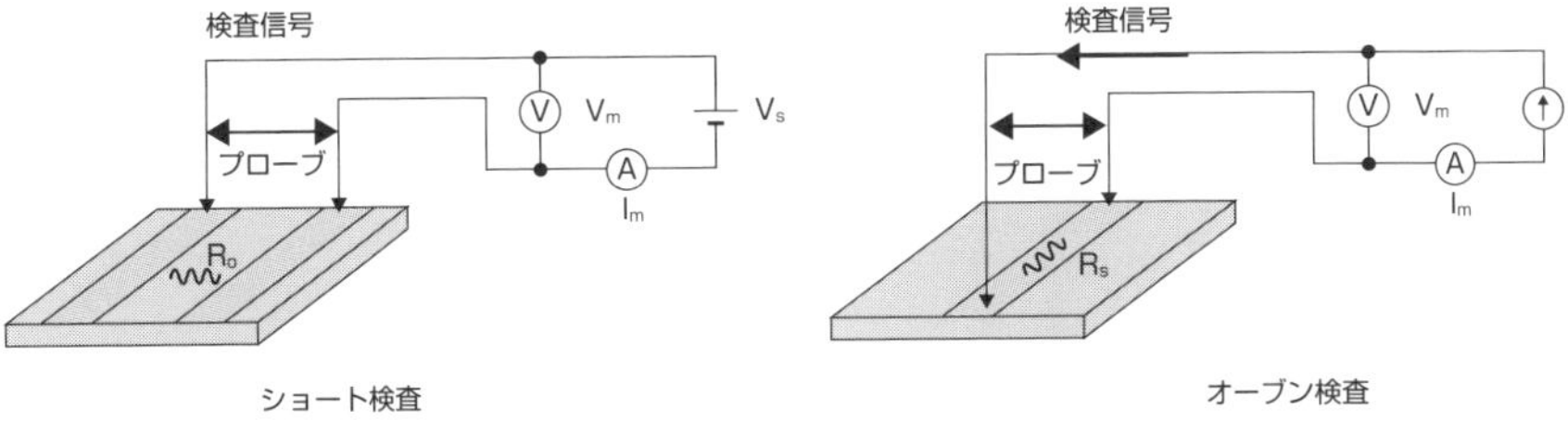

プローブの当て方には、テストジグ方式（予め作られた固定式のプローブを使用）、フライングプローバ方式（プログラムにより基板上の任意の場所にプローブを移動させる）がある。フライングプローバ方式はインサーキットテスト（図2）でも同様に使用される。

〔出典；部品内蔵技術委員会，エレクトロニクス実装学会誌　Vol. 21 No.1, 57 (2018)〕

図2　インサーキットテスト

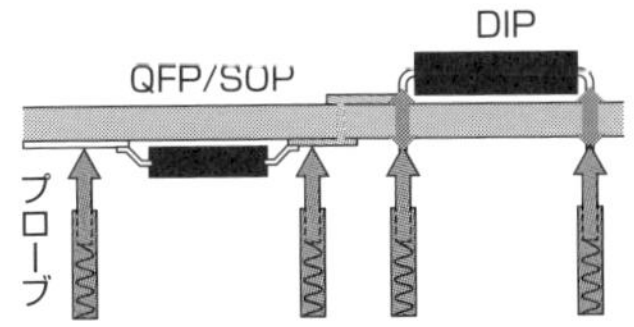

〔図2、図3ともに出典；部品内蔵技術委員会、エレクトロニクス実装学会誌 Vol. 21 No.1, 57 (2018)〕

図3　ファンクションテスト

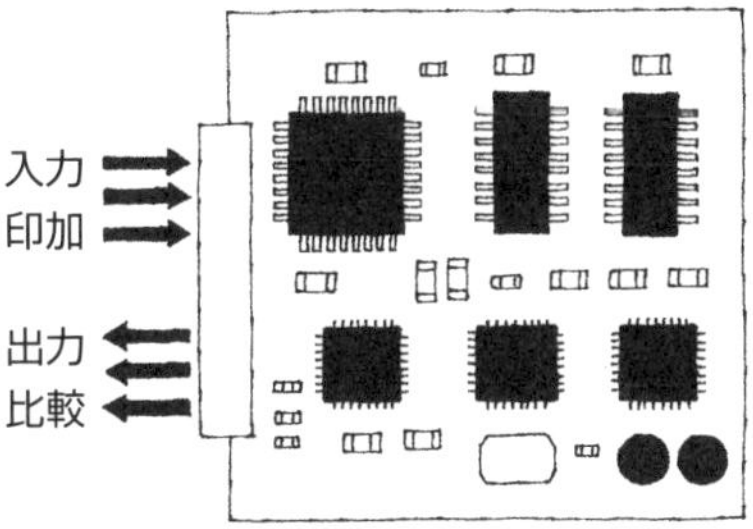

図4　バウンダリスキャン(Boundary Scan：BS)テスト

LSIのコア回路とProbe pinとの間にバウンダリスキャンセル（BSセル）と呼ばれるテスト回路が組み込まれており，このBSセルは4～5本の制御線（JTAGバス）を経由して，外部から自由にその内部論理値 をリードライト可能となっている。このBSセルがバーチャル（仮想的）プローブの役割を果たす。

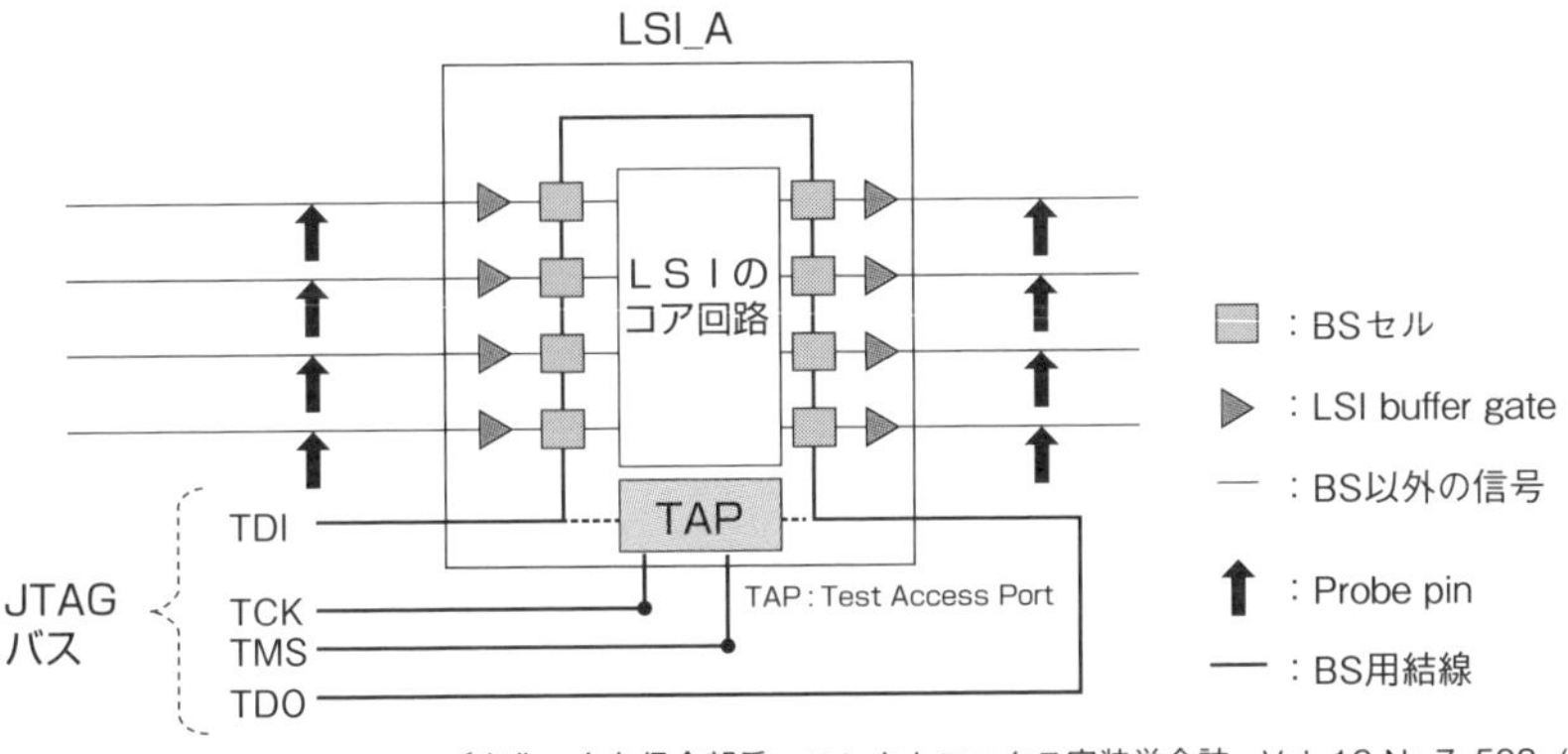

〔出典；大久保今朝秀，エレクトロニクス実装学会誌　Vol. 16 No.7, 508 (2013)〕

58 外観検査

パターンの検査とはんだなど実装接合部の検査

　プリント配線板の回路パターン、およびソルダーレジストを自動で外観検査する装置（ＡＯＩ）は、２０００年以前から市販されています。その装置構成の例を**図１**に示しています。自動外観検査装置では、基本的に、予めパターン描画データから得た基準パターンと、検査装置で得た画像検出パターンを比較することにより、不一致部を欠陥として検出します。しかし、パターンの精度や処理速度などで、不一致部における差分の取り方や認識の仕方が多様で、目視での判断が必要な場合があります。

　近年は、パターンの微細化のみならず、実装接合部の外観検査も必要になっています。ＢＧＡなどではんだ接合部が表面からは見えないので、Ｘ線による検査も一般的になってきました。**表１**は外観検査の対象となる製品とその項目をまとめたものです。要求される製品の信頼性やコスト等を勘案し、項目が決められます。例えば、車載電子機器では安全性が重要で、主要部品には全数検査が求められます。また、データセンタなど通信インフラに関するものは、ボリュームは小さいのですが非常に高い信頼性が要求されるため、検出された不具合を解析し、その対策による類似不良の撲滅を行います。

　図２は、実装された部品のはんだフィレットの形状検査で、車載用ではこのようなスポットレーザ光をスキャンして得たカメラ画像を用いた検査も多く採用されています。比較データは、取得されたデータを基に作成されます。

　ＢＧＡや部品内蔵基板などの接合部の検査では、Ｘ線ＣＴ手法による三次元検査が注目されています。**図３**は、はんだ接合部の未接合検出画像の例です。画像の解像度、検査速度や装置価格でまだ進歩の過程にあります。電気検査で検出された箇所の解析など、他の手法と補完する運用による不良流出の抑止、コスト最適化が行われています。

要点BOX

- ●パターン検査では、基準と検出パターンの比較で欠陥を検出する
- ●実装接合部の検査で不良や不具合を見つける

図1　プリント配線板最終外観自動検査装置(AOI)の構成

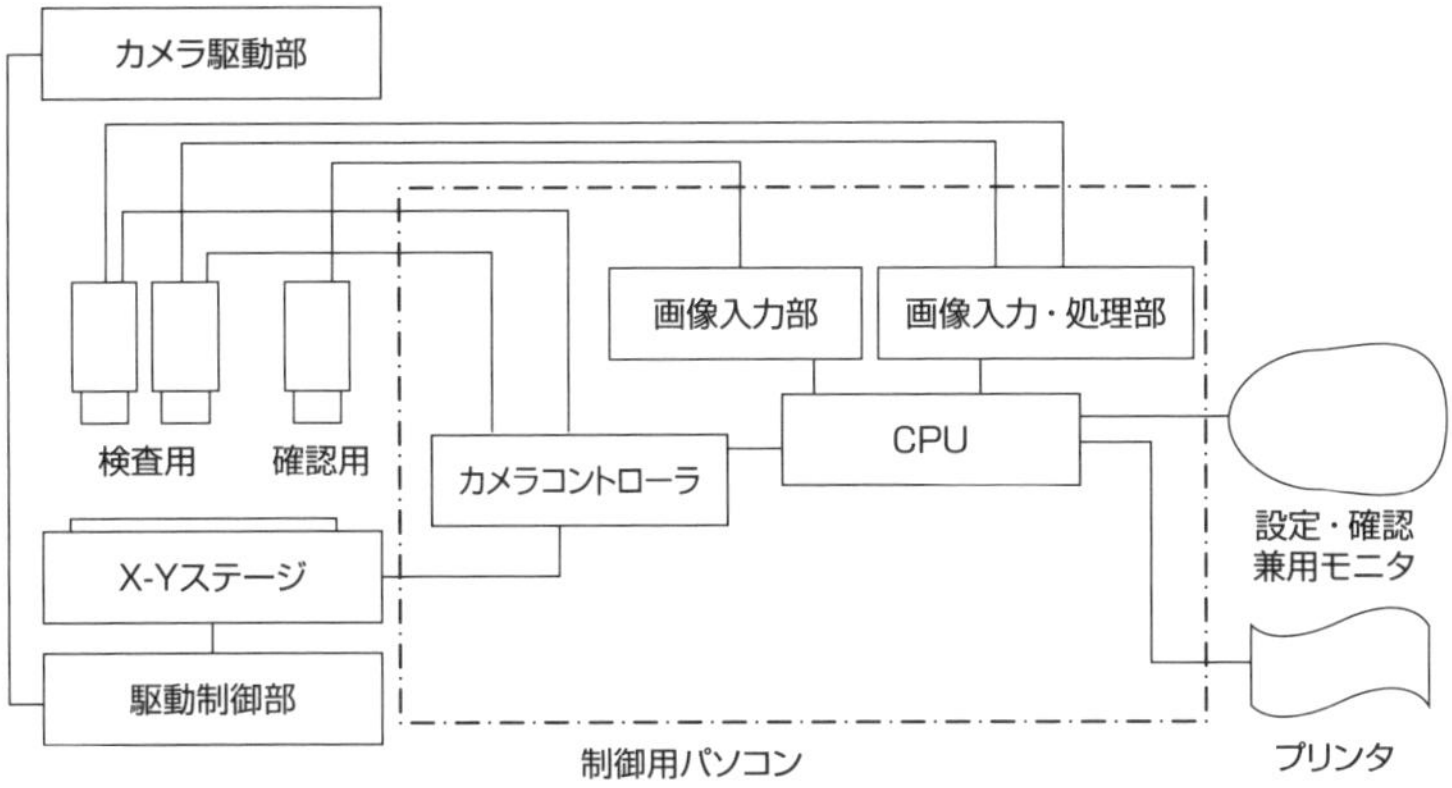

対象物を載せるXYステージ、N台の検査用ラインセンサカメラ、欠陥確認用カメラ、画像入力・処理部と制御部等がある。基本的に、検出パターンと基準パターンとの比較により欠陥を検出する。

〔出典；原靖彦、エレクトロニクス実装学会誌　Vol. 5 No.4, 323 (2002)〕

表1　外観検査の項目

製品ゾーン	対象		外観検査項目
A	ボリューム大 品質レベル中	民生用電子機器	・パターン検査 ・はんだペースト形状 ・はんだバンプ形状 ・実装後基板の検査(部品、はんだ)
B	ボリューム大 品質レベル高	車載用電子機器	Aに加え ・部品、はんだフィレット形状⇒全数 ・X線検査
C	ボリューム小 品質レベル特高	インフラ系 データセンタ用　等	Bに加え ・目視での再チェック⇒不具合の解析⇒ 必要に応じ対策、修正

〔出典；豊島保典, エレクトロニクス実装学会誌 Vol. 16 No.7, 504 (2013)〕

図2　スポットレーザ光スキャンによるはんだフィレットの形状検査

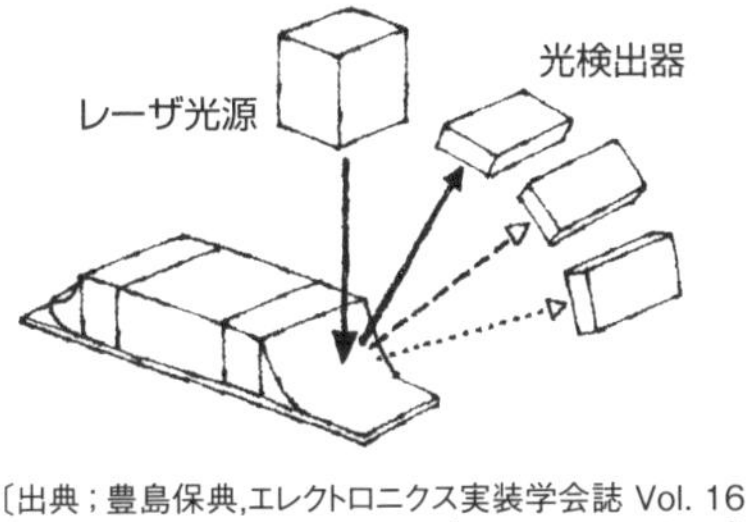

〔出典；豊島保典,エレクトロニクス実装学会誌 Vol. 16 No.7, 504 (2013)〕

図3　はんだ接合部のX線CT画像

(矢印部は未接合)

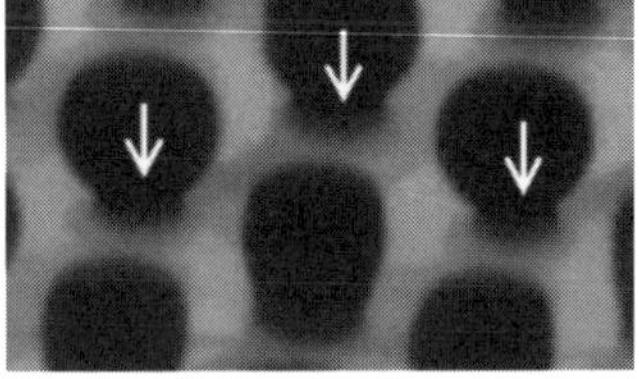

〔出典；豊島保典,エレクトロニクス実装学会誌 Vol. 16 No.7, 504 (2013)〕

59 検査技術の革新

AOI検査、JTAGテスト、AI技術を適用した検査

58項の表1のように、検査の項目や要求度は対象製品によって変わります。実装基板がいっそう高密度化し、実装形態も多様で複雑になる動向に対応して、検査技術も革新しています。製造ラインの構成やプロセスは事業者により多種多様で、それに合った検査の方式・体系がそれぞれに構築されています。

図1は、高密度プリント配線板への部品実装において、はんだ印刷の後に3D形状検査を、マウンターの後にAOIを導入して検査を強化する改善です。高密度実装では、はんだ塗布量や部品搭載位置のわずかなずれが実装不良に繋がるため、このように、各工程直後に検査を行うラインが構築されています。

電気検査では、56項に示したバウンダリスキャン(BS)テストが普及してきています。BSテストはJTAGテストとも呼ばれます。高密度実装において表面から見えず、端子にプローブできない部分のはんだ接合の検査法としては現在最も有効と言えます。**図2**はJTAGテストでBGA(0.4㎜ピッチ)のオープン不良を検出した事例ですが、1枚当たり3秒という高速で不良部位の特定が可能となっています。

AI技術を適用した検査技術の革新も期待されています。従来のAOI検査では、人が設定した基準データと取得データと比較して不良検出します。この時に、検査装置で得た画像にはバラツキが大きく、場合により、人手での判断を要する場合があります。この時は限度見本と呼ばれる良品と不良品のサンプルを比較して人が判断します。ここに、AIによる検査を導入することで、欠陥検出に有効な因子を学習させ「検査ルール」を自動作成できます。そのため、一度学習させれば多様な製品の検査をばらつきなく行えます。しかし、現時点では企業への導入はまだ進んでおらず、さらなる良否判断の信頼性の向上が待たれます。

要点BOX

- 高密度実装では、各工程直後にAOI検査を行う
- 高密度実装基板のはんだ接合検査ではJTAGテストが有効

図1　高密度基板実装ラインの一般的な構成

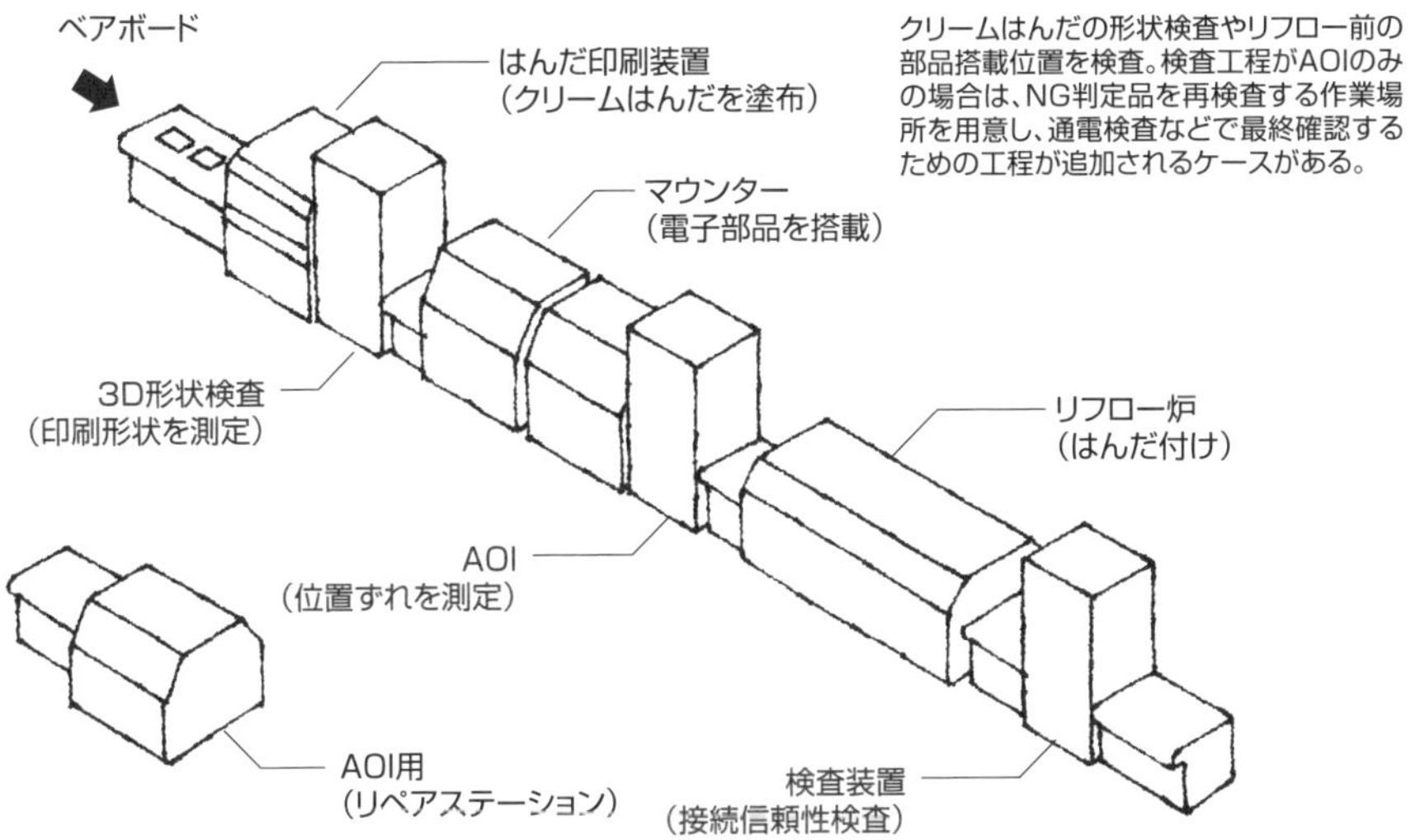

〔出典：検査技術委員会, エレクトロニクス実装学会誌　Vol. 22 No.1, 34 (2019)〕

図2　JTAGテストによるBGAオープン不良の検出例

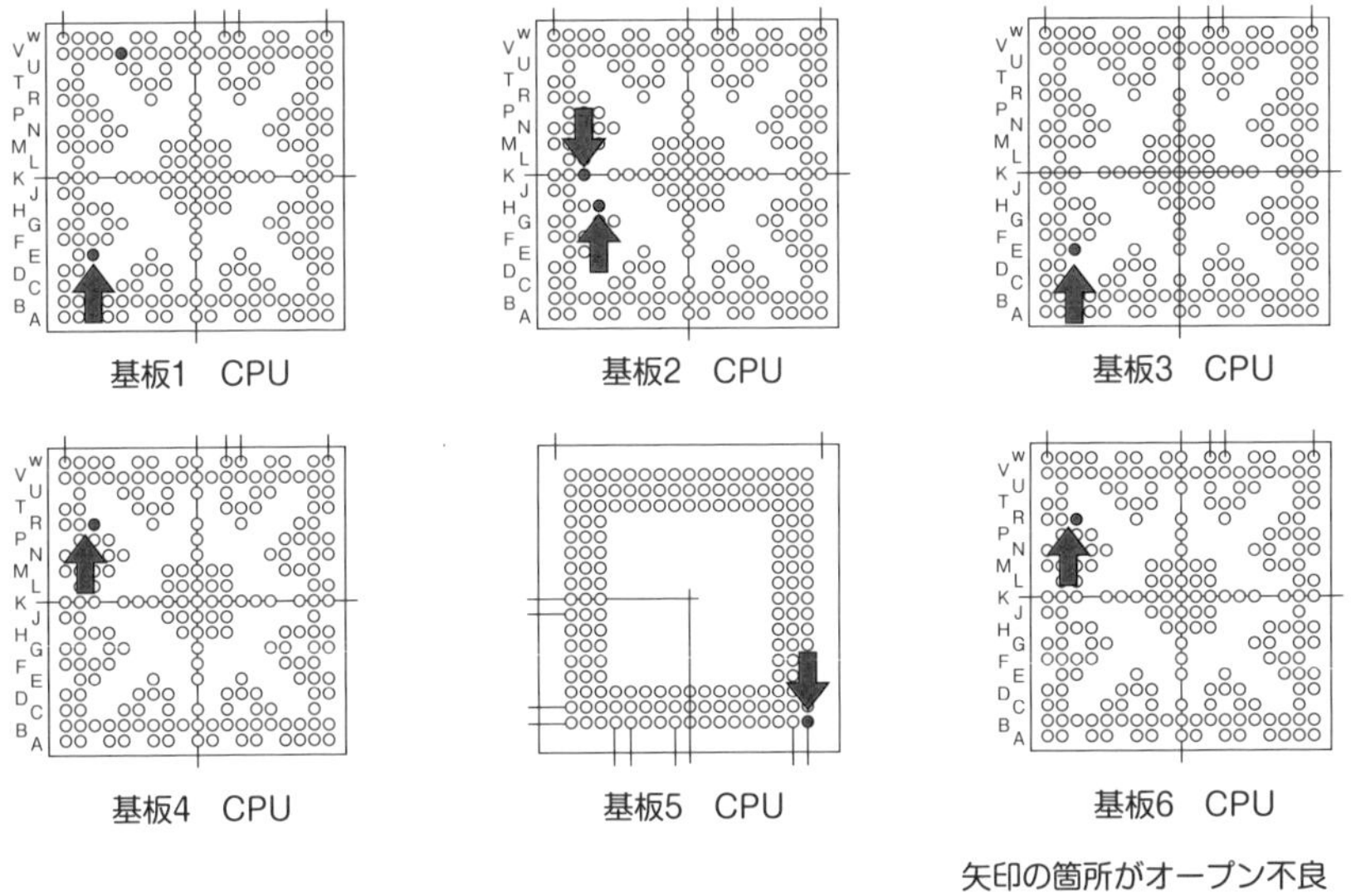

〔出典；谷口正純，エレクトロニクス実装学会誌　Vol. 22 No.4, 271 (2019)〕

60 断線に関する不良

クラックやボイド発生の予防

実装基板および部品が実装された電子機器製品は、全て検査を受けて良品と判定されたものだけが出荷されます。しかし、検査で捉えられなかった不良や、出荷時に良品でも製品が経時使用されて不具合が発生する場合もあります。このような不良の流出や製品の信頼性に関わる不良は、製品の設計段階から材料、製造、検査など全ての工程で考慮し、ユーザーが製品を安全に使用できるよう最善を尽くす必要があります。

製品で起こり得る不良のうち、断線および導体の抵抗増に結びつく主な要因を、回路、接続部、実装部に分類して**表1**に挙げています。このうち、赤字の事項を以下で説明します。

図1は、プリント配線板のスルーホールに生じたクラック（ひび割れ）です。**図2**はビルドアップ基板のスタックビアのクラックです。これらは、樹脂と銅の熱膨張率の差異により、加熱時に応力がコーナ部にかかってクラックが生じたものです。銅めっき条件が大きく影響するため、めっき時の条件確認および見直しが必要となります。また、スタックビアでは、ビア底と下層導体間でのクラックが発生する場合もあり、この対策としてはビア底のクリーニング条件の見直しが必要となります。

実装部では、はんだ接合の不具合で断線が起こります。**図3**は、ＢＧＡのバンプ接合部をＸ線ＣＴで解析したもので、縦と水平の断面を示しています。断面径の小さいバンプは未接続または接合強度低下の状態で、経時使用後にクラック発生が懸念されます。

エレクトロマイグレーション（ＥＭ）は、回路材料の金属原子が、電子流で輸送されボイドが形成される現象です。はんだ中のSnはＥＭを起こしやすいと言われており、今後実装部が縮小し、高電流が流れる製品において問題となるかもしれません。

要点BOX

- **製品（出荷後）で見つかる不良も考慮する必要がある**
- **経時使用でクラックやボイドが発生する場合がある**

表1　断線および導体抵抗増に関わる主な要因

	完成後	経時使用後
回路	断線 回路欠け ピンホール 低導体厚	回路クラック（コーナークラック、バレルクラック等） 銅エレクトロマイグレーション
接続部	スミア 銅/銅密着不良	回路クラック （スルーホール内層、スタックビア等） 銅エレクトロマイグレーション
実装部	はんだ未接合 /強度低下	はんだクラック はんだエレクトロマイグレーション はんだ／パッド界面剥離

図1　スルーホールクラックの例

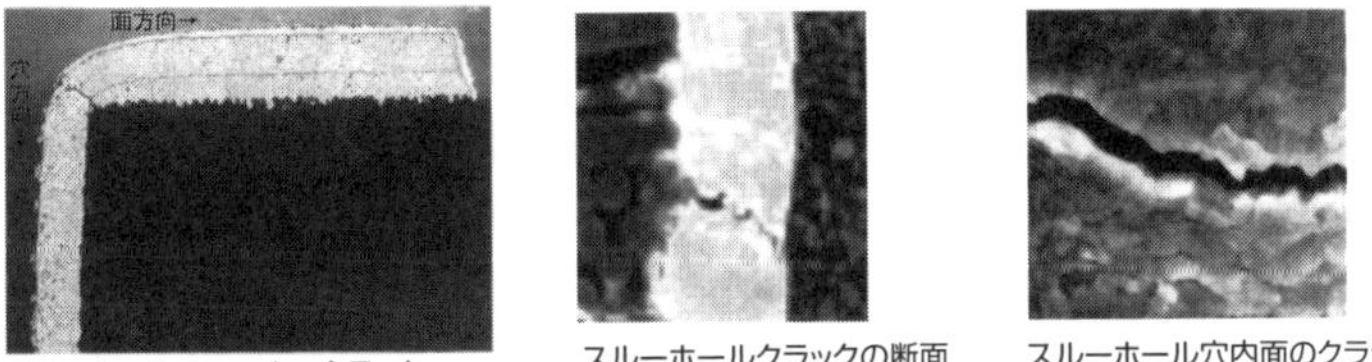

スルーホールのコーナークラック　スルーホールクラックの断面　スルーホール穴内面のクラック

〔出典: 高木 清; エレクトロニクス実装学会誌 Vol. 9 No.3, 147 (2006)〕

図2　ビルドアッププリント配線板のスタックビアのクラック

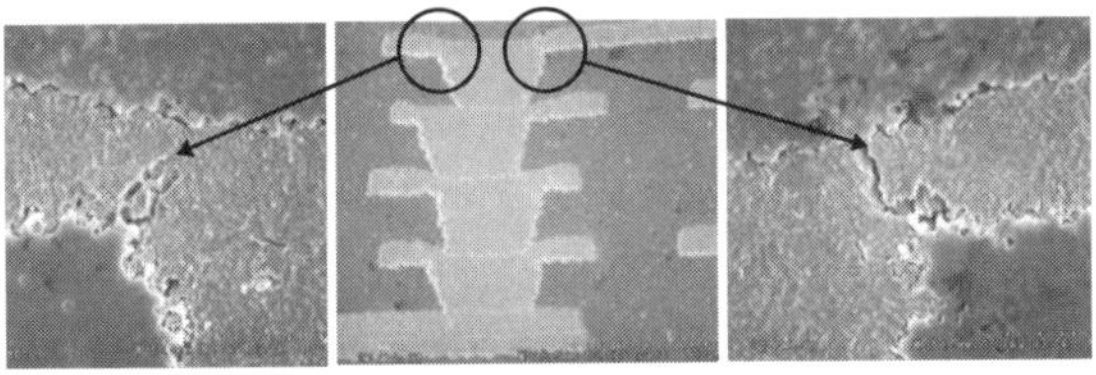

〔出典: 高木 清; エレクトロニクス実装学会誌 Vol. 9 No.3, 147 (2006)〕

図3　未接合バンプのX線CT画像の例

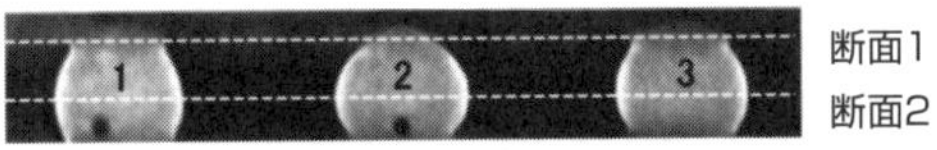

(a)縦断面画像

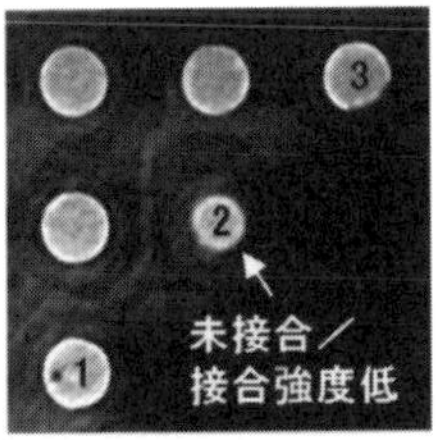

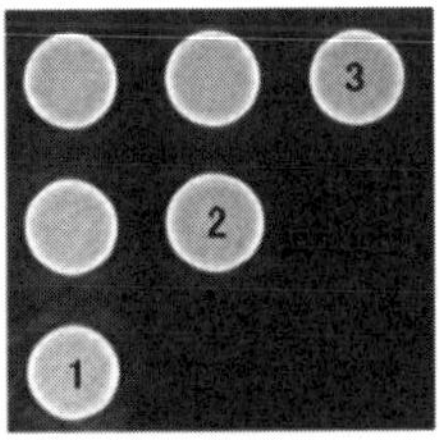

断面1で2のバンプの径が小さくなっている

(b)水平断面1(S1)　(c)水平断面1(S2)

〔出典;　野口健二,　エレクトロニクス実装学会誌　Vol. 22 No.4, 275 (2019)〕

61 短絡に関する不良

回路ショート、ECM、はんだブリッジ、SRクラック

プリント配線板および部品が実装された電子実装基板で起こり得る不良のうち、短絡および絶縁低下に結びつく主な要因を、回路、接続部、実装部に分類して**表1**に挙げています。赤字の事項を以下で説明します。

図1は、プリント配線板の内層パターンで検査（実装後のインサーキットテスト）により検出されたショート不良です。ショートが疑われる内層パターンの領域を設計データから推定し、X線CT装置で観察した結果、CADデータにはないショートを確認できたもので、このような装置連携による効率的な不具合検証が勧められます。

経時使用後の短絡に関しては、エレクトロケミカルマイグレーション（ECM）が問題になります。これは、**図2**のように⊕および⊖に分極された回路間で、電気化学反応によってアノードから金属がイオンとして溶出し、その後還元析出することで回路間が短絡するものです。**図3**はプリント配線板の内層で起こった典型的なECMによるショートの事例です。内層樹脂界面にK分が検出されており、Kを含む塩の残留の影響でECMが発生したものと考えられます。回路間隙が狭くなることや、部品内蔵基板のように違った部品の内蔵による界面が多くなってきているので、ECM対策の観点も含め製造上の工程管理が一層重要になります。

実装においては、間隔が狭いパッド間のはんだブリッジの抑止が特に課題となります。**図4**はFCBGAで発生したもので、マスリフローでBGA基板が凹方向に反ることによってチップコーナー部のバンプが隣接バンプと接触して短絡したものです。また、ソルダーレジスト（SR）に発生したクラックにはんだが溶融して侵入し、隣接する配線とはんだの短絡に至ったという報告もあります。

要点BOX

●短絡（ショート）を装置連携で効率的に見つける
●経時使用時の短絡はECM対策が課題

表1　短絡および絶縁低下に関わる主な要因

	完成後	経時使用後
回路	ショート 銅残り 導体突起	エレクトロケミカルマイグレーション
接続部	パッド間ショート ビア底エッチバック	エレクトロケミカルマイグレーション
実装部	はんだブリッジ ソルダーレジストクラック アンダーフィルクラック、ボイド	Snウィスカー

図1　内層パターンのショート

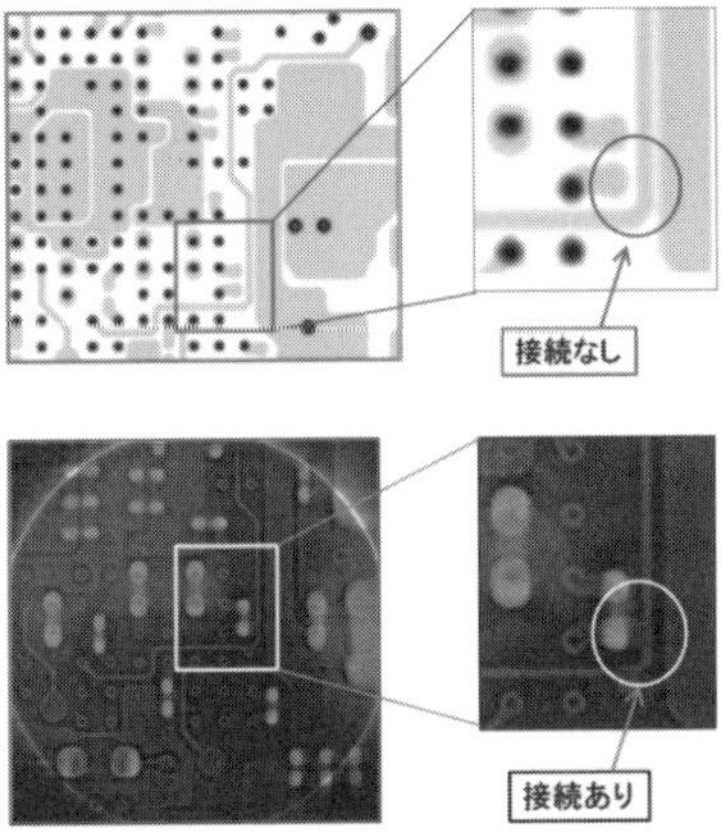

上; CAD画像、下; X線CT画像
実装後のインサーキットテストで、ショート不具合を検出。ショートが疑われる内層パターンの領域を推定。X線CT装置で観察し、ショートを確認。

〔出典; 豊島保典 ,エレクトロニクス実装学会誌 Vol. 16 No.7, 504 (2013)〕

図2　エレクトロケミカルマイグレーションの発生パターン

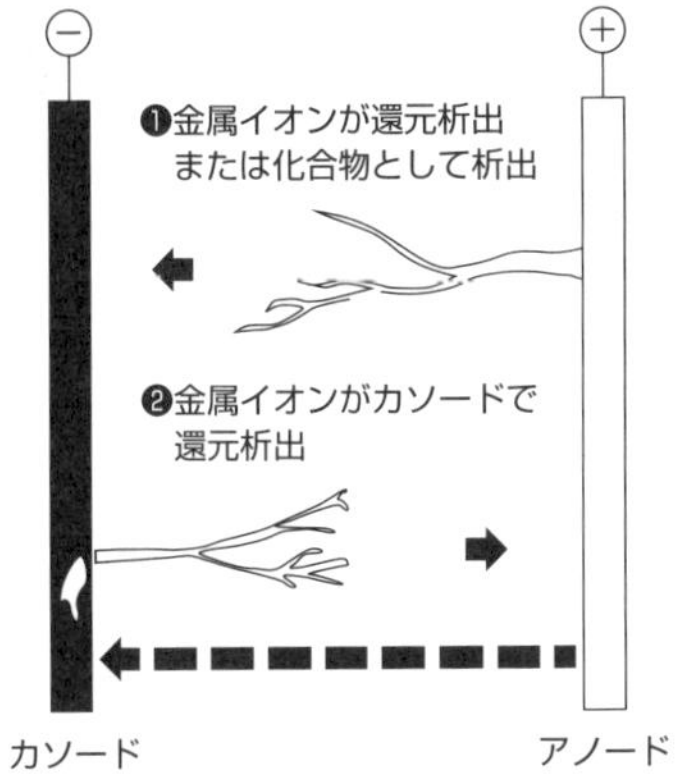

〔出典: 津久井勤; エレクトロニクス実装学会誌 Vol. 15, No.5, 365(2012)〕

図3　内層のマイグレーションの断面(SEM/EPMA像)

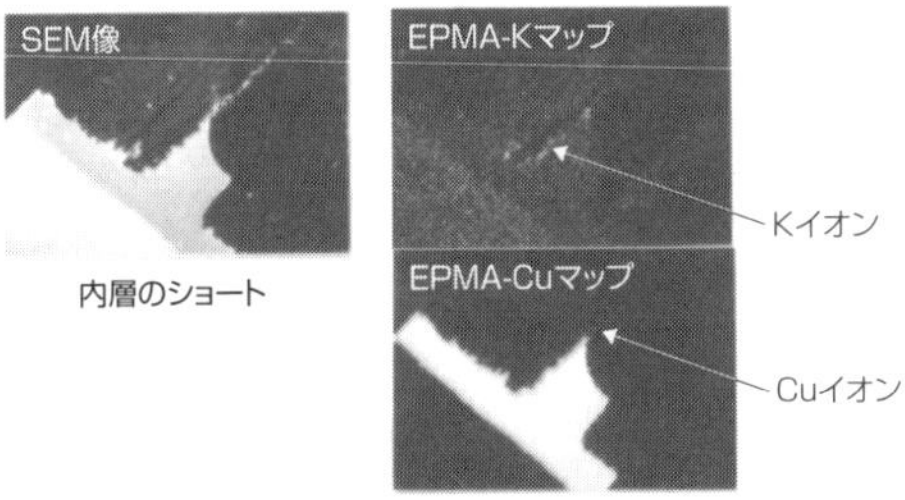

〔出典;よくわかるプリント配線板のできるまで(第3版) 図13.18〕

図4　はんだバンプのショートモード

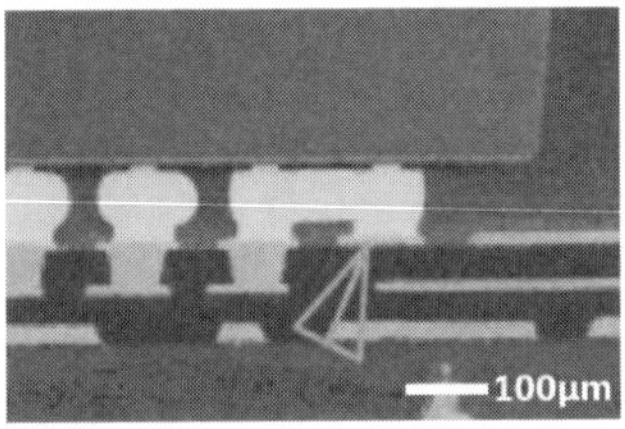

マスリフローで、高温時パッケージ基板が凹方向に反り、チップコーナー部のバンプが隣接バンプとショート

〔出典: 夏秋昌典,大島政男 ; エレクトロニクス実装学会誌 Vol. 22 No.5, 427 (2019)〕

Column

便利さの傍らで

相鉄線からＪＲ埼京線への乗り入れが開始されました。海老名方面から新宿・大宮方面への利便性向上のため、ＪＲの東海道貨物線を再利用して相互接続を実現したものだそうです。横浜国立大学の近くにＪＲの駅もできて、今まで電車とバスを乗り継ぐ必要であったところが、学校周辺の方々も含めて、移動の選択肢が増えて非常に便利になりました。

近年、湘南新宿ラインや東京上野ラインは、宇都宮線や高崎線と横須賀線や東海道線が、埼京線経由や東京駅と上野間の線路経由で繋がって実現しました。これらはほんの一例ですが、直通運転により東西や南北の個別の路線間で乗り換えが必要だった路線同士が直通で繋がることで、乗り換えの手間の他に、電車待ちが解消され、結果的に移動時間の短縮にも繋がっています。非常に便利になりました。また、従来は、乗り換えのために、階段、エスカレータやエレベータを使ったり、電車ホーム間を移動したりと乗り換えを強いられ、体の不自由な方にとっては、大変な乗り換えでしたが楽になりました。

このように首都圏での鉄道各社の路線間相互乗り入れにより、直通運転が可能となった路線での移動は、非常に楽になった一方で、個別の路線での車両不具合や予期せぬトラブルにより、個別路線の電車が運転見合わせとなった場合には、今まで以上に運行ダイヤ復旧までの時間が掛かるなど、今まで便利だっただけに、不都合が非常に強く感じられます。そのような場合には、相互乗り入れを一時中止し、従来通り個別路線での運転に切り替えることで、運転見合わせ区間を最小限にする切り替えや、別会社の併行路線への振替輸送が行われています。

我々半導体パッケージ基板や高密度実装の世界ではどうでしょう。今まで複数パッケージ基板をマザーボードに実装して機能を実現していました。半導体の集積度向上やＳｉＰなどによる複数チップの単一パッケージ収容等の高密度実装により、性能や・機能の向上と小型化が実現してきました。ワンチップで製品を制御できる時代では、パッケージ内部で不良が発生すると、その機器が全く動かなくなってしまいます。今後、高機能なエッジ機器に望まれるのは、一部が故障しても代替回路が組み込まれていて、継続動作できる機能ではないでしょうか。

第8章

実装技術のこれから

62 プリンテッドエレクトロニクス

インクで印刷して薄く・軽く・曲げられるデバイスの製造

プリンテッドエレクトロニクスはインク化した導電材料を印刷技術でパターン化し、エレクトロニクスのデバイスを製造するものです。この技術で作製されるデバイスは、「薄く、軽く、曲げられ」、プロセスが低温で可能となることが特徴です。**表1**は、プリンテッドエレクトロニクスの対象として研究開発されているものを挙げています。フレキシブルプリント配線板、太陽電池パネルは既存技術ですが含めています。インクおよび、印刷方法に関する新たなシーズ技術と、新規デバイスのニーズ適用のためのマッチング技術開発が精力的に行われています。

事例は非常に多いですが、一部を紹介します。なお、導電インクの金属は主に銀または銅が使われています。**図1**は、ポリイミドフィルムに銀のテストパターンをスクリーン印刷したサンプルです。**図2**は、銀ペースト印刷で形成した太陽電池セル受光面のグリッド線で、セルで生じた電流を集電しています。

以降の例は、研究開発段階の事例です。**図3**は、ポリイミドフィルム上に銅ナノインクを用いて、インクジェット印刷したサンプルです。インクは光で焼結する特殊な材料です。**図4**は、同じナノインクを用いグラビアオフセット印刷で、PETフィルム上に形成した線幅7㎛の銅メッシュです。これは、タッチパネルセンサとしての応用が検討されています。また、ウェアラブルデバイス用途には、伸縮性のある導電性材料を用いたセンサシートも開発されています。

ここで使われる印刷方法は、スクリーン印刷、オフセット印刷、グラビア印刷、インクジェット印刷など従来から用いられている手法があり、それぞれ、パターン精度、細線形成、生産性などに特徴があります。それらを用途、および材料と適合するように改良して適用しています。

要点BOX

- **インク化した材料を印刷技術でパターン化して実装する**
- **インクジェットなどの印刷技術を適用**

プリンテッドエレクトロニクスの特徴

・有機フィルム基板を使えるので薄く、軽くできる。
・製作したデバイスを曲げられる。
・プロセス温度を低温にできる。

表1　プリンテッドエレクトロニクスの主な対象デバイス

デバイス	作製するもの	印刷材料
フレキシブルプリント配線板	配線	導電インク
	配線(厚膜化)、接合用電極	導電インク+無電解めっき
太陽電池パネル	集電用電極、配線	導電ペースト
フレキシブルディスプレイ	薄膜トランジスタ(TFT)アレイ	有機半導体
	ソース・ドレイン電極 配線	導電インク
タッチパネル	細線メッシュ電極	導電性ナノインク、ナノワイヤ、導電性ポリマー
ストレッチャブルデバイス	配線	導電糸、伸縮性導電ペースト

図1　ポリイミドフィルム上にスクリーン印刷で銀のテストパターンを印刷したサンプル

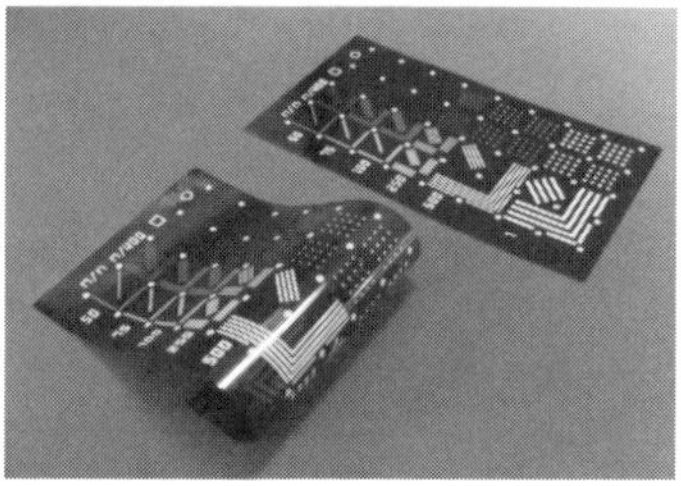

L/S=50/50μmから1mmの配線を印刷
〔出典;尾﨑和行,エレクトロニクス実装学会誌 Vol. 14 No.6, 460 (2011)〕

図2　太陽電池セル受光面の表面に印刷で形成されたグリッド線(右は拡大)

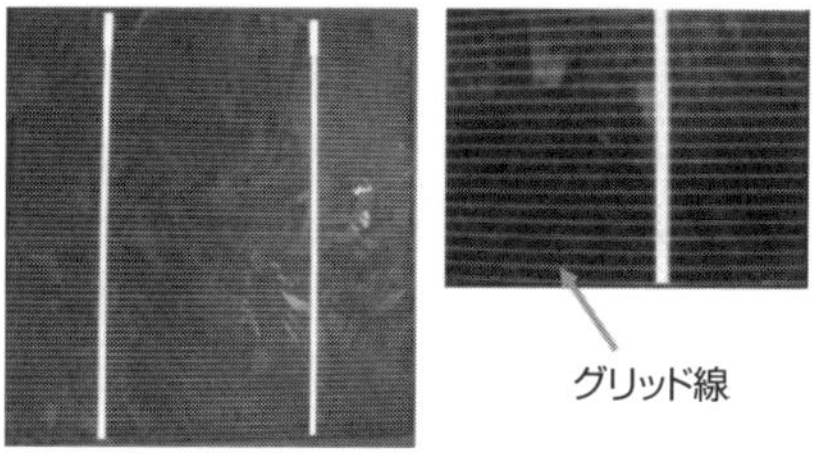

セルで発電された電流はグリッド線を通り、表面に見える太い2本の縦線を介し、金属線により隣のセルと直列に接続
〔出典;材料技術委員会,エレクトロニクス実装学会誌 Vol. 17 No.1, 2 (2014)〕

図3　研究開発段階のプリンテッドエレクトロニクス

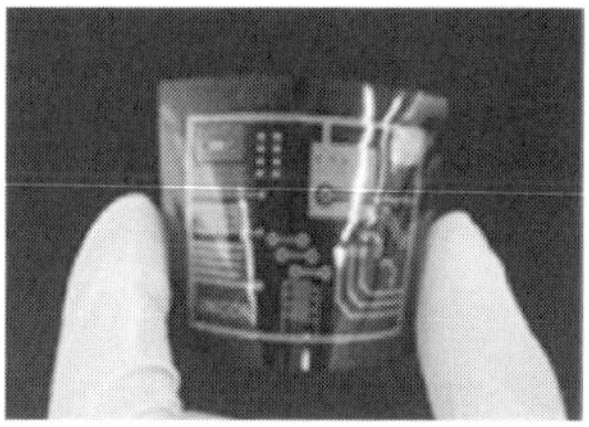

ポリイミド(PI) フィルム上に導電性Cuナノインクを用いて、インクジェット印刷したサンプルの光焼結後のCu 回路
〔出典;南原聡,川戸祐一,有村英俊,エレクトロニクス実装学会誌 Vol. 21 No.6, 594 (2018)〕

図4　グラビアオフセット印刷でPETフィルム上に印刷された銅メッシュ

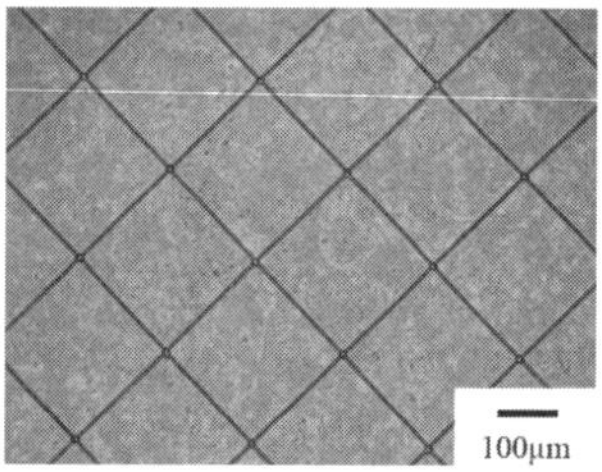

〔出典;南原聡,川戸祐一,有村英俊,エレクトロニクス実装学会誌 Vol. 21 No.6, 594 (2018)〕

63 はんだレス接合

はんだの課題とはんだに代わる接合

実装に用いられている最も主要な接合材は、言うまでもなくはんだです。例えば、FO-WLPおよびシリコンインターポーザを用いた実装では一般的に**図1**のようなはんだによる接合が行われます。はんだは260℃程度(Sn-Ag-Cuの場合)で部材間を接合でき、しかも部位間の位置ずれが小さければセルフアライメント効果により自動的に補正できます。最も実績があり、コストメリットのある接合方式です。

ところが、実装の対象となる部材や実装形態の多様化、および接合部位の狭小化などの影響により、必ずしも従来のはんだ接合が適切でない問題点が生じています。それらを**表1**にまとめました。

高密度実装におけるはんだ接合で最も顕著な事例は、はんだ溶融温度における基板の反りと熱膨張率(CTE)差による位置ずれです。接合部の狭小化で許容範囲を超え、表中の対応策が行われています。

その一方で、低温での実装により、はんだを不使用または部分的使用にできるはんだレス接合も検討されています。**表2**は、半導体チップ実装において用いられるはんだレス接合技術で、既存のほかに、新規開発中のものもまとめて挙げています。これらのはんだレス接合は、既存のものは特定対象に限定され、ほかはまだ研究段階のものです。**図2**はハイブリッド接合の例で、非常に微細な銅電極の接合ができ、イメージセンサモジュールで適用されています。

はんだボールによる接合では、回路幅に比べ大きい接合パッドが表層のスペースを制限し、配線引き回しが難しくなることが懸念されます。この点で、図1(A)のようにFO-WLPではチップは再配線層と直接接続され、チップ実装の考慮が省けるので、今後の微細化において有利と考えられます。

車載分野では、今後高温環境で作動するSiCデバイスの適用が予想され、はんだに代わり金属ナノ粒子を用いた接合法が開発されています。

要点BOX

- 低温実装や接合部の狭小化など、はんだレス接合のニーズは増えている
- 高温環境下で作動するデバイスなどへ適用

図1　シリコンチップと配線板とのはんだによる接続イメージ

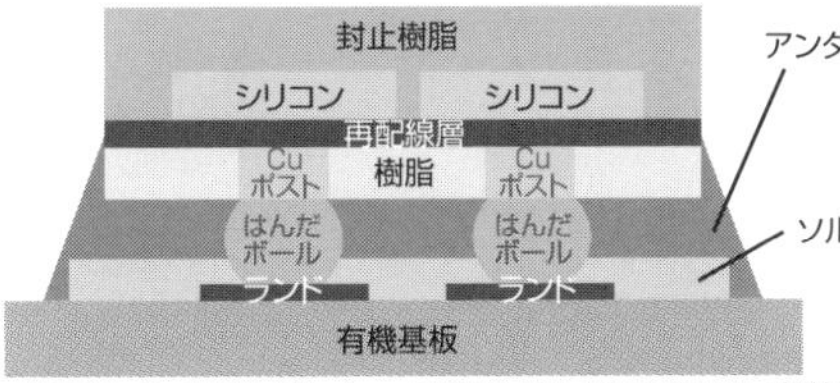

(A)ファンアウトパッケージ(FO-WLP)を用いた実装

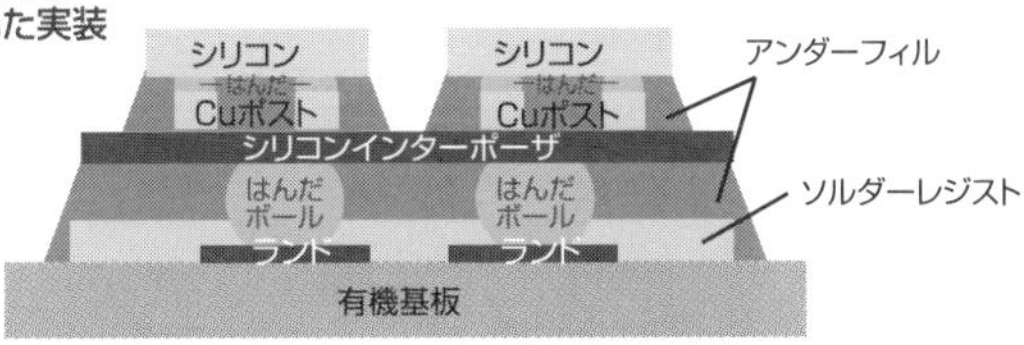

(B)シリコンインターポーザを用いた実装

詳細な構成は各事業者により異なる。

表1　はんだ接合の問題点とはんだレス接合の展望

項目	問題点	対応策(現状)	はんだレスの場合
温度の影響	・基板の反り、CTE差による位置ずれで実装不良	・反り矯正等ノウハウ蓄積 ・TCB(54項)適用　・低温はんだ	・低温接合で問題は軽微に
	・はんだ溶融温度で材料特性の劣化(特に有機材料)	・耐熱材料の選定	・使用可能材料候補拡大
	・はんだ溶融温度でのデバイス特性の劣化(イメージセンサなど)	・低温はんだ ・レーザスポット溶接	・はんだ実装温度を考慮せずデバイス改良可
	・使用環境がはんだ溶融温度以上(車載部品など)	・高温はんだの使用 ・はんだ溶融温度以下での使用	・金属ナノ粒子を用いた金属接合技術 ・SiCデバイスの適用幅拡大
実装スペース	・はんだボール接合パッドの占有面積大	・パッド、ピッチの狭小化	・WLP、FO-WLP(PLP)ではチップ/RDL間は直接銅配線形成 ・さらなる狭小パッドの設定可 ・実装コスト増大の可能性 (他の利点との相殺を要検討)
	・狭ピッチではんだボール間接触の恐れ	・狭ピッチCuピラー作製し頂部に接合材付与	
エネルギー消費	・はんだ溶融温度以上に加熱	・省エネルギー運用	・エネルギーコスト低減の可能性
信頼性	・はんだ接合部信頼性低下 (クラック等接合部の経時変化)	・UF等補助材料での保護 ・応力解析による構造の改善	・WB等実績ある方法では問題なし ・新規手法は現状検討中

表2　半導体チップ実装で用いられるはんだレス接合技術

種類	方法		主な対象
直接接合	超音波接合	・ワイヤボンディング ・金バンプ／金パッド接合	Au-Au Au-Ag Cu-Ag
	ハイブリッド接合	ウエハのCMP →Cu同士とSiO_2同士を圧接	Cu-Cu SiO_2-SiO_2
	プラズマ活性化接合	プラズマ照射	
中間層接合	表面活性化接合	拡散接合*	Cu-Cuなど
	ギャングボンディング	Auバンプ／Snめっきをツールで圧接(30項図4)	Au-Sn
	導電性材料	導電接着剤(ACF等) 導電ペースト	

* 被接合物を接触させ、溶融や塑性変形が生じない程度に加熱加圧 して接合する方法。直接接合と面間に他材料の中間層を入れる場合あり。

図2　カメラモジュールに使われている Cu/Cuハイブリッド接合

電極サイズ3μm、ピッチ14μmの接合が実用化

〔出典;福島誉史,李康旭,田中徹,小柳光正,表面技術 Vol. 67 No.8, 414 (2016) 〕

64 ナノインプリント技術

熱ナノインプリントと光ナノインプリント

ナノインプリント技術は、モールド（鋳型）を用いて樹脂などに精密に形状を転写するプロセスで、高価な描画装置やエッチング装置を用いることなく、比較的簡単な装置でサブミクロンオーダーの微細加工が実現でき、低コストの微細加工プロセスとしてさまざまな分野への応用が期待されています。

主な手法には、熱ナノインプリント法および光ナノインプリント法があります。**図1**は、熱ナノインプリント法で、成型対象となる樹脂などが軟化する程度の温度でモールドと樹脂を加圧保持することにより樹脂を変形させ、微細な形状を転写します。**図2**は、光ナノインプリント法で、基板上に光硬化性樹脂を塗布し、モールドと接触させてモールドパターン内に充填し、紫外線照射により樹脂を硬化させ、微細構造を作製します。これら以外の方法も開発されています。モールドは、シリコンなどの基板に半導体の微細加工プロセスを使ってマスターモールドを作製します。これは高価なので損傷を防ぐため、複製してレプリカモールドとし、作業に使用します。複製には主にCD、DVD等で使われるニッケル電鋳技術が適用されています。

ナノインプリントは、反射防止や偏光フィルムの製造などへの応用が広がりつつある中、半導体や半導体パッケージ基板における次世代リソグラフィ技術としても実用化が期待され、新しいプロセスや材料が開発されています。1㎛未満の幅のパターンを樹脂に成型した例もあります。また、ポリイミド樹脂に銅で配線／ビア／配線の構造を形成した例もあり、ビア、トレンチにめっきで銅を埋め込むダマシンプロセスが適用されています。**図3**は、このようなダマシンプロセス用のNiモールドですが、通常の方法では困難な高アスペクト比（幅／高さ）で段差のあるパターンが、ナノインプリントでは容易に形成できる利点があります。

要点BOX

- 鋳型（モールド）を使った低コストの微細加工プロセス
- 新しいプロセスや材料が次々と開発されている

図1　熱ナノインプリント法

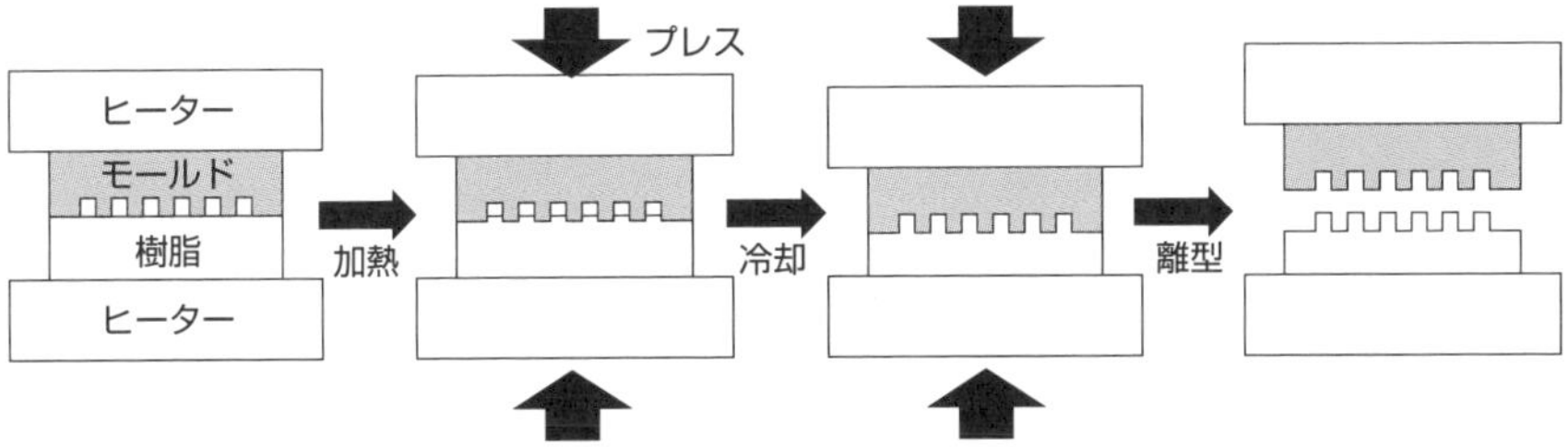

成型対象となる樹脂などが軟化する程度の温度（代表的な樹脂では、100-200℃程度）で、モールドと樹脂を加圧保持することにより樹脂を変形させ、微細な形状を転写する方法

〔出典;マイクロメカトロニクス実装技術委員会、エレクトロニクス実装学会誌　Vol.12 No.1, 43（2009）〕

図2　光ナノインプリント法

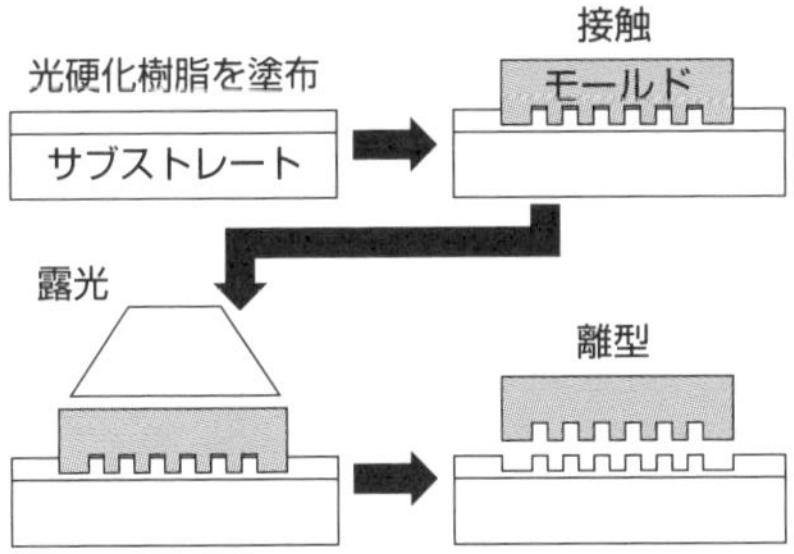

基板上に光硬化性樹脂を塗布し、モールドと接触させせることによりモールドパターン内に充填、紫外線照射により樹脂を硬化、微細構造を作製。すべての工程を常温で行う
光を照射するため、モールドまたは基板の一方は透明な材料が必要

〔出典;マイクロメカトロニクス実装技術委員会、エレクトロニクス実装学会誌　Vol. 12 No.1, 43（2009）〕

図3　ナノインプリントに用いられたNiモールド

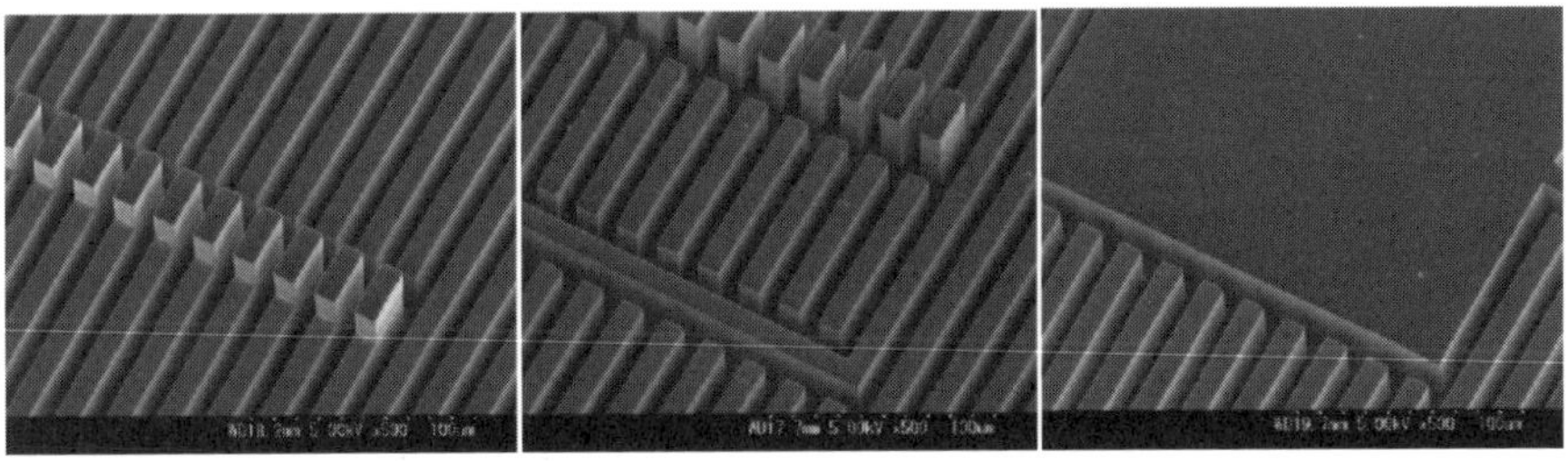

パターン線幅：10μm、パターン高さ：最大45μm（アスペクト比4.5）この形状には段差があり、通常のリソグラフィーでは複数回のプロセスの繰り返しが必要。ナノインプリントでは一度に形成可。

〔出典；マイクロメカトロニクス実装技術委員会,エレクトロニクス実装学会誌　Vol. 12 No.1, 43（2009〕

65 MEMS

MEMSセンサ

MEMS(Micro Electro Mechanical Systems)は、「半導体集積回路を作る微細加工技術を応用してセンサなどの小形でメカニカル部分を含む高機能なシステム部品を作る技術」です。いろいろな種類があり、作製されるものも非常に多岐に渡っています。今では材料もシリコンに限定されません。**表1**は、国際会議IEEE MEMS 2020における研究分野の区分で、応用も非常に広範です。IoT社会では、あらゆるものにMEMSセンサが付けられ、この技術の重要性は一層高くなっています。

これまでにも、MEMSで作製された製品は広く普及しており、圧電材料を用いたインクジェットプリンタヘッドや、ジャイロセンサなどは代表的なものです。**図1**は、自動車用の加速度センサであり、シリコン基板に微細加工で作られた電極間の静電容量の変化で加速度(衝撃や傾き)をセンシングします。自動車にはエンジン制御等も含め、既に多くの種類のMEMSセンサが搭載されています。MEMS素子だけでは機能は発現されませんので、実装してパッケージ化することが必要になります。一般的な半導体のパッケージングと同様な小型・薄化、および信頼性等に加え、可動部品を内蔵し、要求特性が各々異なるなどの特有な課題があり、相当のコスト(全体の半分程度)がかかると言われています。MEMS素子の実装も大きな研究開発のテーマです。

MEMS素子がシリコンウエハに半導体加工プロセスで加工される場合は、ウエハまたはチップの形態で半導体チップ実装と同様、基板上に実装、集積化され、必要なら封止します。**図2**は、フリップチップでミラー構造を作製したチップを基板に実装したものです。**図3**は、C-MOSとMEMSウエハを集積化するための、同一ウエハに作り込むSoC、または別々のウエハを集積化するSiPによる方法を示します。デバイスごとに最適な方法を決定します。

要点BOX
●MEMS素子を実装してパッケージ化する
●デバイスごとに最適な方法がある

表1　MEMSの研究分野

IEEE MEMS 2020における研究開発分野の区分
汎用のための材料、製造およびパッケージング
マイクロおよびナノ流路
バイオおよび医療用
物理センサ
光学、RF、電磁気学
アクチュエータとパワー系
製品の技術トピック

図1　自動車に搭載される加速度センサ

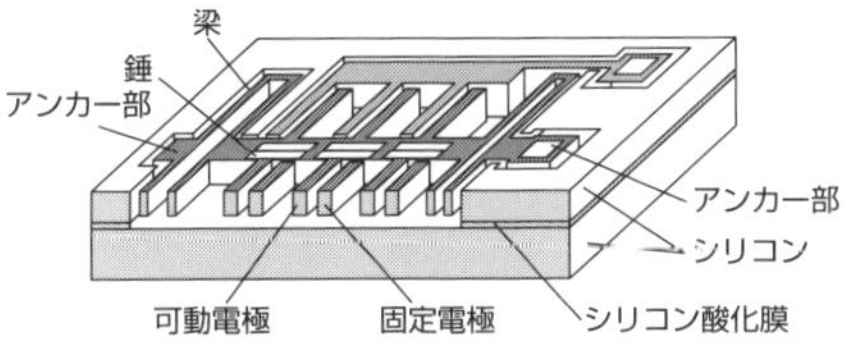

シリコン基板上に複数のくし歯の固定電極を設け、基板から浮かして作製、可動電極（錘、梁に連結し、アンカー部で基板に固定）との間の静電容量の変化で加速度の変化を検出するセンシングデバイス

〔出典；竹内幸裕,表面技術 Vol. 68, No.7, 392 (2017)〕

図2　光スイッチ用櫛歯電極型MEMSミラー

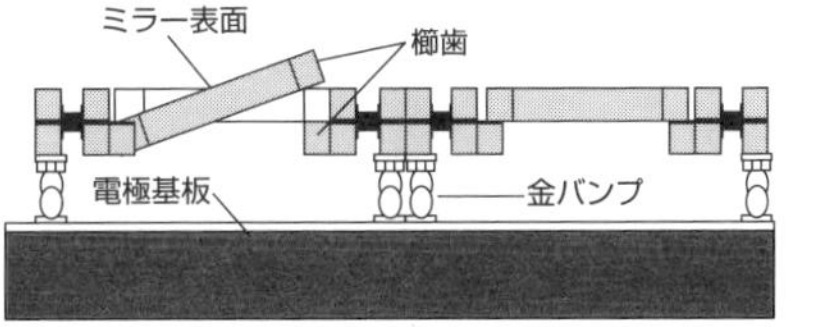

電極基板の上に,高さ120μmのAuバンプを介して2軸櫛歯電極型MEMSミラーアレイチップをフリップチップ実装。櫛歯電極の独立駆動を可能とし、ミラー回転時のミラーと基板の接触防止空間を確保。

〔出典；日暮栄治,エレクトロニクス実装学会誌　Vol. 11, No.6, 456 (2008)〕

図3　C-MOSとMEMSの集積化技術

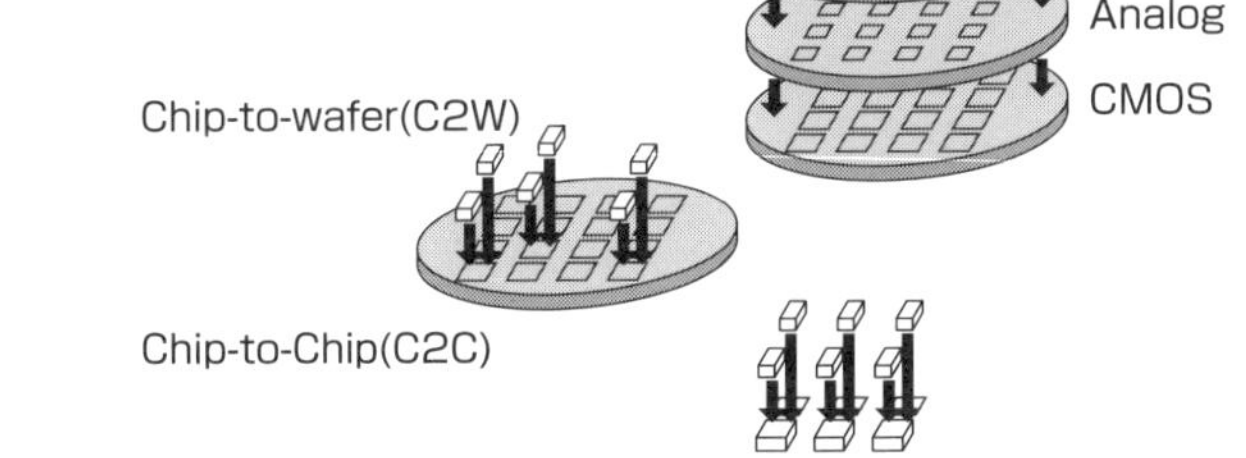

SoC的集積化；MEMSとCMOS集積回路を同一ウエハに作りこむ方法
SiP的集積化；別々に製造したMEMSチップ／ウエハとCMOSチップ／ウエハの集積化の方法
コスト、歩留り、信頼性の観点から最適な方法をデバイスごとに決定

〔出典；マイクロメカトロニクス実装技術委員会,エレクトロニクス実装学会誌　Vol. 14, No.1, 41 (2011)〕

66 バイオデバイスとウェアラブルデバイス

医療・ヘルスケア用途

バイオMEMS、およびウェアラブルデバイスは、医療用またはヘルスケア用として世界的に精力的な研究開発が行われています。これまでに公開されている主なアイテムと機能の概略を表1に挙げています。デバイスの適用において、生体を傷つける場合を「侵襲」、そうでない場合を「非侵襲」と言い、前者を人体に行うことは医療行為とみなされるため、慎重な検討が必要です。以下にデバイスの事例を記します。

図1は、経皮吸収製剤を皮膚から投与するためのマイクロニードルです。シリコンの微細加工で作製した形状を生体適合材料を用いて複版するプロセスで作られています。

図2は、シャツに電極を形成して心電図などを計測するウェアラブルデバイスの例です。電極は、導電性繊維を編み込むか、通常の布地上に導電性インクを印刷する方法で形成されます。外部回路との接続や信頼性など課題はありますが、インピーダンスなどの計測が実験的にできるようになっています。

図3は、センサを搭載したソフトコンタクトレンズとマウスガードを体腔(目や口)に装着して体液成分などの情報を計測するデバイスです。いずれも、電極を有する微小センサ構造を有し、涙液、唾液中のグルコースを計測します。

このようなバイオデバイスをネットワークに接続して、日常のヘルスケアに役立てることが考えられています。

例を**図4**に示します。センサで取得した生体情報をスマートフォンなどに無線で通信し、さらに医療機関などに送り、対応をフィードバックするようなシステムも考えられています。

このように、バイオデバイスも通信機能やシステムメモリ、電源などが必要で、これらを搭載する実装技術と緊密につながってくるのです。

要点BOX

- ●医療・ヘルスケア用途では世界で精力的に研究開発されている
- ●バイオデバイスをネットワークに接続

表1　MEMS技術を用いた主なバイオデバイスとウェアラブルデバイス

バイオデバイス	主な機能
マイクロチップ(マイクロアレイ)	DNA分離、DNA検出
マニュピュレータ	細胞、DNAの捕獲
マイクロニードル	経皮薬剤の投与、採血
グルコースモニタ	グルコース濃度計測
MEMSセンサ	各種計測(血圧、呼吸量、体液成分濃度、神経電位　など)
ウェアラブルデバイス	各種バイタル計測(心拍、体温、血圧、呼吸、血中酸素　など)

図1　MEMS技術で作製した生分解性マイクロニードル

経皮吸収製剤を皮膚から投与するために使用
MEMS技術でマイクロニードルの原型 を作製
→モールド工程で樹脂製鋳型を作製
→樹脂製鋳型を用い、生体材料でマイクロニードルを作製

〔出典;式田光宏,長谷川義大,川部勤,松島充代子,表面技術 Vol. 68 No.7, 367 (2017)〕

図2　心電計測用E-テキスタイル(布地)の例

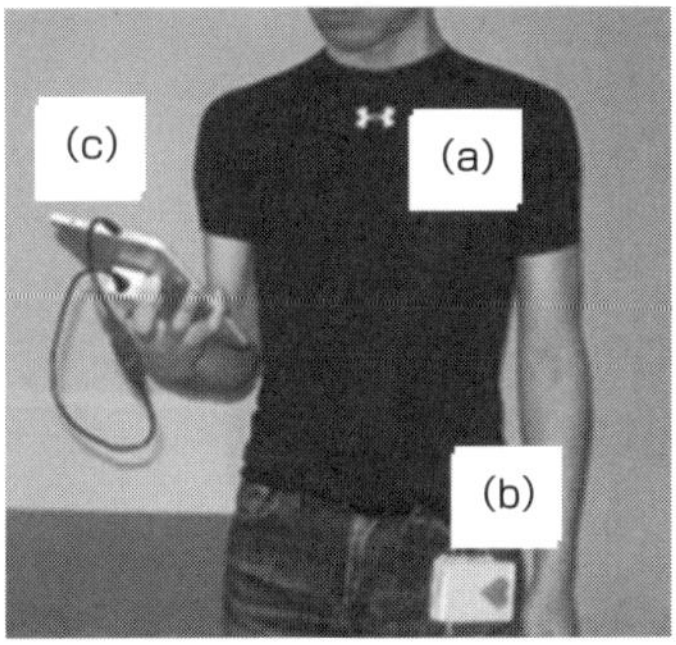

(a)電極システム　(b)通信機能付アンプ　(c)受信側PC
電極をシャツに形成、心電や筋電などの生体信号を計測

〔出典;井上雅博,多田泰徳,エレクトロニクス実装学会誌 Vol. 18 No.6, 413(2015)〕

図3　バイオ計測用キャビタス・センサ

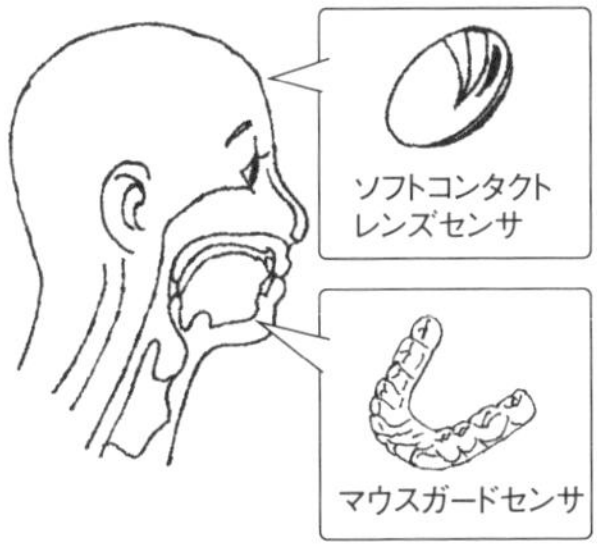

被験者自身が簡単にデバイスの脱着および維持 管理が可能、医療が求める情報を収集するため、生体の体腔に装着可能,体液成分などの情報を計測する「キャビタス・センサ」。微小センサ構造を形成し、コンタクトレンズでは涙液、マウスガードでは唾液のグルコースを計測。

〔出典;三林浩二,エレクトロニクス実装学会誌 Vol. 20 No.2, 98 (2017)〕

図4　ウェアラブルボディエリアネットワークの応用例

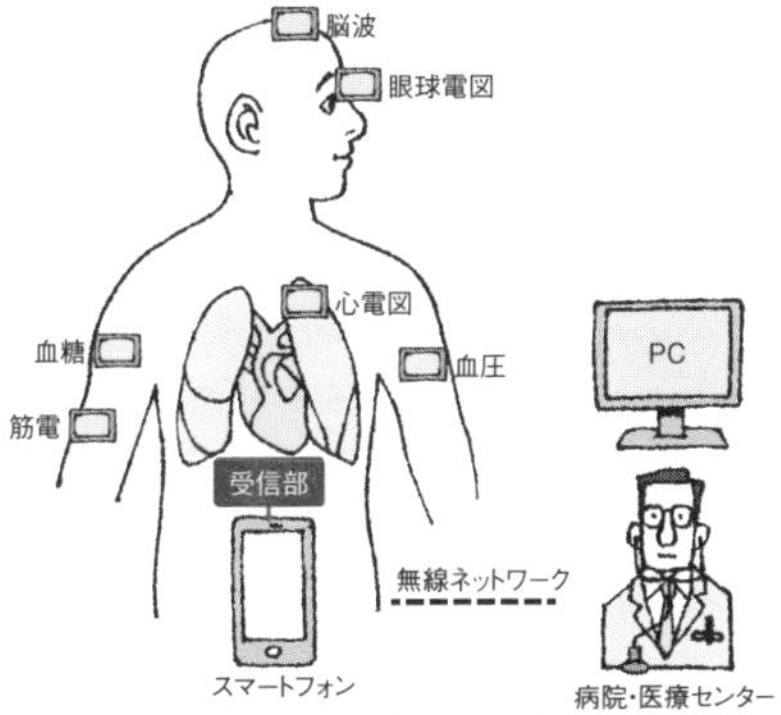

無線、人体通信機能を有する生体センサを用いて、血圧、心電、筋電 などの生体情報を取得、体表に設置された受信部にデータを蓄積、スマートフォン、PCなどで病院などに無線で送信

〔出典;王建青,エレクトロニクス実装学会誌 Vol. 18 No.5, 361 (2015)〕

67 半導体の発展とこれからの実装技術

ランドレスとR&D

電子機器の実装については、今後の半導体の発展が大きく影響することが考えられます。その開発について、エレクトロニクス実装学会（JIEP）で研究していることを紹介し、次いで、今後の実装について考えたいと思います。

まず、半導体パッケージ基板としてのランドレスプリント配線板についてです。多くの配線板では配線とビアとの接続にはランドがあります。微細配線が求められている現在でも、ランドは配線の幅/間隙に比べ非常に大きいことが容認されています。ランドレスにするとランドがなく、配線密度が高くなります。**図1**は平面での配線図、**図2**は断面の比較です。**図3**は電気特性のシミュレーションで、電気特性の向上も期待できるものです。今後、この有用な技術を実現するための問題点を解決するよう検討する予定です。また、このプリント配線板の適用方法も今後、検討されるでしょう。

上記以外にも多くの革新提案がなされると考えられます。解決には多くの技術者の英知が必要となります。現在進行しているものでは、移動通信システムの5G、6Gが話題になっています。ここでは高速信号の処理が必要で、低誘電率、低損失の基板材料の開発が話題です。実用化を目指して開発途上のものとして、量子コンピュータがあります。現在、発表になっているものとしては、チップをパッケージ基板に搭載、ここから膨大な配線を引き出して、この実装品を極低温槽に浸漬しています。非常に高速な情報処理が可能で、期待されています。複数個のチップで構成するときの実装方法も開発され（**図4**）、ますます開発が活発になると思います。

半導体の微細化、高集積化も進化しており、従来に代わる半導体素子が開発されると、実装方式にも大きな変化があることが予想されます。**表1**に世界的な開発機関を示します。

要点BOX

●配線とビアを接続するランドをランドレス配線（なくすか、できるだけ狭くする）とする技術開発が進められている

図1 通常(左)とランドレス(右)配線の平面図

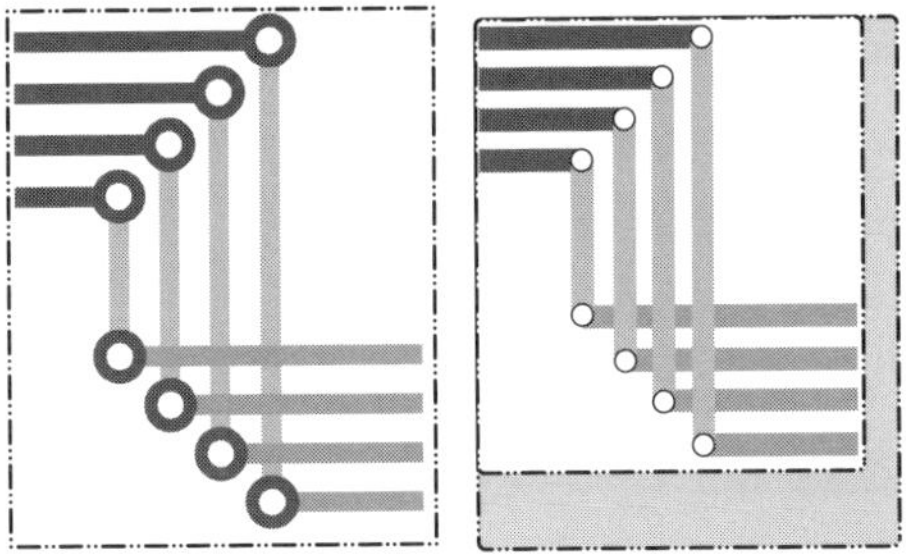

図2 ランド付配線とランドレス配線の比較

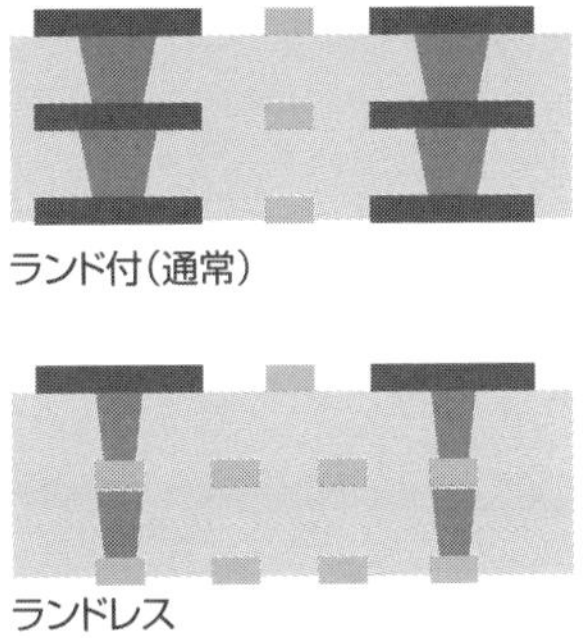

〔出典；次世代配線板研究会 ,エレクトロニクス実装学会誌 Vol. 22 No.1, 16 (2019)〕

図3 ランドレスビアの挿入損失(S21)(シミュレーション)

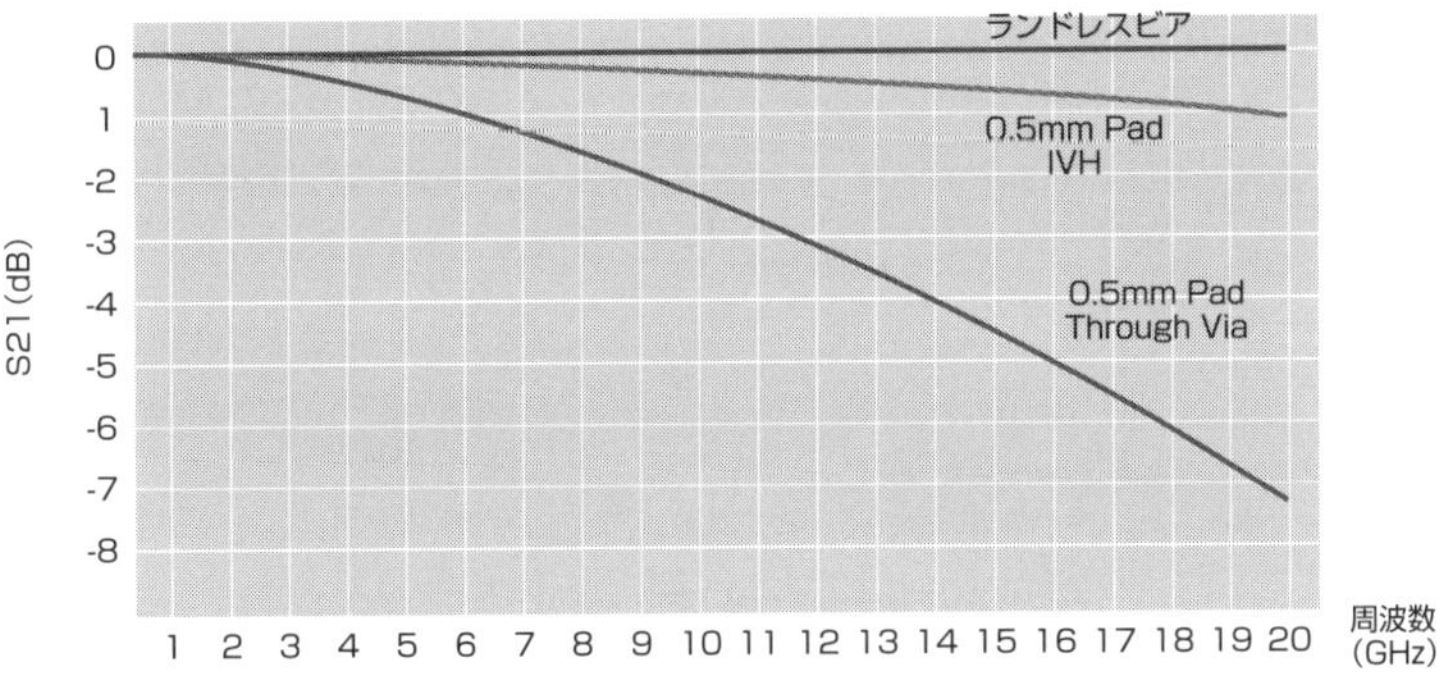

〔出典；次世代配線板研究会 ,エレクトロニクス実装学会誌 Vol. 22 No.1, 16 (2019)〕

図4 産総研が提案している超伝導量子アニーリングマシン用のMCM

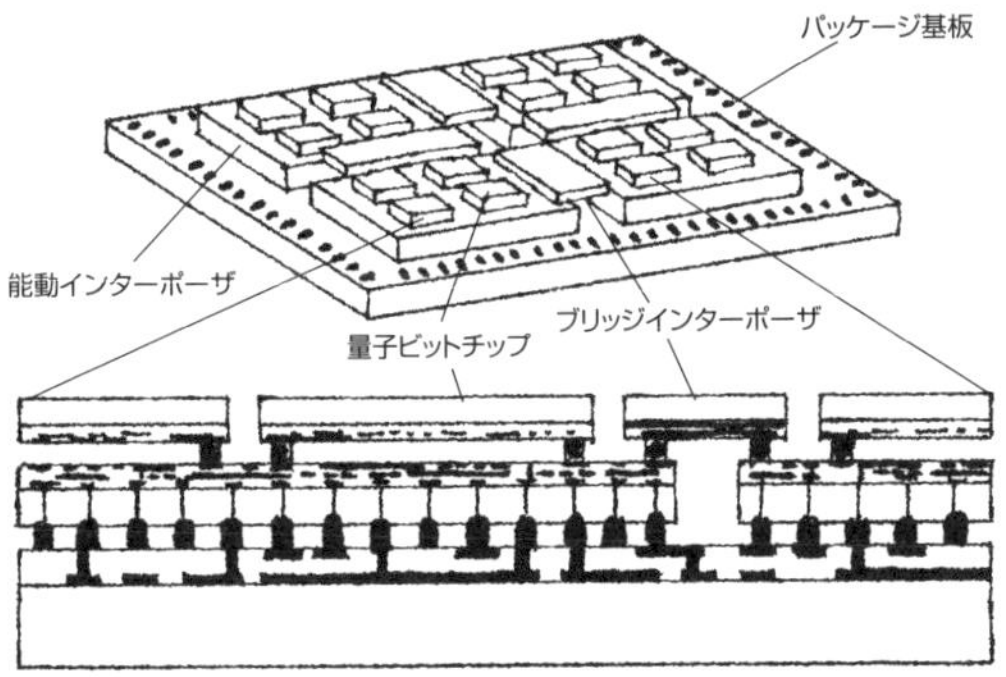

〔出典；川畑史郎,日高睦夫 ,牧瀬圭正,藤井剛,日置雅和,浮辺雅宏,菊地克弥,エレクトロニクス実装学会誌 Vol. 22 No.6, 535 (2019)〕

表1 主な世界的な実装の研究開発機関

・Fraunhofer IZM(独)
・IMEC(ベルギー)
・CEA-Leti(フランス)
・Georgia Institute of Technology(USA)
・Institute of Microelectronics, A*STAR(シンガポール)
・Industrial Technology Research Institute(ITRI)(台湾)
・Institute of Microelectronics, Chinese Academy of Sciences (中国)
・Korea Advanced Institute of Science and Technology(KAIST) (韓国)
・産業技術総合研究所(産総研：AIST)(日本)

●著者略歴

髙木 清（たかぎ きよし）

1932年生まれ、1955年横浜国立大学工学部卒業。同年富士通㈱入社。電子材料、多層プリント配線板技術の研究開発に従事。1989年古河電気工業㈱、㈱ADEKAの顧問を歴任、1994年高木技術士事務所を開設、プリント配線板関連技術のコンサルタントとして現在に至る。

1971年技術士（電気電子部門）登録。㈳プリント回路学会（現、（一社）エレクトロニクス実装学会）理事、（一社）日本電子回路工業会JIS原案作成委員などを歴任。

2011年（平成23年）（一社）エレクトロニクス実装学会、学会賞（平成22年度）受賞。

同学会名誉会員。よこはま高度実装コンソーシアム顧問、NPO法人サーキットネットワーク名誉顧問、（公社）化学工学会エレクトロニクス部会監事、表協エレクトロニクス部会監事。

著書：「多層プリント配線板製造技術」1993年、「ビルドアップ多層プリント配線板技術」2000年、「よくわかるプリント配線板のできるまで（3版）」2011年、「トコトンやさしいプリント配線板の本」2012年。

共著：「トコトンやさしいプリント配線板の本 第2版」2018年、「プリント回路技術用語辞典（3版）」2010年、「入門プリント基板の回路設計ノート」2009年、「プリント板と実装技術・キーテーマ＆キーワードのすべて」2005年。（以上、いずれも、日刊工業新聞社刊）。

大久保 利一（おおくぼ としかず）

1957年生まれ。1980年大阪大学工学部卒業。1982年大阪大学大学院工学研究科修士課程修了。同年日本鉱業（株）（現、JX金属（株））入社。

1999年までリードフレーム、銅箔、プリント配線板、MCM、BGA等電子回路基板の製造技術（主にめっき技術）に関する研究開発に従事。その間、1987～8年Case Western Reserve University（Cleveland OH,USA）で研究活動。

1999年凸版印刷（株）に移籍し、引き続き電子回路基板の製造技術（主にめっき技術）に関する研究開発に従事。2022年定年退職。この間、大阪府大の社会人ドクターコースに入り2007年に博士（工学）を取得。また、2008～2013年には、ASETドリームチッププロジェクトに参加。

著書（共著）：近藤和夫編著「初歩から学ぶ微小めっき技術」第5章－2（工業調査会）2004年、「トコトンやさしいプリント配線板の本 第2版」（日刊工業新聞社）2018年。

委員：NPO法人サーキットネットワーク理事　事務局長

山内 仁（やまうち じん）

1960年生まれ。

1982年　早稲田大学電子通信学科卒業。

1982年　富士通㈱入社。中小型コンピュータ中央処理装置向けCMOS LSI試験回路仕様策定およびLSI機能・特性試験技術開発に従事。

1993年　中小型コンピュータ向けMCM試験技術開発、ワークステーション向けMCM開発に従事。

1996年　プリント基板事業部、プリント基板製品の顧客技術サポートおよび、パソコン向けMCM開発に従事。

2002年　富士通インターコネクトテクノロジーズ㈱（現FICT㈱）へ異動。半導体パッケージや多層基板向け技術営業、事業戦略グループ、マーケティングおよび新規ビジネス事業戦略グループにて、マーケティングおよび新規ビジネス開発を歴任。「2023年　板橋精機（株）に転職、櫓®基板などの開発営業に従事、現在に至る。

著書（共著）：「トコトンやさしいプリント配線板の本 第2版」（日刊工業新聞社）2018年。

委員：（一社）日本電子回路工業会　統合規格部会幹事として部品内蔵電子回路基板規格（JPCA-EB01、JPCA-EB02）、電子回路基板規格（JPCA-UB01）、電子回路基板用語（JPCA-TD02）の規格策定に参加。

（一社）エレクトロニクス実装学会理事、学会誌編集委員、部品内蔵技術委員会副委員長、次世代配線板研究会幹事を歴任。現在、NPO法人サーキットネットワーク理事。

長谷川 清久（はせがわ きよひさ）

1967年生まれ。1986年 岐阜県立大垣工業高等学校電子科卒業。同年イビデン㈱入社。

プリント配線板およびCOB基板、パッケージ基板設計、社内CAD/CAM開発業務に従事。

1994年イビテック㈱に移籍し、シミュレーション技術開発、高速・高周波設計技術開発、

ノートPC、携帯電話、デジタルテレビ、プロジェクター、カーナビ、基地局向け設計技術開発、

メモリーモジュール/光モジュール/SiP/Si-IP/三次元積層IC/部品内蔵基板設計技術開発を歴任。

2013年㈱図研に転職。3D-IC/部品内蔵基板/3D-MID/Additive Manufacturing技術/IoT向けモジュール設計環境構築業務に従事。国立研究開発法人新エネルギー・産業技術総合開発機構（NEDO）：次世代スマートデバイス開発プロジェクト、IoT推進のための横断技術開発プロジェクト、高効率・高速処理を可能とするAIチップ・次世代コンピューティングの技術開発プロジェクトに参加、東京工業大学WOWアライアンスに参加。

2023年 Rapidus㈱に転職、チップレット設計エンジニアとして現在に至る。

委員：NPO法人サーキットネットワーク 理事。（一社）エレクトロニクス実装学会　理事歴任、エグゼクティブミッションフェロー、回路・実装設計技術委員会／システム設計研究会幹事歴任、カーエレクトロニクス研究会幹事歴任、システムインテグレーション実装技術委員会／3D・チップレット研究会委員など。

プリント配線板製造技能士（プリント配線板設計作業）1級技能士

第30回エレクトロニクス実装学会春季講演大会 講演大会優秀賞（2015年）

今日からモノ知りシリーズ
トコトンやさしい
半導体パッケージ実装と高密度実装の本

NDC 549

2020年 5月27日　初版1刷発行
2023年10月31日　初版5刷発行

©著者　高木 清・大久保 利一・山内 仁・
長谷川 清久
発行者　井水 治博
発行所　日刊工業新聞社
東京都中央区日本橋小網町14-1
(郵便番号103-8548)
電話　書籍編集部　03(5644)7490
販売・管理部　03(5644)7403
FAX　03(5644)7400
振替口座　00190-2-186076
URL　https://pub.nikkan.co.jp/
e-mail　info_shuppan@nikkan.tech
印刷・製本　新日本印刷(株)

●DESIGN STAFF
AD————志岐滋行
表紙イラスト————黒崎　玄
本文イラスト————小島サエキチ
ブック・デザイン——大山陽子
(志岐デザイン事務所)

●
落丁・乱丁本はお取り替えいたします。
2020 Printed in Japan
ISBN　978-4-526-08064-7 C3034